中学教科書ワーク　学習カード

ポケット スタディ

数学 1 年

---

1 自然数

次の数をすべて求めると？

(1) 3より小さい自然数

(2) −3より大きい負の整数

---

2 絶対値

次の数の絶対値は？

(1) −4

(2) ＋4

JN079588

---

3 不等式

次の数の大小を，不等号を使って表すと？

(1) −3, 2

(2) −5, 4, 0

---

4 2つの数の加法

次の計算をすると？

(1) (−6)＋(−4)

(2) (−6)＋(＋4)

---

5 2つの数の減法

次の計算をすると？

(1) (−6)−(−4)

(2) (−6)−(＋4)

---

6 加法・減法

次の式を，項を書き並べた式にすると？

−3−(−5)＋(−1)

---

7 乗法・除法

次の計算をすると？

(1) (−6)×(−2)

(2) (−6)÷(＋2)

---

8 累乗

次の計算をすると？

(1) -4^2

(2) $(-4)^2$

---

9 四則計算

次の計算をすると？

$-1+(-2)×(-3)^2$

正や負の数の区別をしよう！

答 (1) **1, 2**　　(2) **−1, −2**

数 $\begin{cases} 正の数 \\ 0 \\ 負の数 \end{cases}$

★自然数＝正の整数
★0は正でも負でもない

小 < 大　　小 < 中 < 大

答 (1) **−3 < 2**　　(2) **−5 < 0 < 4**

$a < b$…aはbより小さい。
$a > b$…aはbより大きい。

★(2)のように，3つ以上の数の大小は， 不等号を同じ向きにして書く。

絶対値は数直線で考えよう！

答 (1) **4**　　　　(2) **4**

絶対値は原点からの距離を表す。

距離が4　距離が4

-4　　0　　4

減法→その数の符号を変えて加える

答 (1) **−2**　　(2) **−10**

(1) $(-6)-(-4)$
$=(-6)+(+4)$
$=-(6-4)$
$=-2$

(2) $(-6)-(+4)$
$=(-6)+(-4)$
$=-(6+4)$
$=-10$

同符号か異符号かを確認

答 (1) **−10**　　(2) **−2**

(1) $(-6)+(-4)$
$=-(6+4)$
$=-10$

(2) $(-6)+(+4)$
$=-(6-4)$
$=-2$

乗除では，まず符号を決める

答 (1) **12**　　(2) **−3**

$(+)\times(+)\to(+)$　$(+)\div(+)\to(+)$
$(-)\times(-)\to(+)$　$(-)\div(-)\to(+)$
$(+)\times(-)\to(-)$　$(+)\div(-)\to(-)$
$(-)\times(+)\to(-)$　$(-)\div(+)\to(-)$

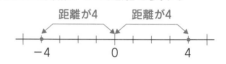

$-(-\bullet)\to+\bullet$　$+(-\bullet)\to-\bullet$

答 **−3 + 5 − 1**

計算をすると，
$-3-(-5)+(-1)=-3+5-1$
$\qquad\qquad\qquad\quad=5-3-1$ ← 正の項と 負の項で まとめる。
$\qquad\qquad\qquad\quad=5-4$
$\qquad\qquad\qquad\quad=1$

累乗，（　）の中→乗除の順に計算

答 **−19**

$-1+(-2)\times(-3)^2$ ← 累乗の計算が先
$=-1+(-2)\times9$ ← 乗法の計算が先
$=-1+(-18)=-19$

累乗→何を何個かけるか確認

答 (1) **−16**　　(2) **16**

-4^2 —4を2個→ $-(4\times4)=-16$

$(-4)^2$ —-4を2個→ $(-4)\times(-4)=16$

定期テスト対策

スピード
チェック

教科書の
公式&解法マスター

数学 1 年

＼ 付属の赤シートを ／
使ってね！

東京書籍版

☑ **1** 1以外の自然数で，1とその数自身の積でしか表せない自然数を〔 素数 〕
という。自然数を素数だけの積で表すことを〔 素因数分解 〕という。

例 42 を素因数分解すると，42＝〔 2×3×7 〕

☑ **2** ＋(プラス)を〔 正 〕の符号，－(マイナス)を〔 負 〕の符号という。
＋のついた数を〔 正の数 〕，－のついた数を〔 負の数 〕という。

例 0℃より6℃低い温度を，＋または－を使って表すと，〔 －6℃ 〕

☑ **3** 反対の性質をもつ量は，正の数，〔 負の数 〕を使って表すことができる。

例 400円の収入を＋400円と表すと，700円の支出は〔 －700円 〕

☑ **4** 数の大小について，(負の数)＜〔 0 〕＜(〔 正の数 〕)

例 －4，＋7の大小を，不等号を使って表すと，－4〔 ＜ 〕＋7

☑ **5** 数直線上で，ある数に対応する点と原点との距離を，その数の〔 絶対値 〕
という。負の数は，絶対値が大きいほど〔 小さい 〕。

例 絶対値が15である数は，〔 ＋15 〕と〔 －15 〕

　　－8，－6の大小を，不等号を使って表すと，－8〔 ＜ 〕－6

☑ **6** 同符号の2つの数の和は，絶対値の和に〔 共通 〕の符号をつける。

例 $(-4)+(-7)=-(4+7)=$〔 －11 〕　　$(+5)+(+8)=$〔 ＋13 〕

異符号の2つの数の和は，絶対値の大きいほうから小さいほうをひき，
絶対値の〔 大きい 〕ほうの符号をつける。

例 $(+3)+(-9)=-(9-3)=$〔 －6 〕　　$(-2)+(+6)=$〔 ＋4 〕

☑ **7** ある数をひくことは，その数の〔 符号 〕を変えて加えることと同じ。

例 $(-8)-(-3)=(-8)+(+3)=-(8-3)=$〔 －5 〕

☑ **8** 加法と減法の混じった計算は，項だけを書き並べた式に表してから，
交換法則や結合法則を使って計算する。

例 $(+4)+(-8)-(-6)=4-8+6=4+6-8=10-8=$〔 2 〕

1章 ［正負の数］数の世界をひろげよう
3節 乗法と除法　　4節 正負の数の利用

☑ **1** 同符号の2つの数の積は，絶対値の積に〔 正 〕の符号をつける。

例 $(-7) \times (-9) = +(7 \times 9) = $〔 $+63$ 〕　　$(+5) \times (+6) = $〔 $+30$ 〕

異符号の2つの数の積は，絶対値の積に〔 負 〕の符号をつける。

例 $(-12) \times (+4) = -(12 \times 4) = $〔 -48 〕　　$(+3) \times (-8) = $〔 -24 〕

☑ **2** 積の符号は，負の数が奇数個あれば〔 − 〕，負の数が偶数個あれば〔 ＋ 〕

で，積の絶対値は，それぞれの数の絶対値の〔 積 〕となる。

例 $(-4) \times (-5) \times (-8) = -(4 \times 5 \times 8) = $〔 -160 〕

☑ **3** 同じ数をいくつかかけたものを，その数の〔 累乗 〕といい，

右かたに小さく書いた数を〔 指数 〕という。　　　　$2 \times 2 \times 2 = 2^3$ ←指数

例 $(-2)^3 = (-2) \times (-2) \times (-2) = -(2 \times 2 \times 2) = $〔 -8 〕

$-2^4 = -(2 \times 2 \times 2 \times 2) = $〔 -16 〕

☑ **4** 同符号の2つの数の商は，絶対値の商に〔 正 〕の符号をつける。

例 $(-72) \div (-9) = +(72 \div 9) = $〔 $+8$ 〕　　$(+28) \div (+7) = $〔 $+4$ 〕

異符号の2つの数の商は，絶対値の商に〔 負 〕の符号をつける。

例 $(-45) \div (+3) = -(45 \div 3) = $〔 -15 〕　　$(+36) \div (-4) = $〔 -9 〕

☑ **5** ある数でわることは，その数の〔 逆数 〕をかけることと同じである。

例 $\left(+\dfrac{4}{3}\right) \div \left(-\dfrac{2}{9}\right) = \left(+\dfrac{4}{3}\right) \times \left(-\dfrac{9}{2}\right) = -\left(\dfrac{4}{3} \times \dfrac{9}{2}\right) = $〔 -6 〕

☑ **6** 乗法と除法の混じった式は，〔 乗法 〕だけの式になおして計算する。

例 $(-9) \div (+8) \times (-16) = (-9) \times \left(+\dfrac{1}{8}\right) \times (-16) = $〔 18 〕

☑ **7** 加減と乗除の混じった計算では，〔 乗除 〕を先に計算する。

かっこのある式の計算では，〔 かっこの中 〕を先に計算する。

累乗のある式の計算では，〔 累乗 〕を先に計算する。

例 $(-4)^2 - (-17+8) \div (-3) = 16 - (-9) \div (-3) = 16 - 3 = $〔 13 〕

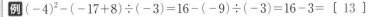

2章　[文字と式]数学のことばを身につけよう
1節　文字を使った式

☑ **1** 文字の混じった乗法では，記号〔 × 〕をはぶく。

文字と数の積では，数を文字の〔 前 〕に書く。

いくつかの文字の積は，〔 アルファベット 〕順に並べて書くことが多い。

例 次の式を，文字式の表し方にしたがって表すと，

$b×3×a=$〔 $3ab$ 〕　　$(x-y)×4=$〔 $4(x-y)$ 〕

☑ **2** $1×a$ は，〔 a 〕と表し，$(-2)×a$ は，〔 $-2a$ 〕と表す。

$(-1)×a$ は，1をはぶいて〔 $-a$ 〕と表す。

例 次の式を，文字式の表し方にしたがって表すと，

$x×1+(-4)×y=$〔 $x-4y$ 〕　　$a×(-3)+(-1)×b=$〔 $-3a-b$ 〕

☑ **3** 同じ文字の積は，累乗の〔 指数 〕を使って表す。

例 $a×a×b×a×b$ を，文字式の表し方にしたがって表すと，〔 a^3b^2 〕

$4xy^2$ を，× の記号を使って表すと，〔 $4×x×y×y$ 〕

☑ **4** 文字の混じった除法では，記号〔 ÷ 〕を使わずに，〔 分数 〕の形で書く。

例 $(x+3)÷(-2)$ を，文字式の表し方にしたがって表すと，〔 $-\dfrac{x+3}{2}$ 〕

$\dfrac{a-5}{3}$ を，÷ の記号を使って表すと，〔 $(a-5)÷3$ 〕

☑ **5** **例** 1個80円のガムを x 個と，1個100円のガムを y 個買ったときの代金の

合計を，文字を使った式で表すと，〔 $(80x+100y)$ 円 〕

例 1個120円のりんごを a 個買うのに1000円札を出したときのおつりを，

文字を使った式で表すと，〔 $(1000-120a)$ 円 〕

☑ **6** 式のなかの文字を数におきかえることを，文字にその数を〔 代入 〕する

といい，代入して計算した結果を，そのときの〔 式の値 〕という。

例 $x=3$ のとき，$4x-5$ の値は，$4x-5=4×3-5=$〔 7 〕

$a=-4$ のとき，$3-a^2$ の値は，$3-a^2=3-(-4)^2=3-16=$〔 -13 〕

2章　[文字と式]数学のことばを身につけよう

2節　文字式の計算　　3節　文字式の利用

☑ **1** $2x+3$ という式で，$2x$，3 を〔 項 〕，$2x$ という項で数の部分 2 を x の

〔 係数 〕という。また，$2x$ のように，文字が 1 つだけの項を〔 1 次 〕

の項といい，$2x$ のように 1 次の項だけか，$2x+3$ のように 1 次の項と数

の項の和で表すことができる式を〔 1 次式 〕という。

例 $4x-7$ という式で，項は〔 $4x$，-7 〕，x の係数は〔 4 〕

☑ **2** 文字の部分が同じ項は，1 つの項にまとめて簡単にすることができる。

例 $7a-4a=(7-4)a=$〔 $3a$ 〕　　$3a-4a=(3-4)a=$〔 $-a$ 〕

☑ **3** 1 次式の加法は，文字の部分が〔 同じ 〕項どうし，数の項どうしを加える。

例 $(4x+5)+(3x-8)=4x+5+3x-8=4x+3x+5-8=$〔 $7x-3$ 〕

1 次式の減法は，ひくほうの式の各項の〔 符号 〕を変えて加える。

例 $(2a-7)-(5a-3)=2a-7-5a+3=2a-5a-7+3=$〔 $-3a-4$ 〕

☑ **4** 1 次式と数の乗法は，分配法則 $a(b+c)=$〔 $ab+ac$ 〕を使って計算する。

例 $-3(5x-8)=(-3)\times5x+(-3)\times(-8)=$〔 $-15x+24$ 〕

☑ **5** 1 次式と数の除法は，わる数を〔 逆数 〕にして

乗法になおして計算するか，分数の形にして計算する。

例 $(12a-28)\div4=(12a-28)\times\dfrac{1}{4}=$〔 $3a-7$ 〕

$(12a-28)\div4=\dfrac{12a-28}{4}=\dfrac{12a}{4}-\dfrac{28}{4}=$〔 $3a-7$ 〕

☑ **6** 等号を使って数量の間の関係を表した式を〔 等式 〕という。

例「1 個 a 円のりんご 3 個の代金と，1 個 b 円のなし 5 個の代金は等しい。」

という関係を等式で表すと，〔 $3a=5b$ 〕

不等号を使って数量の間の関係を表した式を〔 不等式 〕という。

例「1 本 x 円の鉛筆 6 本と 1 冊 100 円のノート 2 冊の代金の合計は

y 円以下である。」という関係を不等式で表すと，〔 $6x+200\leqq y$ 〕

3章 ［方程式］未知の数の求め方を考えよう
1節 方程式とその解き方 (1)

☑ **1** 式のなかの文字に代入する値によって，成り立ったり，成り立たなかったり
する等式を〔 方程式 〕という。また，方程式を成り立たせる文字の値を，
方程式の〔 解 〕といい，解を求めることを，方程式を〔 解く 〕という。

例 1，2，3のうち，方程式 $3x-4=2$ の解は，〔 2 〕

☑ **2** 等式には次の①〜④の性質がある。

① $A=B$ ならば，$A+C=$〔 $B+C$ 〕

② $A=B$ ならば，$A-C=$〔 $B-C$ 〕

③ $A=B$ ならば，$AC=$〔 BC 〕

④ $A=B$ ならば，$\dfrac{A}{C}=$〔 $\dfrac{B}{C}$ 〕 $(C \neq 0)$

等式の両辺を入れかえても，等式は成り立つ。

⑤ $A=B$ ならば，〔 $B=A$ 〕

☑ **3** 方程式は，〔 等式 〕の性質を使って $x=a$ の形に変形すればよい。

例 方程式 $x+6=13$ を解くと，$x+6-6=13-6$ より，〔 $x=7$ 〕

方程式 $\dfrac{x}{7}=5$ を解くと，$\dfrac{x}{7}\times7=5\times7$ より，〔 $x=35$ 〕

方程式 $4x=-24$ を解くと，$\dfrac{4x}{4}=\dfrac{-24}{4}$ より，〔 $x=-6$ 〕

☑ **4** 等式の一方の辺にある項を，その項の符号を変えて他方の辺に移すことを
〔 移項 〕という。

方程式を解くには，x をふくむ項を左辺に，数の項を右辺に移項して，
$ax=b$ の形にしてから，両辺を x の係数〔 a 〕でわればよい。

例 方程式 $2x+5=-3$ を解くと，

$2x=-3-5$，$2x=-8$，〔 $x=-4$ 〕

方程式 $8x-9=5x+6$ を解くと，

$8x-5x=6+9$，$3x=15$，〔 $x=5$ 〕

東京書籍版 数学1年

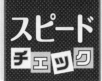

3章 〔方程式〕未知の数の求め方を考えよう
1節　方程式とその解き方 (2)
2節　1次方程式の利用

☑ **1** かっこをふくむ方程式は，〔 かっこ 〕をはずしてから解く。

例 方程式 $5x - 13 = 2(4x + 7)$ を解くときは，かっこをはずして，

$5x - 13 = 8x + 14$, $5x - 8x = 14 + 13$, $-3x = 27$, 〔 $x = -9$ 〕

☑ **2** 係数に小数をふくむ方程式では，10，100，1000などを両辺にかけて，係数を〔 整数 〕になおし，小数をふくまない形に変形してから解くとよい。

例 方程式 $0.2x + 0.5 = 1.3$ を解くときは，両辺に〔 10 〕をかけると，

$2x + 5 = 13$, $2x = 13 - 5$, $2x = 8$, 〔 $x = 4$ 〕

☑ **3** 係数に分数をふくむ方程式では，分母の〔 公倍数 〕を両辺にかけて，係数を〔 整数 〕になおし，分数をふくまない形に変形してから解く。

例 方程式 $\dfrac{2}{3}x - \dfrac{1}{2} = \dfrac{5}{6}$ を解くときは，両辺に〔 6 〕をかけると，

$4x - 3 = 5$, $4x = 5 + 3$, $4x = 8$, 〔 $x = 2$ 〕

☑ **4** 移項して整理することによって，(1次式) = 0 の形に変形できる方程式を〔 1次方程式 〕という。

☑ **5** 方程式の文章題では，求める数量を x で表し，数量の間の関係を見つけ，〔 方程式 〕をつくり，その方程式を解いて，答えを求める。

例 現在，母は43歳，子は12歳である。母の年齢が子の年齢の2倍になるのが現在から x 年後として方程式をつくると，〔 $43 + x = 2(12 + x)$ 〕

☑ **6** 比が等しいことを表す式を〔 比例式 〕という。

比例式 $a : b = m : n$ では，$an = $〔 bm 〕が成り立つ。

例 $x : 18 = 2 : 3$ で，x の値は，$x \times 3 = 18 \times 2$ より，〔 $x = 12$ 〕

例 縦と横の長さの比が $5 : 8$ の長方形の旗をつくる。縦の長さを $40\,\text{cm}$ にするときの横の長さを $x\,\text{cm}$ として比例式をつくると，〔 $40 : x = 5 : 8$ 〕

☑ 1 2つの変数 x, y があり，変数 x の値を決めると，それにともなって変数 y の値もただ1つ決まるとき，y は x の〔 関数 〕であるという。

例 直径 x cm の円の周の長さを y cm とすると，y は x の関数で〔 ある 〕。

☑ 2 変数 x のとりうる値の範囲を，その変数 x の〔 変域 〕という。

例 変数 x が2以上8未満の範囲の値をとるとき，x の変域を不等号を使って表すと，〔 $2 \leqq x < 8$ 〕

例 変数 x が−3より大きく0以下の範囲の値をとるとき，x の変域を不等号を使って表すと，〔 $-3 < x \leqq 0$ 〕

☑ 3 y が x の関数で，$y = ax$ の式で表されるとき，y は x に〔 比例 〕するといい，このときの定数 a を〔 比例定数 〕という。

例 1本80円の鉛筆を x 本買ったときの代金を y 円とするとき，y を x の式で表すと，〔 $y = 80x$ 〕で，その比例定数は〔 80 〕

☑ 4 y が x の関数で，$y = \dfrac{a}{x}$ の式で表されるとき，y は x に〔 反比例 〕するといい，このときの定数 a を〔 比例定数 〕という。

例 面積が $40\,\text{cm}^2$ の長方形の横の長さを x cm，縦の長さを y cm とするとき，y を x の式で表すと，〔 $y = \dfrac{40}{x}$ 〕で，その比例定数は〔 40 〕

☑ 5 $y = ax$ で，x, y の値が1組わかれば，〔 a 〕の値を求めることができる。

例 y は x に比例し，$x = 2$ のとき $y = -8$ である。x と y の関係を表す式を求めると，$-8 = a \times 2$ より，$a = $〔 -4 〕だから，〔 $y = -4x$ 〕

☑ 6 x 軸と y 軸を合わせて〔 座標軸 〕といい，座標軸の交点 O を〔 原点 〕という。点 P の座標が (a, b) のとき，a を点 P の〔 x 座標 〕，b を点 P の〔 y 座標 〕という。点 P を $P(a, b)$ とも書く。

例 $P(3, -5)$ は，原点から〔 右 〕へ3，〔 下 〕へ5だけ進んだ点を表す。

1 $y=ax$ のグラフは，〔 原点 〕を通る直線。

$a>0$ のとき，〔 右上がり 〕の直線で，

x の値が増加すると y の値は〔 増加 〕し，

$a<0$ のとき，〔 右下がり 〕の直線で，

x の値が増加すると y の値は〔 減少 〕する。

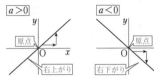

例 $y=3x$ のグラフは，右〔 上 〕がりの直線である。

2 y が x に反比例するとき，x と y の積は〔 比例定数 〕に等しい。また，

x の値が 2 倍になると，対応する y の値は〔 $\frac{1}{2}$ 〕倍になり，

x の値が $\frac{1}{3}$ 倍になると，対応する y の値は〔 3 〕倍になる。

例 地点 A から地点 B までの 100 km の道のりを自動車で走ると

き，時速を $\frac{2}{3}$ 倍にすると，かかる時間は〔 $\frac{3}{2}$ 〕倍になる。

3 $y=\dfrac{a}{x}$ で，x, y の値が 1 組わかれば，〔 a 〕の値を求めることができる。

例 y は x に反比例し，$x=3$ のとき $y=-4$ である。x と y の関係を表す式

を求めると，$-4=\dfrac{a}{3}$ より，$a=$〔 -12 〕だから，〔 $y=-\dfrac{12}{x}$ 〕

4 $y=\dfrac{a}{x}$ のグラフは，〔 双曲線 〕とよばれるなめらかな 2 つの曲線。

$a>0$ のとき，双曲線を右上と

〔 左下 〕の部分にかく。

$a<0$ のとき，双曲線を左上と

〔 右下 〕の部分にかく。

例 $y=-\dfrac{6}{x}$ のグラフは，左上と〔 右下 〕の部分にかく。

5 $y=\dfrac{a}{x}$ について，$a>0$ のとき，$x<0$ および $x>0$ の範囲で，x の値が増

加すると y の値は〔 減少 〕する。

☑ 1 図形を，一定の方向に，一定の距離だけ動かす移動を〔 平行移動 〕という。

平行移動では，対応する点を結ぶ線分は〔 平行 〕で，その長さは等しい。

☑ 2 線分 AB と線分 CD の長さが等しいことを，AB〔 = 〕CD と書く。

2直線 AB，CD が平行であることを，AB〔 // 〕CD と書く。

例 長方形 ABCD の向かい合う辺が平行で，

その長さが等しいことを，記号を使って表すと，

〔 AB//DC，AD//BC，AB＝DC，AD＝BC 〕

☑ 3 図形を，ある点を中心として，一定の角度だけ回転させる移動を

〔 回転移動 〕といい，中心とする点を〔 回転の中心 〕という。

回転移動では，対応する点は回転の中心から〔 等しい 〕距離にあり，

対応する点と回転の中心を結んでできる角の大きさは，すべて〔 等しい 〕。

☑ 4 1つの点 O から出る2つの半直線 OA，OB によってできる

角を，記号を使って〔 ∠AOB 〕と書く。

☑ 5 図形を，ある直線を折り目として折り返す移動を〔 対称移動 〕といい，

折り目の直線を〔 対称の軸 〕という。対称移動では，対応する点を結ぶ

線分は，〔 対称の軸 〕によって垂直に2等分される。

☑ 6 直線 AB と直線 ℓ が垂直であることを，AB〔 ⊥ 〕ℓ と書く。

線分を2等分する点を，その線分の〔 中点 〕という。

線分の中点を通り，その線分に垂直な直線を，その線分

の〔 垂直二等分線 〕という。

線分 AB の中点を M とすると，AM＝〔 BM 〕，AM＝$\frac{1}{2}$〔 AB 〕

☑ 7 円周の一部分を〔 弧 〕といい，

円周上の2点を結ぶ線分を〔 弦 〕という。

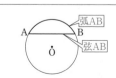

5章　[平面図形]平面図形の見方をひろげよう
2節　基本の作図（2）　　3節　おうぎ形

☑ **1** 直線 ℓ 上にない点 P を通り，ℓ に垂直な直線を作図するには，右の2通りの方法がある。

[方法1]　[方法2]

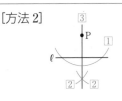

☑ **2** 直線 ℓ 上にない点 P から ℓ に垂線をひき，ℓ との交点を Q とするとき，線分 PQ の長さを〔 点 P と直線 ℓ との距離 〕という。平行な2直線では，一方の直線上の点と他方の直線との距離は〔 一定 〕である。

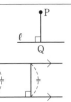

☑ **3** 線分 AB の垂直二等分線を作図するには，点 A，B を中心として〔 等しい 〕半径の円をかく。線分の〔 垂直二等分線 〕上の点から線分の両端までの距離は等しい。

☑ **4** ∠AOB の二等分線を作図するには，角の頂点 O を中心とする円をかき，角の2辺との交点を中心として〔 等しい 〕半径の円をかく。角の〔 二等分線 〕上の点から角の2辺までの距離は等しい。

☑ **5** 円の接線は，接点を通る半径に〔 垂直 〕である。円 O の周上の点 A を通る接線を作図するには，点 A を通り，直線 OA に〔 垂直 〕な直線をひく。

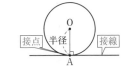

☑ **6** 弧の両端を通る2つの半径とその弧で囲まれた図形を〔 おうぎ形 〕といい，おうぎ形で，2つの半径のつくる角を〔 中心角 〕という。

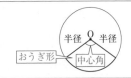

☑ **7** 1つの円では，おうぎ形の弧の長さや面積は，〔 中心角 〕に比例する。半径 r，中心角 $a°$ のおうぎ形の弧の長さを ℓ，面積を S とすると，$\ell = \left[\ 2\pi r \times \dfrac{a}{360}\ \right]$，$S = \left[\ \pi r^2 \times \dfrac{a}{360}\ \right]$

6章 ［空間図形］立体の見方をひろげよう
1節 いろいろな立体

☑ 1 平面だけで囲まれた立体を〔 多面体 〕という。

多面体は，その〔 面 〕の数によって，四面体，五面体などという。

☑ 2 底面が三角形，四角形，…の角柱を，それぞれ〔 三角柱 〕，〔 四角柱 〕，…
という。底面が正三角形，正方形，…で，
側面がすべて合同な長方形である角柱を，
それぞれ〔 正三角柱 〕，〔 正四角柱 〕，…という。

例 三角柱は〔 五 〕面体であり，四角柱は〔 六 〕面体である。

☑ 3 底面が三角形，四角形，…の角錐を，それぞれ〔 三角錐 〕，〔 四角錐 〕，…
という。底面が正三角形，正方形，…で，側面
がすべて合同な二等辺三角形である角錐を，そ
れぞれ〔 正三角錐 〕，〔 正四角錐 〕，…という。

例 三角錐は〔 四 〕面体であり，四角錐は〔 五 〕面体である。

☑ 4 角柱と角錐は多面体で〔 ある 〕が，円柱と円錐は多面体で〔 ない 〕。

☑ 5 正多面体には，以下の5種類がある。立方体は，正〔 六 〕面体である。

〔 正四面体 〕 〔 正六面体 〕 〔 正八面体 〕 〔 正十二面体 〕〔 正二十面体 〕

☑ 6

	面の形	面の数	辺の数	頂点の数
正四面体	正三角形	4	6	〔 4 〕
正六面体	〔 正方形 〕	6	〔 12 〕	8
正八面体	正三角形	8	12	〔 6 〕
正十二面体	〔 正五角形 〕	12	〔 30 〕	20
正二十面体	正三角形	20	30	〔 12 〕

6章 ［空間図形］立体の見方をひろげよう
2節　立体の見方と調べ方

☑ **1** 空間内で交わらない2つの平面 P，Q は〔 平行 〕であるといい，

〔 P//Q 〕と表す。

直線 ℓ と平面 P が出あわないとき，直線 ℓ と平面 P

は〔 平行 〕であるといい，〔 ℓ//P 〕と表す。

☑ **2** 空間内で，平行でなく，交わらない2つの直線は，

〔 ねじれの位置 〕にあるという。

☑ **3** 平面 P と交わる直線 ℓ が，その交点 O を通る

P 上の2つの直線 m，n に垂直になっていれば，

直線 ℓ は平面 P に〔 垂直 〕である。

2つの平面 P，Q のつくる角が直角のとき，

その2つの平面 P，Q は〔 垂直 〕であるといい，

〔 P⊥Q 〕と表す。

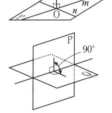

☑ **4** 点 A から平面 P にひいた垂線と P との交点を H とするとき，

線分 AH の長さを〔 点 A と平面 P との距離 〕という。

角柱や円柱では，一方の底面ともう一方の底面との距離が，

角錐や円錐では，底面とそれに対する頂点との距離が〔 高さ 〕である。

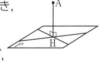

☑ **5** 正方形をその面と垂直な方向に動かすと，〔 正四角柱 〕ができる。

円柱や円錐の側面をえがく線分を，円柱や円錐の〔 母線 〕という。

円柱や円錐のように，1つの直線を軸として平面図形を回転させてできる

立体を〔 回転体 〕という。回転体を，回転の軸に垂直な平面で切ると，

その切り口は〔 円 〕になる。

☑ **6** 立体をある方向から見て平面に表した図を〔 投影図 〕といい，

真上から見た図を〔 平面図 〕，正面から見た図を〔 立面図 〕という。

立体を投影図で表すときには，平面図と立面図を使って表すことが多い。

6章 ［空間図形］立体の見方をひろげよう
3節 立体の体積と表面積

☑ **1** 角柱，円柱の底面積を S，高さを h とすると，

体積 V を求める式は，$V=$〔 Sh 〕

例 底面の半径が $3\,\text{cm}$，高さが $5\,\text{cm}$ の円柱の体積は，

$(\pi\times3^2)\times5=$〔 45π 〕(cm^3)

☑ **2** 角錐，円錐の底面積を S，高さを h とすると，

体積 V を求める式は，$V=$〔 $\dfrac{1}{3}Sh$ 〕

例 底面の半径が $3\,\text{cm}$，高さが $4\,\text{cm}$ の円錐の体積は，

$\dfrac{1}{3}\times(\pi\times3^2)\times4=$〔 12π 〕(cm^3)

☑ **3** 立体のすべての面の面積の和を〔 表面積 〕といい，側面全体の面積を

〔 側面積 〕，1つの底面の面積を〔 底面積 〕という。

☑ **4** 角柱や円柱の表面積は，（側面積）＋（〔 底面積 〕）×2

例 底面の半径が $3\,\text{cm}$，高さが $5\,\text{cm}$ の円柱の側面積は，

（展開図の側面になる〔 長方形 〕の横の長さ）＝（底面の円周の長さ）

より，$5\times(2\pi\times3)=$〔 30π 〕(cm^2)

☑ **5** 円錐の側面積は，展開図の側面になる〔 おうぎ形 〕の面積を考える。

例 底面の半径が $3\,\text{cm}$，母線が $5\,\text{cm}$ の円錐の側面になるおうぎ形の

中心角は，$360°\times\dfrac{2\pi\times3}{2\pi\times5}=$〔 $216°$ 〕だから，

側面積は，$\pi\times5^2\times\dfrac{216}{360}=$〔 15π 〕(cm^2)

☑ **6** 半径が r の球の体積を V とすると，$V=$〔 $\dfrac{4}{3}\pi r^3$ 〕

半径が r の球の表面積を S とすると，$S=$〔 $4\pi r^2$ 〕

例 半径が $3\,\text{cm}$ の球の体積 V と表面積 S は，

$V=\dfrac{4}{3}\pi\times3^3=$〔 36π 〕(cm^3)　　$S=4\pi\times3^2=$〔 36π 〕(cm^2)

東京書籍版　数学 1 年

☑ 1　各階級について，最初の階級からその階級までの度数を合計したものを
〔 累積度数 〕という。

例 右の表は，1年A組の生徒の身長を，
累積度数をふくめた度数分布表にま
とめたものである。

□に入る値は，〔 17 〕

身長の低いほうから数えて19番目
の生徒が入る階級は，

〔 155 cm 以上 160 cm 未満の階級 〕

身長が 165 cm 未満の人は，

〔 28 〕人

身長(cm)	度数(人)	累積度数(人)
以上　　未満		
140 ～ 145	3	3
145 ～ 150	5	8
150 ～ 155	9	□
155 ～ 160	7	24
160 ～ 165	4	28
165 ～ 170	2	30
合計	30	

☑ 2　度数の分布のようすを見やすくするために，横軸に階級，縦軸に度数をとっ
て表した図を〔 ヒストグラム（柱状グラフ） 〕という。ヒストグラムでは，
それぞれの長方形の面積は，階級の度数に〔 比例 〕している。
また，分布の特徴をわかりやすくするために，ヒストグラムでおのおのの
長方形の上の辺の中点を結んでつくった折れ線を，〔 度数折れ線 〕という。

☑ 3　$\dfrac{(その階級の度数)}{(度数の合計)}$ で求めた値を，その階級の〔 相対度数 〕という。

例 上の表で，140 cm 以上 145 cm 未満の階級の相対度数は，$\dfrac{3}{30}$＝〔 0.10 〕

また，150 cm 以上 155 cm 未満の階級の相対度数は，$\dfrac{9}{30}$＝〔 0.30 〕

☑ 4　各階級について，最初の階級からその階級までの相対度数を合計したものを
〔 累積相対度数 〕という。各階級の累積相対度数は，〔 累積度数 〕を
度数の合計でわって求めることもできる。

7章 ［データの分析と活用］データを活用して判断しよう
1節 データの整理と分析（2）　　2節 データの活用
3節 ことがらの起こりやすさ

☑ **1** データの値全体を代表する値を〔 代表値 〕といい，平均値がよく用いられる。

$$(平均値) = \frac{(個々のデータの値の合計)}{(データの総数)}$$

☑ **2** 調べようとするデータの値を大きさの順に並べたときの中央の値を
〔 中央値 〕または〔 メジアン 〕という。

データの総数が偶数の場合は，〔 中央 〕にある2つの値の〔 平均値 〕を
中央値とする。

☑ **3** データの中で，もっとも多く出てくる値を〔 最頻値 〕または〔 モード 〕
という。

度数分布表では，度数のもっとも多い階級の階級値を最頻値とする。

☑ **4** 最大値から最小値をひいた値を，分布の〔 範囲 〕または〔 レンジ 〕
という。すなわち，（範囲）＝（最大値）－（最小値）

例 右の表は，あるチーム10人の100m走の
記録である。

チームの記録(秒)

13.7	14.2	14.6	14.6	14.6
15.2	15.3	15.4	15.5	15.9

記録の合計は149秒であるから，平均値は，

149 ÷ 10 ＝〔 14.9 〕(秒)

データの総数は10で偶数だから，中央値は，

(14.6 ＋ 15.2) ÷ 2 ＝〔 14.9 〕(秒)

最頻値は，データの中でもっとも多く出てくる値だから，〔 14.6 〕(秒)

また，分布の範囲は，15.9 － 13.7 ＝〔 2.2 〕(秒)

☑ **5** あることがらが起こると期待される程度を数で表したものを，そのことがら
の起こる〔 確率 〕という。

例 ペットボトルキャップを2000回投げたら，500回表向きになった。この

とき，表向きになる確率は，$\frac{500}{2000}$ ＝〔 0.25 〕程度であると考えられる。

東京書籍版　数学1年

文字式のきまりにしたがって表すと？

(1) $-2 \times x \times y$

(2) $a \times a \div b + 2 \times a$

$x = -3$のとき，次の式の値は？

$-3 + 4x$

次の計算をすると？

(1) $3x + 6 - x - 1$

(2) $-2x - 4 + 2x$

次の計算をすると？

$-4(2x - 1)$

次の式をかっこを使わない式で表すと？

$(3x + 1) - (4x + 2)$

ある数xの４倍に３を加えた数が
２より大きいことを不等式で表すと？

次の方程式を解くと？

$2x - 5 = 1$

方程式$0.5x - 3 = 0.2x$を
解くときに，

最初にするとよいことは？

方程式$\dfrac{1}{2}x + \dfrac{4}{3} = \dfrac{2}{3}x + \dfrac{3}{2}$を
解くときに，

最初にするとよいことは？

次の比例式を解くと？

$2 : x = 3 : 5$

まずは数を代入した式を考える

答 -15

$$
\begin{aligned}
-3+4x &= -3+4\times(-3) \quad \leftarrow \\
&= -3-12 \\
&= -15
\end{aligned}
$$

負の数を代入
するときは，
かっこを
つける。

＋，－の符号は，はぶけない

答 (1) $-2xy$ 　　(2) $\dfrac{a^2}{b}+2a$

・×ははぶく，÷は分数の形にする。
・「数→アルファベット」の順に表す。
・同じ文字の積は累乗の形で表す。

$a(b+c)=ab+ac$

答 $-8x+4$

$$
\begin{aligned}
&-4(2x-1) \\
&= \underset{①}{\underline{-4\times2x}} + \underset{②}{\underline{(-4)\times(-1)}} \\
&= -8x+4
\end{aligned}
$$

x の項，数の項で計算！

答 (1) $2x+5$ 　　(2) -4

(1) 　$3x+6-x-1$
　　$=3x-x+6-1$
　　$=2x+5$

文字をふくむ項と
数の項に整理する。

(2) 　$-2x-4+2x=-2x+2x-4=-4$

数量の関係を不等号で表す

答 $4x+3>2$

$$
\begin{array}{l}
x \\
4x \\
4x+3 \\
4x+3>2
\end{array}
$$

4倍する。
3を加える。
2より大きい。

－（ ）の（ ）のはずし方に注意

答 $3x+1-4x-2$

計算をすると，
　　$(3x+1)-(4x+2)$
　$=3x+1-4x-2$
　$=-x-1$

（ ）の中の符号を
変えて（ ）を
はずす。

係数を整数にすることを考える

答 両辺に10をかける。

これを解くと，$(0.5x-3)\times10=0.2x\times10$
$$
\begin{aligned}
5x-30 &= 2x \\
3x &= 30 \\
x &= 10
\end{aligned}
$$

移項や等式の性質を使って解く

答 $x=3$

$$
\begin{aligned}
2x-5 &= 1 \\
2x &= 1+5 \\
2x &= 6 \\
x &= 3
\end{aligned}
$$

移項
右辺を計算する。
両辺を x の係数 2 でわる。

$a:b=c:d$ ならば $ad=bc$

答 $x=\dfrac{10}{3}$

$$
\begin{aligned}
2\times5 &= x\times3 \\
10 &= 3x \\
x &= \dfrac{10}{3}
\end{aligned}
$$

$a:b$ の比の値は $\dfrac{a}{b}$,
$c:d$ の比の値は $\dfrac{c}{d}$ より
$\dfrac{a}{b}=\dfrac{c}{d}$ だから $ad=bc$

係数を整数にすることを考える

答 両辺に分母の（最小）公倍数の6をかける。

これを解くと，$\left(\dfrac{1}{2}x+\dfrac{4}{3}\right)\times6=\left(\dfrac{2}{3}x+\dfrac{3}{2}\right)\times6$
$$
\begin{aligned}
3x+8 &= 4x+9 \\
-x &= 1 \\
x &= -1
\end{aligned}
$$

20 比例の式

yはxに比例し，
$x=3$のとき$y=-6$です。
yをxの式で表すと？

21 反比例の式

yはxに反比例し，
$x=3$のとき$y=-6$です。
yをxの式で表すと？

22 座標

右の点Aの座標は？

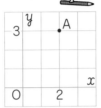

23 比例・反比例のグラフ

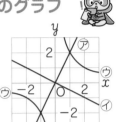

右の図で，次の式を
表すグラフは⑦〜⑰
の中のどれ？

$y=2x$

24 垂直と平行

長方形ABCDで，次の位
置関係を記号で書くと？

(1) 辺ABと辺BC
(2) 辺ABと辺DC

25 図形の移動

右の図で三角形⑦を1回
の移動で①に重ねるとき
の図形の移動方法は？

26 垂直二等分線

線分ABの
垂直二等分線の
作図のしかたは？

A —— B

27 角の二等分線の作図

∠AOBの
二等分線の作図
のしかたは？

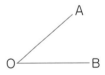

28 円の接線の作図

円周上の点Pを通る
接線の作図
のしかたは？

29 おうぎ形の弧の長さと面積

半径r，中心角$a°$の
おうぎ形の弧の長さℓ
と面積Sを求める式は？

反比例を表す式 ⇒ $y = \dfrac{a}{x}$

答 $y = -\dfrac{18}{x}$

$y = \dfrac{a}{x}$ に $x = 3$，$y = -6$ を代入すると，

$-6 = \dfrac{a}{3}$ より，$a = -18$

比例を表す式 ⇒ $y = ax$

答 $y = -2x$

$y = ax$ に $x = 3$，$y = -6$ を代入すると，

$-6 = a \times 3$ より，$a = -2$

比例のグラフ⇒直線　反比例のグラフ⇒双曲線

答 ⑦　比例　$\boxed{a>0}$　$\boxed{a<0}$

反比例　$\boxed{a>0}$　$\boxed{a<0}$

座標は，（x座標，y座標）で表す

答 A（2，3）
　　↑　　↑
　　x座標　y座標

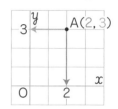

移動の性質を確認しよう

答 平行移動 または 対称移動

平行移動…一定の方向に一定の距離だけ動かす。

回転移動…ある点（回転の中心）で回転させる。

対称移動…ある直線（対称の軸）で折り返す。

垂直…⊥　平行…∥

答（1）　AB⊥BC

　（2）　AB∥DC

垂直…直角に交わる。

平行…交わらない。

角の二等分線…その角の2辺までの距離が等しい

答

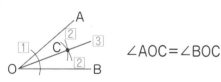

∠AOC＝∠BOC

垂直二等分線…両端からの距離が等しい

答

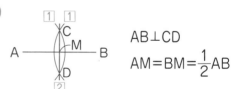

AB⊥CD

AM＝BM＝$\dfrac{1}{2}$AB

おうぎ形…円周や円の面積の $\dfrac{a}{360}$ 倍

答 弧の長さ　$\ell = 2\pi r \times \dfrac{a}{360}$

面積　$S = \pi r^2 \times \dfrac{a}{360} = \dfrac{1}{2}\ell r$

（接点を通る円の半径）⊥（接線）

答

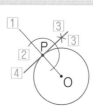

円の接線は，「垂線の作図」を利用してかく。

30 投影図

右の投影図で表される
立体の名前や
見取図は？

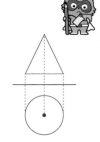

31 2直線の位置関係

右の立方体で,
次の位置関係は？

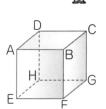

(1) 辺ABと辺HG
(2) 辺ABと辺CG

32 円柱の表面積

円柱の展開図で,
側面の形は？
右の図で, **表面積**を
求める式は？

側面積 S_1

底面積 S_2

33 円錐の表面積

円錐の展開図で,
側面の形は？
右の図で, **表面積**を
求める式は？

側面積 S_1

底面積 S_2

34 角錐・円錐の体積

底面積がSで高さがhの
角錐や円錐の体積を
求める式は？

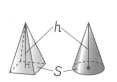

35 球

半径rの球の体積と
表面積を求める式は？

36 ヒストグラム

右のヒストグラムで
度数がいちばん多い
階級は？

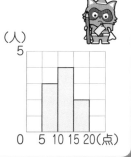

(人)

0　5　10　15　20 (点)

37 相対度数

度数分布表が与えられているとき,
次の値の求め方は？

(1) **ある階級の相対度数**
(2) **ある階級の累積相対度数**

38 代表値

データを調べるときの**代表値**には
どんなものがある？

39 確率の考え方

王冠を1000回投げたら,
400回表が出ました。
このとき, 表が出る確率は
いくらと考えられる？

表向き

裏向き

同じ平面上にあるかを確かめる

答 (1) 平行　(2) ねじれの位置

$$\begin{cases} 同じ平面上にある2直線 \\ \cdots交わる・平行 \\ 平行でなく交わらない2直線 \\ \cdots ねじれの位置 \end{cases}$$

立面図で柱か錐かを考えよう

答 円錐

見取図

投影図 $\begin{cases} 立面図（正面から見た図） \\ \cdots 三角形 \\ 平面図（真上から見た図） \\ \cdots 円 \end{cases}$

角錐や円錐は底面が1つである

答 おうぎ形　$S_1 + S_2$

側面積
表面積
底面積
長さが等しい

角柱や円柱は底面が2つである

答 長方形　$S_1 + S_2 \times 2$

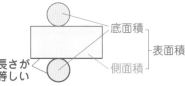

底面積
表面積
側面積
長さが等しい

球の体積と表面積…$\frac{4}{3}\pi r^3$　$4\pi r^2$

答 体積…$\dfrac{4}{3}\pi r^3$

表面積…$4\pi r^2$

体積は半径の3乗,
表面積は半径の2
乗に比例している
ことに注意する。

錐の体積は柱の体積の3分の1

答 $\dfrac{1}{3}Sh$

角錐や円錐の体積…$\dfrac{1}{3}\times$底面積$\times$高さ

↑ 角柱や円柱の
　体積

データの比較は相対度数を利用する

答 (1) $\dfrac{（その階級の度数）}{（度数の合計）}$

(2) 最初の階級から，ある階級
　　までの相対度数を合計する。

階級は「○以上△未満」で表す

答 10点以上15点未満の階級

※右の図の赤線は
　度数折れ線，または
　度数分布多角形という。

確率→起こりやすさの程度を表す数

答 0.4

（表が出た回数）÷（投げた回数）
$= 400 \div 1000 = 0.4$

代表値…平均値・中央値・最頻値など

答 平均値，中央値，最頻値

平均値…（個々のデータの値の合計）÷（データの総数）

中央値…データの値を順に並べたときの中央の値

最頻値…データの中でもっとも多く出てくる値

東京書籍版 数学1年 もくじ

発展→この学年の学習指導要領には示されていない内容を取り上げています。学習に応じて取り組みましょう。

特別ふろく	定期テスト対策	予想問題	145～160
		スピードチェック	別冊
	学習サポート	ポケットスタディ(学習カード) 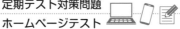 要点まとめシート	
		定期テスト対策問題 どこでもワーク(スマホアプリ)	
		ホームページテスト	

※特別ふろくについて，くわしくは表紙の裏や巻末へ

解答と解説 別冊

確認のワーク　ステージ1　　1節　整数の性質

例1 素数
教 p.12 → 基本問題 1 2

30から40までの整数のうち，素数をすべて答えなさい。

考え方 30から40までの整数で，1とその数自身の積でしか表せないものをさがす。

解き方 2以外の偶数は，すべて2×(整数)の形で
表せるから，素数ではない。
奇数の31，33，35，37，39について，

$33=3×11$，$35=5×7$，$39=3×$ ①□

となるから，33，35，39は素数ではない。

よって，素数は，31， ^②□

> **自然数，素数**
>
> 1以上の整数を**自然数**という。
> 自然数のうち，2，3，5，7のように，
> 1とその数自身の積でしか表すこと
> ができない数を**素数**という。
> ただし，1は素数にはふくめない。

例2 素因数分解
教 p.13 → 基本問題 3 4

84を素因数分解しなさい。

考え方 素数で順にわっていく。2，3，5，7，……
と小さいほうの素数から順にわっていくことが多い。

解き方 右の計算のように，84を素数で
順にわっていく。商が素数になるまで
続けて，わる数と商の積に表す。

$$
\begin{array}{r}
2\,)\underline{84} \\
2\,)\underline{42} \\
3\,)\underline{21} \\
7
\end{array}
$$

$84=2×2×3×$ ^③□

> **素因数分解とその手順**
>
> $60=2×2×3×5$，$210=2×3×5×7$
> のように，自然数を素数だけの積で
> 表すことを**素因数分解**という。
>
> ●素因数分解の手順
> 1 素数で順にわっていく。
> 2 1の素数の積をつくる。

例3 九九表のきまり
教 p.10〜13 → 基本問題 5

九九表について，右のように，縦3ます横3ます
の正方形で囲みます。この正方形のなかの4すみの
数について，斜めの数どうしの積が等しくなる理由
を説明しなさい。

	1	2	3	4	5	6	7	8	9
1	1	2	3	4	5	6	7	8	9
2	2	4	6	8	⑩	12	⑭	16	18
3	3	6	9	12	15	18	21	24	27
4	4	8	12	16	⑳	24	㉘	32	36
5	5	10	15	20	25	30	35	40	45

考え方 正方形のなかの4すみの数について，それぞれもとの九九にもどして考える。

解き方 4すみの数10，14，20，28を，それぞれもとの九九にもどすと，

$10×28=\boxed{2×5}×\boxed{4×7}$，$14×20=\boxed{2×7}×\boxed{4×5}$　←4つの数の積に分解できる。

となるから，$10×28=2×4×5×$ ^④□ ，$14×20=2×4×5×$ ^⑤□ と表せる。

よって，正方形のなかの4すみの数について，斜めの数どうしの積は等しくなる。

基本問題 .... 解答 p.1

1 素数　40 から 50 までの整数のうち，素数をすべて答えなさい。　教 p.12問2

2 素数　次の数のうち，素数をすべて答えなさい。　教 p.12
1，4，5，9，11，14，23，51，71，95

3 素因数分解　下の□にあてはまる数，ことばを入れなさい。　教 p.13

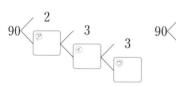 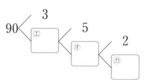 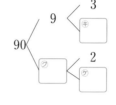

> **知ってると得**
> 素数 a の約数は 1 と a だけだから，素数は約数が 2 個の数ともいえる。

素因数分解は，どんな順序で行っても □コ 結果になる。

4 素因数分解　次の数を素因数分解しなさい。　教 p.12, 13
(1) 18　　　　　　(2) 56　　　　　　(3) 78

(4) 120　　　　　　(5) 126　　　　　　(6) 625

5 九九表のきまり　右の九九表について，次の問に答えなさい。　教 p.10〜13

(1) かける数が同じ数のとき，8 の段の数から 3 の段の数をひくと，何の段の数になりますか。

(2) 右のように，縦 4 ます横 3 ますの長方形で囲むとき，この長方形のなかの 4 すみの数について，斜めの数どうしの積が等しくなる理由を説明しなさい。

(3) 右のように，5 つの数を＋の形で囲むとき，真ん中以外の 4 つの数の和が真ん中の数の 4 倍に等しくなる理由を説明しなさい。

$a \times b$		かける数 b							
		1	2	3	4	5	6	7	8	9
かけられる数 a	1	1	2	3	4	5	6	7	8	9
	2	2	4	6	8	10	12	14	16	18
	3	3	6	9	12	15	18	21	24	27
	4	4	8	12	16	20	24	28	32	36
	5	5	10	15	20	25	30	35	40	45
	6	6	12	18	24	30	36	42	48	54
	7	7	14	21	28	35	42	49	56	63
	8	8	16	24	32	40	48	56	64	72
	9	9	18	27	36	45	54	63	72	81

左ページの 例 の答え ① 13　② 37　③ 7　④ 7　⑤ 7

確認 のワーク　ステージ 1　**1節　正負の数**
１ 符号のついた数

例1 符号のついた数　　　　　教 p.20 → 基本問題❶

＋，−の符号を使って，次の温度を表しなさい。

(1)　0℃ より 7.5℃ 高い温度　　　　(2)　0℃ より 12℃ 低い温度

解き方　(1)　0℃ より 7.5℃ 高いので，①□□□□□℃

正の符号＋を使う。
└─ プラス 7.5℃ と読む。

(2)　0℃ より 12℃ 低いので，②□□□□□℃

負の符号−を使う。
└─ マイナス 12℃ と読む。

> 0℃ より低い気温は
> 負の符号を使って，
> 表せるんだね。

例2 正負の数の意味　　　　　教 p.20 → 基本問題❷

次の数について，(1)〜(4)の問に答えなさい。

$$-5, \quad +3, \quad +1.2, \quad 0, \quad -\frac{4}{5}, \quad +6, \quad -0.3$$

(1)　正の数を答えなさい。　　　　(2)　負の数を答えなさい。

(3)　自然数を答えなさい。　　　　(4)　負の整数を答えなさい。

解き方　(1)　0 より大きい数だから，③□□□□□□

「正の数」という。

(2)　0 より小さい数だから，④□□□□□□

「負の数」という。

(3)　正の数のうちで，整数のものだから，⑤□□□□□□

(4)　負の数のうちで，整数のものだから，⑥□□□□□□

たいせつ

整数 {
正の整数 (自然数)
　　+1, +2, +3, …
0
負の整数
　　−1, −2, −3, …

注 0 は，正でも負でもない数である。

例3 反対の性質をもつ量　　　　　教 p.21, 22 → 基本問題❸

地点Aから東へ 3 m 移動することを ＋3 m と表すことにすれば，地点Aから西へ 7 m 移動することは，どのように表されますか。

考え方　地点Aを基準にして，「東」へ移動することを＋を使って表し，反対の性質を表す「西」へ移動することを−を使って表す。

「東」の反対は「西」

解き方　地点Aから西へ移動するので，⑦□□□□□

−の符号を使う。

覚えておこう

反対の性質をもつ量は，正の数，負の数を使って表すことができる。

基本問題 ·······························　解答　p.2

1 符号のついた数　次の高さを，海面の高さを基準の 0 m とし，高さが海面より高いことを正の数，低いことを負の数で表しなさい。　教 p.21問3

(1)　標高 200 m の山の高さ

海面の高さが基準になっているから…

(2)　海面下 35 m の海底

2 正負の数　次の㋐～㋕のうち，正しいものをすべて選び，記号で答えなさい。　教 p.20

㋐　+5 は正の数で，「たす 5」と読む。

㋑　0 より小さい数は正の符号を使って表す。

㋒　−4.3 や −7.5 のような数を負の小数という。

㋓　0 は自然数である。

㋔　整数には，正の整数と負の整数だけがある。

㋕　+2 や +5.4 は，小学校で学習した数 2 や 5.4 と同じ数である。

ミス注意

0 は正の数でも負の数でもない整数で，自然数ではない。

3 反対の性質をもつ量　次の □ にあてはまる数やことばを答えなさい。　教 p.21, 22

(1)　ある品物の重さが基準の重さより 3 kg 重いことを +3 kg と表すことにすれば，8 kg 軽いことは □ kg と表すことができる。

ここが ポイント

反対の意味をもつことば

「重い」⟷「軽い」

「後」⟷「前」

「支出」⟷「収入」

(2)　現在から 6 時間後のことを +6 時間と表すことにすれば，−1 時間は現在から □ のことを表している。

(3)　200 円の支出を −200 円と表すことにすれば，+800 円は □ のことを表している。

4 基準とのちがい　右の表は，ある中学校の 1 年生のクラスごとの人数を表したものです。1 組の人数を基準にして，それより多いことを正の数，少ないことを負の数で表すことにします。2 組と 3 組の人数を，1 組の人数を基準にして表しなさい。　教 p.22問6

	1 組	2 組	3 組
	38 人	40 人	35 人

 1節　正負の数
❷ 数の大小

例1 負の数をふくめた数直線 ───── 教 p.23 → 基本問題 ❶❷

下の数直線で，点 A，B，C に対応する数を答えなさい。

```
          C         B                    A
┼─┼─┼─┼─┼─┼─┼─┼─┼─┼─┼─┼─┼─┼─┼
−7 −6 −5 −4 −3 −2 −1  0 +1 +2 +3 +4 +5 +6 +7
```

考え方　直線上に基準の点 0 をとり，0 より右側に
正の数，左側に負の数を対応させる。

解き方　数直線の目もりを読みとる。

点Aは ①[　　]，点Bは ②[　　]

点Cは −4 と −5 の真ん中にあるので，③[　　]

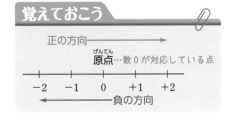

覚えておこう

正の方向 →

原点…数 0 が対応している点

```
┼─┼─┼─┼─┼
−2 −1  0 +1 +2
```
← 負の方向

例2 数の大小 ───── 教 p.24 → 基本問題 ❸

次の各組の数の大小を，不等号を使って表しなさい。

(1)　−2，−7　　　　　　　　(2)　0，+1，−5

考え方　0 と負の数をふくめた数直線上でも，右にある数ほど大きく，左にある数ほど小さい。

解き方　(1)　例1 の数直線上で，−2 は −7 より右にあるから，
　　　　　　　　　　　　　　　　　　　−2 のほうが −7 より大きい。

−7 ④[　　] −2

−2＞−7 と表すこともできる。

(2)　数直線上で，+1 は 0 より右にあり，−5 は 0 より左に
あるから，−5＜0，0＜+1

これらをまとめて，−5 ⑤[　　] 0 ⑥[　　] +1 と表す。

+1＞0＞−5 と表すこともできる。

ミス注意

3つ以上の数の大小を表す
ときは，不等号の向きをす
べて同じにする。

⑨＜⊕＜⊛

例 −4＜−2＜+1

例3 絶対値 ───── 教 p.25 → 基本問題 ❹❺

次の数の絶対値を答えなさい。

(1)　+7　　　　　　(2)　−8　　　　　　(3)　−2.3

考え方　数直線上で，ある数に対応する点と原点との距離を
考える。

解き方　(1)　+7 は，原点からの距離が 7 だから，⑦[　　]

(2)　−8 は，原点からの距離が 8 だから，⑧[　　]

(3)　−2.3 は，原点からの距離が 2.3 だから，⑨[　　]

絶対値

数直線上で，ある数に対応する
点と原点との距離のこと。

例 −4 と +4 の絶対値は 4

```
 絶対値     絶対値
  4          4
┼─┼─┼─┼─┼─┼─┼─┼─┼
−4 −3 −2 −1 0 +1 +2 +3 +4
```

基本問題  ·························· 解答▶ p.2

1 数直線 下の数直線で，点 A，B，C，D に対応する数を答えなさい。 教 p.23問1

```
      D       C              A                 B
  +--+-+-+-+-+-+-+-+-+-+-+-+-+-+-+-+-+-+-+-+-+-+-+-+-+-+-+-+
     -15     -10     -5      0     +5     +10     +15
```

2 数直線 下の数直線上に，次の(1)〜(4)の数に対応する点をしるしなさい。  教 p.23問2

(1)　$+4$　　　　　(2)　-3　　　　　(3)　$+\dfrac{5}{2}$　　　　　(4)　-1.5

```
  +--+-+-+-+-+-+-+-+-+-+-+-+-+-+-+-+-+-+-+-+-+
    -4    -3    -2    -1    0    +1    +2    +3    +4
```

3 数の大小 次の各組の数の大小を，不等号を使って表しなさい。 教 p.24問3

(1)　-9，-3　　　　　　(2)　-7，$+5$

(3)　$+7$，-8，0　　　　(4)　-3，$+4$，-6

> **ここが ポイント**
> ・数の大小は，数直線を使って考える。
> ・正の数は 0 より大きく，負の数は 0 より小さい。
> （負の数）<0<（正の数）

4 絶対値 次の数の絶対値を答えなさい。 教 p.25問5

(1)　$+100$　　　　　　　(2)　-12

(3)　$+5.7$　　　　　　　(4)　$-\dfrac{1}{6}$

> 正負の数から＋，－の符号をとり去った数が，絶対値になるよ。

5 数の大小 次の各組の数の大小を，不等号を使って表しなさい。 教 p.25問7

(1)　-47，-63　　　　　(2)　-0.6，-0.21

(3)　-1，$-\dfrac{8}{5}$

> **たいせつ**
> 負の数は，絶対値が大きいほど小さい。

解答 p.3

 **1節　正負の数**

❶ 地点Aから北へ2m移動することを +2m と表すことにすれば，次の⑴，⑵はそれぞれどんな移動を表していますか。

　⑴　−8m　　　　　　　　　　　⑵　+10.5m

❷ 次のことを負の数を使わないで表しなさい。

　⑴　−1000円の収入　　　　　　　⑵　−75m 高い

　⑶　−60kg 重い　　　　　　　　⑷　−2℃ 低い

　⑸　−10 増加　　　　　　　　　⑹　−3 分前

❸ 下の数直線で，点 A，B，C，D に対応する数を，小数で答えなさい。また，次の⑴〜⑶の数に対応する点をしるしなさい。

　⑴　$+\dfrac{3}{2}$　　　　　　　⑵　$-\dfrac{7}{2}$　　　　　　⑶　0 より 2.5 大きい数

❹ 次の各組の数の大小を，不等号を使って表しなさい。

　⑴　$+\dfrac{1}{10}$，$-\dfrac{1}{6}$，$-\dfrac{1}{3}$　　　　　　　⑵　-3.5，$-\dfrac{9}{2}$，-4

❺ 次の数を小さいほうから順に並べなさい。　-0.01，-100，0，$-\dfrac{1}{10}$

❻ 次の問に答えなさい。

　⑴　絶対値が 9 である数をすべて答えなさい。

　⑵　絶対値が 5 より小さい整数は何個ありますか。

　⑶　絶対値が 10 より大きく 14 より小さい整数をすべて答えなさい。

レベル UP ⑷　絶対値が $\dfrac{17}{4}$ より大きく $\dfrac{41}{5}$ より小さい整数は何個ありますか。

　❻ ⑵　−5 より大きく，+5 より小さい整数である。−5 と +5 はふくまない。

　　⑷　$\dfrac{17}{4}=4\dfrac{1}{4}$，$\dfrac{41}{5}=8\dfrac{1}{5}$ より，絶対値が 5 以上 8 以下の整数である。

7 下の 5 つの数について，次の問に答えなさい。

$$-\frac{1}{6}, \quad +\frac{1}{2}, \quad -0.5, \quad -\frac{2}{3}, \quad +\frac{1}{5}$$

(1) 絶対値が等しいものはどれとどれですか。

(2) 0 にもっとも近い数はどれですか。

(3) $-\frac{1}{3}$ より大きく $+\frac{1}{3}$ より小さい数をすべて答えなさい。

(4) 5 つの数の符号をそれぞれ変えると，もっとも小さくなる数はどれですか。

8 右の表の上の段の数は，ある商品Aについて，今週の売り上げ個数を表し，下の段の数は，先週の同じ曜日の売り上げ個数を基準にして，それより増えたことを正の数，

月	火	水	木	金	土
87	76	74	62	85	92
+9	+1	−3	−13	−2	+8

減ったことを負の数で表しています。たとえば，水曜日の「−3」は，先週の水曜日より 3 個減ったことを表しています。

(1) 先週の木曜日の売り上げ個数を求めなさい。

(2) 先週の土曜日の売り上げ個数を求めなさい。

(3) 今週の月曜日の売り上げ個数を基準にして，それよりも多いことを正の数，少ないことを負の数で表すことにすれば，先週の火曜日の売り上げ個数はどのように表されますか。

入試問題を やってみよう！ ┄┄┄┄┄┄┄┄┄┄┄┄┄┄┄┄┄┄┄┄┄

① 次の⑦～④のなかで，絶対値がもっとも大きいものを，記号で答えなさい。 〔沖縄〕

⑦ -4　　　④ 0　　　⑦ 3　　　④ $-\frac{9}{2}$

② 絶対値が 2.5 より小さい整数はいくつあるか，求めなさい。 〔和歌山〕

---

7 (4) もとの数のなかで，正の数であり，絶対値がもっとも大きい数のことである。
① 数直線上で，ある数に対応する点と原点との距離のことを絶対値という。
② −2.5 より大きく +2.5 より小さい整数を考える。

確認のワーク **ステージ1**　　**2節　加法と減法**
1 加法

例1 2つの数の加法 ─── 教 p.28〜30 → 基本問題 ❶❷

次の計算をしなさい。

(1) $(+4)+(+5)$　　　　　　　　(2) $(-4)+(-5)$

(3) $(+6)+(-8)$　　　　　　　　(4) $(-3)+(+7)$

解き方

共通の符号

(1) $(+4)+(+5)=$ □① $(4+5)=$ □②
たす

(2) $(-4)+(-5)=$ □③ $(4+5)=$ □④

絶対値の大きいほうの符号

(3) $(+6)+(-8)=$ □⑤ $(8-6)$ ◁符号を決める。
ひく
　　　　　　$=$ □⑥ ◁計算をする。

(4) $(-3)+(+7)=+(7-3)=$ □⑦

👉 2つの数の和の考え方

◆同符号のとき

共通の符号

$(\ominus2)+(\ominus3)=\ominus(2+3)$
たす

◆異符号のとき

絶対値の大きいほうの符号

$(\ominus4)+(+2)=\ominus(4-2)$
ひく

例2 小数や分数の加法 ─── 教 p.30 → 基本問題 ❸

次の計算をしなさい。

(1) $(-1.1)+(-0.7)$　　　　　(2) $\left(+\dfrac{7}{9}\right)+\left(-\dfrac{5}{9}\right)$

考え方 小数や分数の加法（かほう）は，整数のときと同じように考えて計算する。
たし算のこと，加法の結果が和である。

解き方 (1) $(-1.1)+(-0.7)=-(1.1+0.7)$
　　　　　　　　$=$ □⑧

小数や分数の加法も，まず符号を決めるよ。

(2) $\left(+\dfrac{7}{9}\right)+\left(-\dfrac{5}{9}\right)=+\left(\dfrac{7}{9}-\dfrac{5}{9}\right)=$ □⑨

例3 加法の交換法則・結合法則 ─── 教 p.31 → 基本問題 ❹

$(+4)+(-9)+(+7)+(-1)$ を計算しなさい。

考え方 加法では，交換法則（こうかんほうそく）や結合法則（けつごう）を使って計算することができる。

解き方 $(+4)+(-9)+(+7)+(-1)$
　　　　$=(+4)+(+7)+(-9)+(-1)$
　　　　$=\{(+4)+(+7)\}+\{(-9)+(-1)\}$
　　　　$=($ □⑩ $)+(\underline{-10})=$ □⑪

交換法則を使って
数の順序を変える。
結合法則を使って，
正の数の和，負の数の和
をそれぞれ求める。

➡ たいせつ

加法の交換法則
$a+b=b+a$
加法の結合法則
$(a+b)+c=a+(b+c)$

基本問題 .... 解答 p.4

1 2つの数の加法　次の計算をしなさい。
教 p.29問1, 問2

(1)　$(+9)+(+4)$ 　　　　(2)　$(-6)+(-2)$

(3)　$(+15)+(-18)$ 　　(4)　$(-17)+(+29)$

(5)　$(+8)+(-8)$ 　　　(6)　$(-22)+(+22)$

絶対値の等しい異符号の2つの数の和は0になるね。

2 0との加法　次の計算をしなさい。
教 p.30問3

(1)　$(-9)+0$

(2)　$0+(-10)$

たいせつ

どんな数に0を加えても，和ははじめの数になる。また，0にどんな数を加えても，和は加えた数になる。
$a+0=a,\ 0+a=a$

3 小数や分数の加法　次の計算をしなさい。
教 p.30問4

(1)　$(+0.6)+(+1.3)$ 　　(2)　$(-9.5)+(-8.2)$

(3)　$(+10.4)+0$ 　　　(4)　$\left(+\dfrac{3}{2}\right)+\left(-\dfrac{1}{2}\right)$

(5)　$\left(-\dfrac{7}{5}\right)+\left(+\dfrac{7}{5}\right)$ 　　(6)　$\left(-\dfrac{3}{4}\right)+\left(+\dfrac{2}{3}\right)$

分母の異なる分数の加法は通分して計算するよ。

4 加法の交換法則・結合法則　次の計算をしなさい。
教 p.31問5

(1)　$(+2)+(-11)+(+14)+(-5)$

(2)　$\left(-\dfrac{1}{2}\right)+\left(+\dfrac{1}{4}\right)+\left(-\dfrac{1}{8}\right)+\left(+\dfrac{1}{16}\right)$

ここがポイント

3つ以上の数の加法では，数の順序や組み合わせを変えて，どの2つの数からでも計算してよい。

左ページの 例 の答え　①+　②+9　③-　④-9　⑤-　⑥-2　⑦+4　⑧-1.8　⑨$+\dfrac{2}{9}$　⑩+11　⑪+1

確認のワーク　ステージ1　2節　加法と減法　2 減法

例1 2つの数の減法

教 p.32〜34 → 基本問題 1 2

次の計算をしなさい。

(1)　$(+3)-(+9)$

(2)　$(-5)-(-12)$

(3)　$0-(+4)$

(4)　$(-8)-0$

考え方 (1)(2)　正負の数の減法（げんぽう）は，ひく数の符号を変えて加法になおせばよい。

ひき算のこと，減法の結果が差である。

解き方 (1)　$(+3)\underline{-(+9)}$

$=(+3)+(\boxed{①}\;)$

$=-(9-3)$

$=\boxed{②}$

}「+9をひくこと」は，
「−9を加えること」と同じである。
異符号の2つの数の和を計算する。

(2)　$(-5)\underline{-(-12)}$

$=(-5)+(\boxed{③}\;)$

$=+(12-5)$

$=\boxed{④}$

}「−12をひくこと」は，
「+12を加えること」と同じである。
異符号の2つの数の和を計算する。

(3)　$0-(+4)=0+(-4)$

$=\boxed{⑤}$　← ひく数 +4 の符号を変えた数

(4)　$(-8)-0=\boxed{⑥}$　← はじめの数

> **→ たいせつ**
> 正負の数の減法
> $-(+●) ⇒ +(-●)$
> $-(-■) ⇒ +(+■)$

> **☞ 0をふくむひき算**
> ◆ 0からひく
> 　符号を変える。
> 　$0-(+2)=-2$
> ◆ 0をひく
> 　はじめの数になる。
> 　$(+2)-0=+2$

例2 小数や分数の減法

教 p.34 → 基本問題 3

次の計算をしなさい。

(1)　$(-0.8)-(+1.8)$

(2)　$\left(-\dfrac{6}{7}\right)-\left(-\dfrac{5}{7}\right)$

考え方 小数や分数の減法は，整数のときと同じように考えて計算する。

解き方 (1)　$(-0.8)\underline{-(+1.8)}=(-0.8)\underline{+(-1.8)}$

正の数をひく。　　　負の数を加える。

$=\boxed{⑦}$

(2)　$\left(-\dfrac{6}{7}\right)\underline{-\left(-\dfrac{5}{7}\right)}=\left(-\dfrac{6}{7}\right)\underline{+\left(+\dfrac{5}{7}\right)}$

負の数をひく。　　　正の数を加える。

$=\boxed{⑧}$

> 小数や分数の減法も，符号を変えて加法になおすのね。

基本問題 ···

解答 p.5

1 減法を加法になおす 次の減法の式を，加法の式になおしなさい。

(1) $(+7)-(+8)$

(2) $(+1)-(-5)$

(3) $(-2)-(+10)$

(4) $(-4)-(-9)$

正負の数の減法は，ひく数の符号を変えて加法になおせるね。

2 2つの数の減法 次の計算をしなさい。 教 p.34問2

(1) $(+2)-(+4)$

(2) $(+5)-(-3)$

(3) $(-3)-(+1)$

(4) $(-7)-(-9)$

(5) $(-6)-(-15)$

(6) $(+8)-(-11)$

(7) $0-(-5)$

(8) $(-13)-0$

3 小数や分数の減法 次の計算をしなさい。 教 p.34問3

(1) $(+2.3)-(+3.9)$

(2) $(-5.3)-(+1.2)$

(3) $\left(+\dfrac{1}{2}\right)-\left(-\dfrac{5}{2}\right)$

(4) $\left(-\dfrac{3}{4}\right)-\left(+\dfrac{1}{3}\right)$

(5) $(-0.3)-\left(-\dfrac{3}{10}\right)$

(6) $\left(+\dfrac{3}{2}\right)-(-0.5)$

ミス注意

減法を加法になおすとき，「ひかれる数」の符号を変えてはいけない。

4 整数の減法 次のことがらは，いつでも成り立つとはかぎりません。その理由を，具体的な数を例にあげて説明しなさい。

「−5 から整数をひくと，−5 より小さくなる。」

教 p.32～34

確認のワーク　ステージ1

2節　加法と減法
❸ 加法と減法の混じった計算

例1 式の項

教 p.35, 36 →基本問題①

$8-3+7-1$ の項をすべて答えなさい。

考え方 加法だけの式になおして考える。

解き方 $8-3+7-1$

$=(+8)-(+3)+(+7)-(+1)$

　　　　　　　　　　　　　　← 減法を加法になおす。

$=(+8)+(\boxed{①})+(\boxed{②})+(-1)$

より，項は $+8,$ $\boxed{③},$ $\boxed{④},$ -1 である。

たいせつ

加法の式 $(+2)+(-9)+(-3)$ は，$+2,$ $-9,$ -3 の3つの数の和を表していて，これらの数 $+2,$ $-9,$ -3 のことをこの式の項という。

例2 項だけを書き並べた式

教 p.36 →基本問題②

$(+7)+(-4)-(+13)-(-21)$ を，加法だけの式になおしてから，項だけを書き並べた式に表しなさい。

考え方 まず，減法を加法になおす。

解き方 $(+7)+(-4)-(+13)-(-21)$

$=(+7)+(-4)+(\boxed{⑤}13)+(\boxed{⑥}21)$

　　　 {加法だけの式になおす。かっこと加法の記号＋をはぶく。}

$=\boxed{⑦}$

　↑ 式のはじめの項の＋の符号は省略できる。

ミス注意

・かっこをはぶくとき，符号に注意する。

$■+(+●)=■+●$
$■+(-●)=■-●$
$■-(+●)=■-●$
$■-(-●)=■+●$

・式のはじめの項の－の符号は省略できない。

例3 加法と減法の混じった計算

教 p.36, 37 →基本問題③④

$15-(+1)-9-(-8)$ を計算しなさい。

考え方 項だけを書き並べた式に表してから，加法の交換法則や結合法則を使って，計算する。

解き方 $15-(+1)-9-(-8)$

$=15+(\boxed{⑧})-9+(\boxed{⑨})$

　　　　　　　　　　← 減法を加法になおす。

$=15-1-9+8$

$=15+8-1-9$ {数の順序を変える。【交換法則】}

$=23-\boxed{⑩}$ {正の数どうしの和と負の数どうしの和をそれぞれ計算する。【結合法則】}

$=13$ ← 計算の結果が正の数のとき，＋の符号をはぶくことができる。

「＝」は，縦にそろえて書くとわかりやすいね。

基本問題

解答 p.5

1 式の項 次の式の項をすべて答えなさい。

教 p.35問2

(1) $(-9)-(+6)-(-4)$

(2) $(-1)-(+4)-(-6)+(+10)$

(3) $-\dfrac{1}{2}+\dfrac{5}{3}-\dfrac{3}{4}$

覚えておこう

加法だけの式になおしてから，式の項を考える。
$(+10)+(+7)+(-8)$
の項は，
$+10$，$+7$，-8 である。

2 項だけを書き並べた式 次の式を，項だけを書き並べた式に表しなさい。

教 p.36問3

(1) $(-4)+(+9)+(-1)$

(2) $(-17)-(-3)+(-5)-(+8)$

3 項だけを書き並べた式の計算 次の計算をしなさい。

教 p.36問4

(1) $17-8+3$

(2) $-1+4-2+5$

(3) $-9-16+9$

(4) $-10+6-2+10-3$

4 加法と減法の混じった計算 次の計算をしなさい。

教 p.37問5，問6

(1) $14+(-3)-(-10)$

(2) $-12-(-13)+(+5)$

(3) $-10-(-12)-20$

(4) $-26-(-21)+0-7$

(5) $2.7-3.8-1.6$

(6) $5.6+(-0.2)-(-1)$

(7) $\dfrac{1}{4}-\dfrac{5}{4}-\dfrac{3}{4}$

(8) $1-\dfrac{2}{3}+\dfrac{1}{2}$

「同符号の項をまとめる。」「和が0になる2つの数を見つける。」などの計算のくふうができるようになろう。

左ページの 例 の答え ① $-3(+7)$ ② $+7(-3)$ ③ $-3(+7)$ ④ $+7(-3)$ ⑤ $-$ ⑥ $+$ ⑦ $7-4-13+21$ ⑧ -1 ⑨ $+8$ ⑩ 10

 **2節　加法と減法**

❶ 次の計算をしなさい。

(1) $(-42)+(+35)$

(2) $(-16)-(+39)$

(3) $(+2.8)-(+1.9)$

(4) $-0.6+\left(-\dfrac{2}{5}\right)$

(5) $-12-27+29-23$

(6) $1-2+3-4+5-6$

(7) $18+(-26)-15-(-29)$

(8) $2-\{3-(-1)\}$

(9) $-1.8-(-5.5)+3.2-(+1.3)$

(10) $\dfrac{1}{6}+\left(-\dfrac{2}{3}\right)-\dfrac{1}{2}-\left(-\dfrac{7}{12}\right)$

(11) $-\dfrac{1}{4}+\dfrac{3}{8}+\left(-\dfrac{2}{3}\right)-\left(-\dfrac{5}{9}\right)$

(12) $\dfrac{1}{5}+(-1.8)-(-0.9)-\left(-\dfrac{9}{5}\right)$

❷ 右の表は，図書室の先週の本の貸し出し冊数を，月曜日を基準にして，それより多い場合を正の数，少ない場合を負の数で表したものです。

月	火	水	木	金
0	-9	$+6$	-3	$+8$

(1) 月曜日に貸し出した本が 12 冊のとき，貸し出し冊数がもっとも多い日の本の冊数を求めなさい。

(2) 水曜日に貸し出した本が 20 冊のとき，貸し出し冊数がもっとも少ない日の本の冊数を求めなさい。

(3) 金曜日を基準にした表をつくりなさい。

(4) 金曜日に貸し出した本が 25 冊のとき，先週 5 日間の本の貸し出し冊数の合計を求めなさい。

❶ (4) -0.6 を分数になおすか，$-\dfrac{2}{5}$ を小数になおして計算する。

❷ (3) たとえば，木曜日は $(-3)-(+8)$ の計算の結果で表すことができる。

❸ 正負の数で，加法の交換法則が成り立つことを，具体的な式で示しなさい。また，加法の結合法則が成り立つことを，具体的な式で示しなさい。

❹ 次のルールでさいころを投げます。奇数（きすう）の目が出たら，その目の数を絶対値とする正の数を表すこととします。また，偶数（ぐうすう）の目が出たら，その目の数を絶対値とする負の数を表すこととします。5回続けてさいころを投げたら，下のような目が出ました。上のルールで，それぞれのさいころの目によって表された5つの数の和を求めなさい。

⭐レベルUP ❺ 2つの自然数○，△はともに 48 の約数であり，○－△ を計算すると －12 になります。このような○，△について，○＋△ を計算するとき，考えられる和をすべて求めなさい。

❻ 右の表は，A，B，C，D の 4 人があるゲームを 3 回行ったときの得点の結果です。このゲームでは，4 人のゲームの得点の合計が毎回 0 点になるように決められています。

	A	B	C	D
1回目（点）	+7	−8	+4	−3
2回目（点）	⑦	+15	−12	+6
3回目（点）	−11	−9	④	+1

(1) 表の⑦，④にあてはまる数を求めなさい。

(2) 2回目までのゲームの得点がもっとも低い人はだれですか。

(3) 3回すべてのゲームの合計点の，もっとも高い人ともっとも低い人の得点の差を求めなさい。

入試問題を やってみよう！

① 次の計算をしなさい。

(1) $-16+11$ 〔三重〕

(2) $2-(-7)$ 〔愛媛〕

(3) $-7+3-4$ 〔鳥取〕

(4) $-3-(-8)+1$ 〔山形〕

(5) $\left(-\dfrac{3}{4}\right)+\dfrac{2}{5}$ 〔福島〕

(6) $\dfrac{8}{9}+\left(-\dfrac{3}{2}\right)-\left(-\dfrac{2}{3}\right)$ 〔愛知〕

❸ 加法の交換法則は $a+b=b+a$，結合法則は $a+(b+c)=(a+b)+c$ である。
❹ 4の目 → −4，5の目 → +5，2の目 → −2，3の目 → +3となる。
❺ 48の約数は，1，2，3，4，6，8，12，16，24，48である。

確認のワーク　ステージ1　3節　乗法と除法
1 乗法(1)

例1 2つの数の乗法　　教 p.40〜42 → 基本問題 1 2

次の計算をしなさい。

(1) $(-4)\times(-6)$　　　　　　(2) $(+7)\times(-5)$

(3) $(+9)\times(-1)$　　　　　　(4) $(-9)\times(-1)$

考え方 正負の数の乗法では，符号を決めて絶対値の計算をする。
　　　かけ算のこと，乗法の結果が積である。

2つの数の積の符号

◆同符号のとき
$(+)\times(+) \to (+)$
$(-)\times(-) \to (+)$

◆異符号のとき
$(+)\times(-) \to (-)$
$(-)\times(+) \to (-)$

解き方 (1) $(-4)\times(-6)=$ ①□ $(4\times6)=$ ②□
　　　　　　　　同符号 → ＋　　絶対値の積

(2) $(+7)\times(-5)=$ ③□ $(7\times5)=$ ④□
　　　　　　　異符号 → －　　絶対値の積

(3) $(+9)\times(-1)=-(9\times1)=$ ⑤□
　　　　　　　　　　　　　　　−1をかけると符号が変わる。
　　　　　　　　　　　　　　　　　×(-1)
(4) $(-9)\times(-1)=+(9\times1)=$ ⑥□
　　　　　　　　　　　　　　　+9 ⇄ −9
　　　　　　　　　　　　　　　　　×(-1)

例2 乗法の交換法則・結合法則　　教 p.43 → 基本問題 3

$(-2)\times(+9)\times(-5)$ を計算しなさい。

考え方 乗法では，交換法則や結合法則を使って計算することができる。

解き方 $(-2)\times(+9)\times(-5)$
　　$=(+9)\times(-2)\times(-5)$
　　$=(+9)\times\{(-2)\times(-5)\}$
　　$=(+9)\times($ ⑦□ $)$
　　$=$ ⑧□

交換法則を使って，数の順序を変える。
結合法則を使って，数の組み合わせを変える。

たいせつ

乗法の交換法則
$a\times b=b\times a$
乗法の結合法則
$(a\times b)\times c=a\times(b\times c)$

例3 積の符号と絶対値　　教 p.44 → 基本問題 4

$(-7)\times(-3)\times(-4)$ を計算しなさい。

考え方 3つ以上の数の乗法でも，積の符号を決めて絶対値の計算をする。

解き方 $(-7)\times(-3)\times(-4)$
　　$=$ ⑨□ $(7\times3\times4)$
　　　　　　絶対値の積
　　$=$ ⑩□

負の数が3個だから，積の符号は「−」

覚えておこう

積の符号…負の数が奇数個あれば「−」
　　　　　負の数が偶数個あれば「＋」
積の絶対値…それぞれの数の絶対値の積

解答 p.7

基本問題

1 2つの数の乗法　次の計算をしなさい。

(1) $(+12)\times(+3)$　　　　(2) $(-9)\times(-20)$

(3) $(+10)\times(-1.8)$　　　(4) $(-2.4)\times(+1.5)$

(5) $\left(-\dfrac{2}{5}\right)\times\left(-\dfrac{15}{4}\right)$　　(6) $(+0.5)\times\left(-\dfrac{4}{3}\right)$

(7) $(-6)\times1$　　　　　(8) $(-12)\times0$

> **ここが ポイント**
>
> **1との積**
> $a\times1=a$　　$1\times a=a$
> **0との積**
> $a\times0=0$　　$0\times a=0$

2 −1との積　次の式を簡単にしなさい。

(1) $-(-8)$　　　　　　　　(2) $-(+7)$

3 乗法の交換法則・結合法則　次の計算をしなさい。

(1) $(-125)\times(+9)\times(-8)$　　　　(2) $(+7)\times(-3.5)\times(+2)$

(3) $\left(-\dfrac{1}{6}\right)\times(-5.6)\times(-6)$　　　　(4) $\left(+\dfrac{1}{5}\right)\times(+12)\times\left(-\dfrac{5}{3}\right)$

4 積の符号と絶対値　次の計算をしなさい。

(1) $5\times(-9)\times(+3)$　　　　(2) $(-4)\times11\times(-7)$

(3) $(-4.5)\times(-2)\times8$　　　　(4) $(-10)\times(-4)\times(-2.5)$

(5) $1.5\times(-3)\times(-9)\times2$

(6) $\left(-\dfrac{1}{4}\right)\times(-12)\times\left(-\dfrac{5}{3}\right)\times2$

> **ミス注意**
>
> 計算の記号と正，負の符号が続くときは，かっこを使う。たとえば 3 と −5 をかけるとき，**3×−5** ではなく，$3\times(-5)$ とする。

確認のワーク **ステージ1** **3節　乗法と除法**
1 乗法(2)　　2 除法(1)

例1 累乗 ────────────── 教 p.45 → 基本問題 ❶❷❸

次の計算をしなさい。

(1)　$(-4)^2$　　　　(2)　-4^2　　　　(3)　$(-3)^3$

考え方 累乗の指数から，かけた数の個数がわかる。

解き方
-4 を 2 個かける。

(1)　$(-4)^2=($①　$)\times($②　$)$

　　　$=$③

4 を 2 個かける。

(2)　$-4^2=-($④　$\times$⑤　$)$

(1)と(2)は式の意味がちがう。

　　　$=$⑥

(3)　$(-3)^3=($⑦　$)\times($⑦　$)\times($⑦　$)$ ← -3 を 3 個かける。

　　　$=-(3\times3\times3)$

　　　$=$⑧

たいせつ

同じ数をいくつかかけたものを，その数の累乗といい，右かたに小さく書いた数を指数という。

3^4←指数

$3^4=3\times3\times3\times3$ ← 3 を 4 個かける。

例2 2つの数の除法 ────────── 教 p.46, 47 → 基本問題 ❹

次の計算をしなさい。

(1)　$(-8)\div(-4)$　　　(2)　$(+28)\div(-7)$　　　(3)　$(-5)\div(-5)$

(4)　$0\div(-6)$　　　　(5)　$(-4)\div9$

考え方 正負の数の除法でも，符号を決めて絶対値の計算をする。

わり算のこと，除法の結果が商である。

解き方
(1)　$(-8)\div(-4)=+(8\div4)=$⑨

同符号 → ＋　　　絶対値の商

(2)　$(+28)\div(-7)=-(28\div7)=$⑩

異符号 → －　　　絶対値の商

(3)　$(-5)\div(-5)=+(5\div5)=$⑪ ← 負の数でも，わられる数とわる数が同じとき，商は1になる。

(4)　$0\div(-6)=$⑫

0 を負の数でわっても，商は 0 になる。

(5)　$(-4)\div9=-(4\div9)=$⑬

わり切れないときは，商は分数の形で答える。

👆 2つの数の商の符号

◆同符号のとき
$(+)\div(+)\to(+)$
$(-)\div(-)\to(+)$

◆異符号のとき
$(+)\div(-)\to(-)$
$(-)\div(+)\to(-)$

0 でわる除法は考えないよ。

基本問題 ⋯⋯⋯⋯⋯⋯⋯⋯⋯⋯⋯⋯⋯⋯⋯⋯⋯ 解答 p.8

1 累乗の指数　次の積を，累乗の指数を使って表しなさい。　教 p.45問8

(1)　$3 \times 3 \times 3 \times 3 \times 3$

(2)　$(-2) \times (-2) \times (-2)$

(3)　0.4×0.4

(4)　$(-0.7) \times (-0.7)$

知ってると得
2乗を平方，
3乗を立方
ということもある。

(5)　$\left(-\dfrac{1}{3}\right) \times \left(-\dfrac{1}{3}\right)$

(6)　$\dfrac{2}{5} \times \dfrac{2}{5} \times \dfrac{2}{5}$

2 累乗　次の計算をしなさい。　教 p.45問9

(1)　$(-6)^2$

(2)　-6^2

$(-6)^2$ と -6^2 は，
それぞれどんな数
を2乗しているの
かを考えよう。

(3)　$\left(-\dfrac{2}{5}\right)^2$

(4)　0.7^2

(5)　$(3 \times 4)^2$

(6)　$(-1) \times (-5^2)$

3 素因数分解と累乗の指数　次の式は，それぞれの数を素因数分解したものです。素因数分解
した結果を，累乗の指数を使って表しなさい。　教 p.45問10

(1)　$32 = 2 \times 2 \times 2 \times 2 \times 2$

(2)　$675 = 3 \times 3 \times 3 \times 5 \times 5$

4 2つの数の除法　次の計算をしなさい。　教 p.47問1, 問2, 問3

(1)　$(+24) \div (+6)$

(2)　$(-15) \div (-5)$

(3)　$(+30) \div (-3)$

(4)　$(-16) \div (+8)$

 分数の表し方

$\dfrac{-2}{3} = (-2) \div 3 = -(2 \div 3)$

$\dfrac{2}{-3} = 2 \div (-3) = -(2 \div 3)$

よって，$\dfrac{-2}{3} = \dfrac{2}{-3} = -\dfrac{2}{3}$

(5)　$0 \div (+3)$

(6)　$0 \div (-4)$

(7)　$(-7) \div 42$

(8)　$12 \div (-21)$

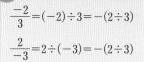

確認のワーク **ステージ1** 3節　乗法と除法
❷ 除法(2)

例1 除法と逆数　　　　　　　　　　　**教** p.48, 49 →**基本問題❶❷**

次の計算をしなさい。

(1) $\left(-\dfrac{3}{5}\right) \div \left(-\dfrac{9}{4}\right)$

(2) $\left(-\dfrac{2}{5}\right) \div (+4)$

考え方 正負の数のわり算は，わる数の逆数をかけて計算できる。

(1) $\left(-\dfrac{9}{4}\right) \times \left(-\dfrac{4}{9}\right) = 1$ より逆数を考えると，$-\dfrac{9}{4}$ の逆数は $-\dfrac{4}{9}$

(2) $+4 = +\dfrac{4}{1}$ として，$\left(+\dfrac{4}{1}\right) \times \left(+\dfrac{1}{4}\right) = 1$ より逆数を考えると，$+4$ の逆数は $+\dfrac{1}{4}$

解き方 (1) $\left(-\dfrac{3}{5}\right) \div \left(-\dfrac{9}{4}\right) = \left(-\dfrac{3}{5}\right) \times \left(-\dfrac{4}{9}\right)$ ← 除法を乗法になおす。

$= \boxed{①}\left(\dfrac{3}{5} \times \dfrac{4}{9}\right)$

$= \boxed{②}$

(2) $\left(-\dfrac{2}{5}\right) \div (+4) = \left(-\dfrac{2}{5}\right) \times \left(+\dfrac{1}{4}\right)$ ← 除法を乗法になおす。

$= \boxed{③}\left(\dfrac{2}{5} \times \dfrac{1}{4}\right)$

$= \boxed{④}$

思い出そう

2つの数の積が1のとき，一方の数を他方の数の逆数という。

$-\dfrac{2}{5}$ ←逆数→ $-\dfrac{5}{2}$

5 ←逆数→ $\dfrac{1}{5}$

注 0とどんな数との積も0となり，1にはならないから，0の逆数はない。

例2 乗法と除法の混じった計算　　　　　　**教** p.49 →**基本問題❸**

$6 \div \left(-\dfrac{10}{3}\right) \times (-5)$ を計算しなさい。

考え方 乗法と除法の混じった式は，乗法だけの式になおして計算する。

$\left(-\dfrac{10}{3}\right) \times \left(-\dfrac{3}{10}\right) = 1$ より，$-\dfrac{10}{3}$ の逆数は $-\dfrac{3}{10}$

解き方 $6 \div \left(-\dfrac{10}{3}\right) \times (-5)$

$= 6 \times \left(-\dfrac{3}{10}\right) \times (-5)$ 　除法を乗法になおす。

$= +\left(6 \times \dfrac{3}{10} \times 5\right)$ 　負の数が2個だから，積の符号は＋

← ここで約分する。

$\overset{3}{6} \times \dfrac{3}{10} \times \overset{1}{5}$

$= \boxed{⑤}$

たいせつ

分数でわるときや，乗法と除法の混じった計算
→わる数を逆数にして，乗法になおす。

基本問題 ········· 解答 p.8

1 逆数　次の数の逆数を求めなさい。　

(1)　$-\dfrac{5}{3}$

(2)　$-\dfrac{1}{9}$

(3)　-10

(4)　-1

> **ミス注意**
> 負の数の逆数を求めるときは，符号に注意する。負の数の逆数には，必ず負の符号がつく。

2 除法と逆数　次の計算をしなさい。　

(1)　$\left(+\dfrac{3}{8}\right)\div\left(-\dfrac{2}{3}\right)$

(2)　$\left(-\dfrac{4}{21}\right)\div\left(-\dfrac{12}{7}\right)$

(3)　$\dfrac{3}{4}\div\left(-\dfrac{9}{8}\right)$

(4)　$\left(-\dfrac{7}{3}\right)\div\dfrac{4}{9}$

(5)　$12\div\left(-\dfrac{3}{4}\right)$

(6)　$(-2)\div\left(-\dfrac{1}{5}\right)$

(7)　$\left(-\dfrac{2}{5}\right)\div(-10)$

(8)　$\dfrac{6}{5}\div(-0.3)$

> (8)のようなわる数が小数の計算は，小数を分数になおしてから，考えればいいね。

3 乗法と除法の混じった計算　乗法だけの式になおして，次の計算をしなさい。　

(1)　$18\div(-8)\times(-4)$

(2)　$(-4)\div\dfrac{3}{8}\times\left(-\dfrac{9}{16}\right)$

(3)　$(-20)\times\dfrac{3}{5}\div\left(-\dfrac{15}{2}\right)$

(4)　$\left(-\dfrac{2}{3}\right)\div12\times\dfrac{6}{5}$

(5)　$\left(-\dfrac{3}{7}\right)\div\left(-\dfrac{4}{3}\right)\div\left(-\dfrac{3}{28}\right)$

(6)　$(-7)^2\div14\times(-2)$

左ページの **例** の答え　① $+$　② $\dfrac{4}{15}$　③ $-$　④ $-\dfrac{1}{10}$　⑤ 9

確認のワーク　ステージ**1**　3節　乗法と除法
❸ 四則の混じった計算

例❶ 四則の混じった計算 ─────────────── 教 p.50, 51 →基本問題❶

次の計算をしなさい。

(1)　$12+2×(-5)$　　　　　　　　　　(2)　$-24÷(8-10)$

(3)　$2×(-3)^2$　　　　　　　　　　(4)　$-2×(3-2^2)+6$

考え方 四則の混じった計算では，先に計算する部分を確認してから計算をする。

　これまでに学んだ加法，減法，乗法，除法をまとめて「四則」という。

解き方 (1)　$\underset{乗法が先}{12+2×(-5)}$

　　　　　$=12+(\boxed{①})$ ◁ 加法

　　　　　$=2$

(2)　$\underset{(\ )の中が先}{-24÷(8-10)}$

　　　$=-24÷(\boxed{②})$ ◁ 除法

　　　$=\boxed{③}$

(3)　$\underset{累乗が先}{2×(-3)^2}$

　　　$=2×(\boxed{④})$ ◁ 乗法

　　　$=\boxed{⑤}$

四則の混じった計算
・加減と乗除の混じった計算→乗除が先
・かっこのある式の計算→かっこの中が先
・累乗のある式の計算→累乗が先

(4)　$\underset{累乗が先}{-2×(3-2^2)+6}$

　　　$=-2×(3-4)+6$ ◁ (　)の中

　　　$=-2×(-1)+6$ ◁ 乗法

　　　$=\boxed{⑥}+6$ ◁ 加法

　　　$=\boxed{⑦}$

例❷ 分配法則 ─────────────── 教 p.51 →基本問題❷

分配法則を利用して，次の計算をしなさい。

(1)　$35×\left(\dfrac{4}{7}-\dfrac{3}{5}\right)$　　　　　　　　(2)　$3×13-7×13$

考え方 正負の数でも，かっこのある式の計算のくふうをする。

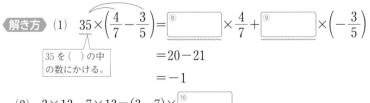

解き方 (1)　$35×\left(\dfrac{4}{7}-\dfrac{3}{5}\right)=\boxed{⑧}×\dfrac{4}{7}+\boxed{⑨}×\left(-\dfrac{3}{5}\right)$

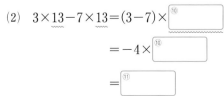

35を(　)の中
の数にかける。

　　　　　　$=20-21$

　　　　　　$=-1$

(2)　$3×13-7×13=(3-7)×\boxed{⑩}$

　　　　　　　　　$=-4×\boxed{⑩}$

　　　　　　　　　$=\boxed{⑪}$

分配法則

正負の数についても，
次のきまりが成り立つ。

$(a+b)×c=a×c+b×c$

$c×(a+b)=c×a+c×b$

基本問題 ·· 解答 p.9

1 四則の混じった計算 次の計算をしなさい。　教 p.50問1, 問2, p.51問3

(1)　$7-6\times(-3)$

(2)　$-18+8\div(-4)$

> **ここがポイント**
> 四則の混じった計算では，式の左から計算せずに，式全体を見てから計算の順序を確認しよう。

(3)　$-8-4\times2$

(4)　$15\div(-7+2)$

(5)　$9-(-5)\times2+(-10)$

(6)　$(-3)\times(-4+2)$

(7)　$24\div(-9-3)+14$

(8)　$-16-(6-18)\div(-4)$

(9)　$81\div(-3)^2$

(10)　$(-2)^3+(-3^2)$

(11)　$-2+(-5)\times(-2^2)$

(12)　$-32\div(1-3)^2-(-7)$

2 分配法則 分配法則を利用して，次の計算をしなさい。　 教 p.51問4, 問5

(1)　$\left(\dfrac{2}{9}-\dfrac{5}{6}\right)\times36$

(2)　$\left(-\dfrac{5}{8}-\dfrac{1}{6}\right)\times(-24)$

(3)　$(-10)\times\left(-\dfrac{3}{5}+0.3\right)$

(4)　$4\times15-16\times15$

(5)　$13\times(-16)-3\times(-16)$

(6)　$99\times(-53)$

3 四則の混じった計算 次の(1)，(2)の計算はまちがっています。どこがまちがっているか説明し，正しく計算しなさい。　教 p.50, 51

(1)　$5-(-6^2)\div(-4)=5-(-6)\times(-6)\div(-4)$

(2)　$(-3)\times\left(-\dfrac{7}{3}-5\right)=(-3)\times\left(-\dfrac{7}{3}\right)+(-5)$

左ページの 例 の答え　① -10　② -2　③ 12　④ 9　⑤ 18　⑥ 2　⑦ 8　⑧ 35　⑨ 35　⑩ 13　⑪ -52

確認のワーク ステージ1　3節　乗法と除法
4 数の範囲と四則

例1 自然数の集合と四則　教 p.52, 53 →基本問題2

□にいろいろな自然数を入れて⑦〜㋓の計算をします。計算の結果がいつでも自然数になるものを記号で答えなさい。

⑦ □＋□　　　㋑ □－□　　　㋒ □×□　　　㋓ □÷□

考え方 □に具体的な数を入れて考える。

解き方 自然数は正の整数のことだから，たとえば，□に8と2を入れて確認すると，

⑦→8＋2＝ ①□ ，㋑→8－2＝6，㋒→8×2＝ ②□ ，㋓→8÷2＝4

➡計算の結果は，すべて自然数になる。

次に，□に3と5を入れて確認すると，

⑦→3＋5＝ ③□ ，㋒→3×5＝15

➡和と積は自然数に ④□ 。　← (自然数)＋(自然数) ➡ (自然数)，
　　　　　　　　　　　　　　　(自然数)×(自然数) ➡ (自然数)
　　　　　　　　　　　　　　　が成り立つ。

㋑→3－5＝－2，㋓→3÷5＝0.6
　　　　　　負の整数　　　　小数

➡差と商は自然数にならない。← 計算の結果が自然数にならない場合がある。
　　　　　　　　　　　　　　　例を1つ示せばよい。

自然数どうしの加法，乗法の結果はいつでも自然数になるが，減法，除法の結果については自然数にならない場合があることがわかる。

答 ⑤□

具体的な数をあてはめて考えてみよう。

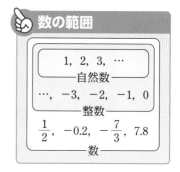

例2 整数の集合と四則　教 p.52, 53 →基本問題23

□にいろいろな整数を入れて⑦〜㋓の計算をします。計算の結果がいつでも整数になるものを記号で答えなさい。

⑦ □＋□　　　㋑ □－□　　　㋒ □×□　　　㋓ □÷□

考え方 数の範囲を自然数の集合から整数の集合に広げて，計算の結果を考える。
　　　　自然数全体の集まり　　　自然数（正の整数），0，負の整数の集まり

解き方 たとえば，□に1と－2を入れて確認すると，

⑦→1＋(－2)＝－1，㋑→1－(－2)＝ ⑥□ ，

㋒→1×(－2)＝－2

➡整数どうしの和・差・積は整数になる。

㋓→1÷(－2)＝－0.5
　　　　　　　　負の小数

➡整数どうしの商は整数にならない場合がある。

答 ⑦□

数の範囲

$$1, \ 2, \ 3, \ \cdots$$
―――自然数―――
$$\cdots, \ -3, \ -2, \ -1, \ 0$$
―――整数―――
$$\frac{1}{2}, \ -0.2, \ -\frac{7}{3}, \ 7.8$$
―――数―――

基本問題

解答 p.10

1 **数の範囲** 次の数について，答えなさい。

教 p.52

$$5.6, \quad -27, \quad -\frac{8}{3}, \quad 0, \quad 7, \quad +\frac{8}{2}, \quad -0.05, \quad 72$$

(1) 自然数はどれですか。

(2) 整数はどれですか。

> **覚えておこう**
>
> 「数全体の集合」には，いままでに学習してきた整数，分数，小数がすべてふくまれる。

2 **数の範囲と四則** それぞれの計算の結果を表した次の図について，答えなさい。

教 p.52, 53

(1) 図のア～ウに自然数，整数，数のいずれかを書き入れなさい。

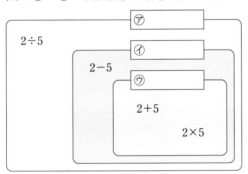

> **たいせつ**
>
> 数の範囲によって，結果がいつでも求められる計算は異なる。
>
> **結果がいつでも求められる計算**
> ・自然数の集合 ➡ 加法・乗法
> ・整数の集合 ➡ 加法・減法・乗法
> ・数全体の集合 ➡ 四則（ただし，0でわる除法は考えない）

(2) 次の計算の結果は，図のア～ウのどこに入るか，記号で答えなさい。

① $-3-5$

② $4.1-(-5)$

③ $2 \times 7 - 6$

④ $6 \times (-3) \div 2$

⑤ $\dfrac{1}{3} \div \dfrac{1}{2}$

⑥ $2.5 \times \dfrac{3}{4}$

3 **数の範囲と四則** 下の表は，それぞれの数の集合で四則計算がいつでもできるかどうかを考えるものです。計算の結果が，その集合でいつでも求められる場合は○，そうでない場合には×を書きなさい。ただし，0でわる除法は考えないものとします。

教 p.53問1

	加法	減法	乗法	除法
自然数				
整　数				
数				

いろいろな数を使って加法，減法，乗法，除法の計算をして，計算の結果がどんな数になるか確かめてみよう。

確認のワーク ステージ1　4節　正負の数の利用

例1 平均の求め方

教 p.55, 56 → 基本問題 1 2

A，B，C，D，Eの5人の体重の平均を求めるために，右のような表をつくりました。

(1) 表の㋐，㋑にあてはまる数を求めなさい。

(2) 5人の体重の平均を求めなさい。

	A	B	C	D	E
	㋐	48	41	50	43
	+6	0	㋑	+2	−5

解き方 (1) 表より，Bの体重を基準にしているので，←下の段のらんの「0」のところが基準

㋐にあてはまる数は，Aの体重だから，48+(+6)=⬜①　←(Bの体重)+(基準とのちがい)

㋑にあてはまる数は，Bを基準にしたCの体重だから，41−48=⬜②

基準にした「Bの体重」をひく。

(2) 基準とのちがいの合計は，(+6)+0+(⬜②)+(+2)+(−5)=⬜③ (kg) だから，

求める平均は，48+(⬜③)÷5=⬜④ (kg) ←(基準の重さ)+(基準の重さとのちがいの平均)

別解 基準の重さの5倍と5人の基準とのちがいの和の合計で求めると，

48×5+{(+6)+0+(⬜②)+(+2)+(−5)}=⬜⑤ (kg) だから，

基準の重さの5倍　　5人の基準とのちがいの和の合計

求める平均は，⬜⑤ ÷5=⬜④ (kg)

別解 (5人の体重の合計)÷5で，平均を求めることもできる。

(⬜① +48+41+50+43)÷5=⬜④ (kg)

5人の体重の合計

例2 正負の数の利用

教 p.57 → 基本問題 3

右の表は，K市の月曜日から土曜日までの午前6時の気温の変化を，前日の気温を基準にし

日	月	火	水	木	金	土
	−2	+3	+2	−3	−2	+4

て，それより高い場合を正の数，低い場合を負の数で表したものです。日曜日の気温を18℃とするとき，気温がもっとも高い曜日とその日の気温を答えなさい。

解き方 日曜日を基準としてグラフをかくと，右のようになる。

グラフより，気温がもっとも高いのは⬜⑥ 曜日で，

もっとも高いところにある点を読みとる。

その日の気温は，18+(+3)=⬜⑦ (℃) である。←

グラフより，基準の日曜日より3℃高いことがわかる。

日曜日からの気温の変化を順に考えて，18+(−2)+(+3)+(+2)=21 と求めてもよい。

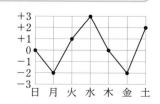

基本問題 ‥‥‥‥‥‥‥‥‥‥‥‥‥‥‥‥‥‥‥‥‥‥‥‥‥‥‥ 解答 p.10

1 平均の求め方　重さの異なる缶が 5 個あります。　教 p.55,56

(1) これらの缶の重さを，150 g を基準にして，それより重い場合を正の数，軽い場合を負の数で表した右の表の⑦～①にあてはまる数を求めなさい。

	A	B	C	D	E
	130	⑦	182	①	⑦
	−20	−15	①	−4	+40

(2) 5 個の缶の重さの平均を求めなさい。

2 平均の求め方　右の表は，5 人の生徒の身長を A を基準にして，A より高い場合を正の数，低い場合を負の数で表したものです。　教 p.55,56

A	B	C	D	E
0	+4	−7	−3	+11

(1) A の身長を 154 cm とするとき，残りの 4 人の身長を求めなさい。

(2) もっとも身長が高い人ともっとも低い人との差は何 cm ですか。

(3) 5 人の身長の平均が 157 cm のとき，C の身長を求めなさい。

知ってると得

基準とのちがいから，いろいろなことを読みとれるようにしていく。
基準とのちがいが正の数
　…高い・重い・多い
基準とのちがいが負の数
　…低い・軽い・少ない

3 正負の数の利用　右の表は，ある製品の売り上げ個数の変化を，前日の売り上げ個数を基準にして，それより多い場合を正の数，少ない場合を負の数で表したものです。　教 p.57問2

日	月	火	水	木	金	土
	−10	+5	+2	+8	0	+5

(1) 日曜日を基準として，売り上げ個数の変化のようすをグラフに表しなさい。

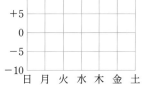

(2) 日曜日の売り上げ個数を 32 個とするとき，売り上げ個数がもっとも多い曜日とその日の売り上げ個数を答えなさい。

解答 p.11

3節　乗法と除法
4節　正負の数の利用

❶ 次の計算をしなさい。

(1)　$(+1.2) \times (-5)$

(2)　$\left(-\dfrac{4}{5}\right) \times \left(-\dfrac{5}{6}\right)$

(3)　$(-8) \div (-10)$

(4)　$\dfrac{5}{12} \div \left(-\dfrac{2}{9}\right)$

(5)　$\dfrac{1}{6} \div \left(-\dfrac{4}{15}\right) \times \left(-\dfrac{3}{10}\right)$

(6)　$(-6) \div \left(-\dfrac{8}{3}\right) \div (-24)$

❷ 次の計算をしなさい。

(1)　$10 - 4 \times 3$

(2)　$35 - (-15) \div (-3)$

(3)　$-4 \times \{13 - (-3)\}$

(4)　$4 - 9 \div (2 - 5)$

(5)　$5 - 25 \div (-5)^2$

(6)　$-\dfrac{8}{9} - \left(-\dfrac{2}{3}\right)^2 \times (-2)$

❸ 分配法則を利用して，次の計算をしなさい。

(1)　$\left(\dfrac{5}{6} - \dfrac{7}{2}\right) \times (-18)$

(2)　$(-19) \times 63 + (-19) \times 37$

❹ 下の式の□には＋，×，÷の記号，◯には＋，−の符号のうちの1つがそれぞれ入ります。
計算結果をもっとも小さい数にするには，□，◯にどの記号や符号を入れたらよいですか。

$$\left(-\dfrac{1}{4}\right) \square \left(\bigcirc \dfrac{1}{3}\right)$$

❷ 計算の順序に注意しよう。
❸ 分配法則を利用すると，簡単に計算できることがある。
　　$(a+b) \times c = a \times c + b \times c, \ c \times (a+b) = c \times a + c \times b$

5 A，B 2 人がじゃんけんをして，勝った人は東へ 3 m，負けた人は西へ 2 m，直線上を移動することにしました。最初に，A，B は同じ位置にいます。ただし，あいこの場合は回数に入れないものとします。

(1) 4 回じゃんけんをして，A が 1 回勝つと，A は最初の位置からどこの位置に移動しますか。

(2) 10 回じゃんけんをして，B が 6 回勝つと，A，B 2 人の間は何 m はなれることになりますか。

6 下の①～④の計算について，次の問に答えなさい。

① □＋○   ② □－○   ③ □×○   ④ □÷○

(1) □と○に入る数が正の偶数の集合のなかの数であるとき，計算の結果がいつでも正の偶数の集合の数になるものをすべて答えなさい。

(2) □と○に入る数が負の偶数の集合のなかの数であるとき，計算の結果がいつでも負の偶数の集合の数になるものをすべて答えなさい。

入試問題をやってみよう！

1 次の計算をしなさい。

(1) $\dfrac{1}{2}+2\div\left(-\dfrac{4}{5}\right)$ 〔和歌山〕   (2) $(-6)^2-4^2\div2$ 〔京都〕

2 a，b を負の数とするとき，次の⑦～⊕の式のうち，その値がつねに負になるものを 1 つ選び，記号で答えなさい。   〔大阪〕

⑦ $a\times b$ ④ $a+b$ ⑨ $-(a+b)$ ⊕ $(a-b)^2$

3 右の表には，6 人の生徒 A～F のそれぞれの身長から，160 cm をひいた値が示されています。

生 徒	A	B	C	D	E	F
160 cm をひいた値(cm)	+8	−2	+5	0	+2	

この表をもとに，これら 6 人の生徒の身長の平均を求めたところ 161.5 cm でした。このとき，生徒 F の身長を求めなさい。ただし，表の右端が折れて生徒 F の値が見えなくなっています。   〔千葉〕

5 最初の位置を基準とし，東へ移動することは正の数，西へ移動することは負の数で表す。

3 6 人の身長の平均が基準にした身長より高いので，基準との差の合計は正の数になる。
   $(161.5-160)\times6=9$ と $(+8)+(-2)+(+5)+0+(+2)=+13$ より，生徒 F の値を考える。

解答 ▶ p.12

[正負の数]
数の世界をひろげよう

40分　　/100

1 次の問に答えなさい。　　　　　　　　　　　　　　　　　　　　3点×4（12点）

(1)　絶対値が 4 以下の整数は何個ありますか。　　　　　　　　　（　　　　　　　　）

(2)　次の数で，小さいほうから 3 番目の数を答えなさい。

$-\dfrac{1}{5}$,　1.3,　-6,　$\dfrac{1}{4}$,　-0.9,　-0.4,　0.01　　　（　　　　　　　　）

(3)　次の各組の数の大小を，不等号を使って表しなさい。

①　-0.2,　-2　　　　　　　　　　②　$\dfrac{3}{10}$,　-0.3,　$-\dfrac{1}{3}$

　　　　　　（　　　　　　　　）　　　　　　　　　　　　（　　　　　　　　）

2 次の□にあてはまる数を求めなさい。　　　　　　　　　　　　2点×8（16点）

(1)　$(-5)+□=0$　　（　　　　　　　　）　　(2)　$(-5)-(□)=0$　　（　　　　　　　　）

(3)　$(-5)+□=-5$　　（　　　　　　　　）　　(4)　$(-5)-□=-5$　　（　　　　　　　　）

(5)　$(-5)×□=0$　　（　　　　　　　　）　　(6)　$□÷(-5)=0$　　（　　　　　　　　）

(7)　$(-5)×□=-5$　　（　　　　　　　　）　　(8)　$(-5)÷□=-5$　　（　　　　　　　　）

3 次の計算をしなさい。　　　　　　　　　　　　　　　　　　　2点×12（24点）

(1)　$6+(-14)$　　　　　　　　　　　(2)　$2-(-9)+15$

　　　　　　（　　　　　　　　）　　　　　　　　　　（　　　　　　　　）

(3)　$10-(+7.2)+(-13.5)$　　　　　　(4)　$\dfrac{1}{3}-1+\dfrac{1}{2}-\dfrac{3}{4}$

　　　　　　（　　　　　　　　）　　　　　　　　　　（　　　　　　　　）

(5)　$(-8)×(-9)$　　　　　　　　　　(6)　$1÷(-7)$

　　　　　　（　　　　　　　　）　　　　　　　　　　（　　　　　　　　）

(7)　$5-(-42)÷(-6)$　　　　　　　　(8)　$(-3)^3÷(-4^2)÷(-6)$

　　　　　　（　　　　　　　　）　　　　　　　　　　（　　　　　　　　）

(9)　$13-2×\{4-(-3)\}$　　　　　　　(10)　$(-5)^3-(-5^2)÷(-5)$

　　　　　　（　　　　　　　　）　　　　　　　　　　（　　　　　　　　）

(11)　$\left(-\dfrac{5}{2}-\dfrac{1}{2}\right)×\left(-\dfrac{1}{9}\right)$　　　　　(12)　$\dfrac{3}{4}×\left(-\dfrac{2}{3}\right)-\left(\dfrac{5}{6}-\dfrac{3}{4}\right)$

　　　　　　（　　　　　　　　）　　　　　　　　　　（　　　　　　　　）

目標 ❶～❹は基本問題です。全問正解を目標にしよう。また，❺，❻は基準とのちがいを読みとれるようにしよう。

自分の得点まで色をぬろう!

| 😣がんばろう! | 😅もう一歩 | 😊合格! |

0　　　　　　　　　　60　　80　　100点

❹ 分配法則を利用して，次の計算をしなさい。　　　　　　　　　　4点×2（8点）

(1)　$\left(\dfrac{4}{7}-\dfrac{2}{3}\right)\times 21$

(2)　$103\times(-12)$

（　　　　　　　　　）　　　　　　　　　（　　　　　　　　　）

❺ 右の表は，東京の時刻を基準にして各都市との時差を表したものです。　　4点×6（24点）

(1)　東京が20時のとき，次の各都市の時刻をそれぞれ求めなさい。

①　ニューヨーク　　　　　②　カイロ

（　　　　　）　　（　　　　　）

③　ペキン　　　　　　　　④　ウェリントン

（　　　　　）　　（　　　　　）

(2)　ホノルルが3時のとき，東京の時刻を求めなさい。

（　　　　　　　　　）

(3)　シドニーを基準にして，ロンドンとシドニーの時差を求め，正負の数で表しなさい。

（　　　　　　　　　）

都市名	時差 (時間)
ホノルル	−19
ニューヨーク	−14
ロンドン	−9
カイロ	−7
ペキン	−1
東　京	0
シドニー	+1
ウェリントン	+3

❻ 右の表は，ある工場での製品の生産個数を，火曜日を基準にして，それより多い場合を正の数，少ない場合を負の数で表したものです。　　5点×2（10点）

月	火	水	木	金
+4	0	−13	+9	+5

(1)　月曜日の生産個数は，水曜日の生産個数より何個多いですか。

（　　　　　　　　　）

(2)　火曜日の生産個数を500個として，月曜日から金曜日までの生産個数の平均を求めなさい。

（　　　　　　　　　）

❼ 次の①～⑥の式の□を，いろいろな負の数におきかえて計算したとき，計算の結果がいつでも正の数になるものを選び，番号で答えなさい。　　　　　　　　　（6点）

①　$(\square+5)\times(\square+2)$　　　　　②　$(\square+5)\times(\square-2)$

③　$(\square-5)\times(\square-2)$　　　　　④　$(\square-5)\times(\square+2)$

⑤　$(\square-5)^2+1$　　　　　　　　⑥　$(\square+5)^2-1$

（　　　　　　　　　）

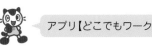 アプリ【どこでもワーク計算編】をやって，さらに力をつけよう!

確認のワーク **ステージ1**

1節　文字を使った式
❶ 文字の使用
❷ 文字を使った式の表し方(1)

例1 文字を使った式

教 p.64, 65 → 基本問題❶

同じ長さのストローを使って，右の図のように三角形をつなげた形をつくります。三角形の個数が x 個のときのストローの本数を求める式を，文字 x を使った式で表しなさい。

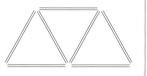

【考え方】 図をかいてストローの本数の増え方を調べる。

三角形の個数 ➡ 　1個　　　　　　2個　　　　　　3個　　…

　　　　　　　　　　　　　　　　　　　　　　　　　　　…

ストローの本数を求める式 ➡ $1+2×1$ →（2本増える。）→ $1+2×2$ →（2本増える。）→ $1+2×3$ …

【解き方】 左端の1本を除いて考えると，

三角形の個数が1個増えるごとに，ストローは ①[　　　] 本ずつ増えるので，

三角形の個数が x 個のときのストローの本数は，

$(1+2×$ ②[　　　] $)$ 本
└ 左端の1本 └ 三角形の個数

> 三角形の個数は，1，2，3，…といろいろな数になるが，それを文字 x を使って表せば，そのすべての場合をまとめて表すことができる。

例2 積の表し方，累乗の表し方

教 p.66, 67 → 基本問題❷

次の式を，文字式の表し方にしたがって表しなさい。

(1) $150×a$

(2) $20+y×x×3$

(3) $(a+b)×(-2)$

(4) $x×x×6×x$

【解き方】

（記号×をはぶく。）

(1) $150×a=$ ③[　　　]

（加法の記号＋ははぶけない。）

(2) $20+y×x×3=20+\underline{3xy}$
数を文字の前に書く。

注 $y×x$ は記号×をはぶくと yx になるが，このような文字の積では，文字をアルファベット順に並べ，xy と書くことが多い。

(3) $(a+b)×(-2)=(-2)×(a+b)$

$=-2($ ④[　　　] $)$
（ ）はつけたまま

(4) $x×x×6×x=6×x×x×x$

$=$ ⑤[　　　]
累乗の指数を使って表す。

積や累乗の表し方

1 文字の混じった乗法では，記号×をはぶく。

例 $120×x=120x$

2 文字と数の積では，数を文字の前に書く。

例 $y×30=30y$

3 同じ文字の積は，累乗の指数を使って表す。

例 $a×a×a=a^3$ ←指数

基本問題

解答 p.14

1 文字を使った式　次の □ にあてはまる文字や数を答えなさい。

教 p.65問1

(1)　m 人の子どもに1人5個ずつあめを配るとき，必要なあめの個数は

$(5 \times \boxed{})$ 個と表せる。

(2)　昨日の最高気温が29℃で，昨日より t℃ 高くなった今日の最高気温は，

$(29 + \boxed{})$℃ と表せる。

(3)　1個300円のケーキを a 個買い，1000円札を出したときのおつりは，

$(\boxed{^①} - 300 \times \boxed{^②})$ 円と表せる。

2 積の表し方，累乗の表し方　次の式を，文字式の表し方にしたがって表しなさい。

(1)　$7 \times y$

(2)　$b \times 3 \times a$

教 p.67問2, 問3, 問4

🔍 ミス注意

$1 \times a = a$（1は書かない。）
$(-1) \times a = -a$（1は書かない。）
※ $-a$ は，a の符号を変えたものである。
$0.1 \times a = 0.1a$
（0.1のまま，×の記号だけをはぶく。）

(3)　$\dfrac{5}{8} \times x$

(4)　$13 \times (x - y)$

(5)　$1 \times c$

(6)　$y \times (-1)$

(7)　$a \times 1 + 3 \times b$

(8)　$4 - 0.1 \times x$

(9)　$y \times y \times y \times (-3)$

(10)　$x \times a \times b \times a \times x$

3 文字を使った式の表し方　次の数量を，文字を使った式で表しなさい。

教 p.66, 67

(1)　長さ150 cm の針金から x cm の針金を3本切り取ったときの残りの針金の長さ

(2)　1本 a 円の鉛筆を5本と1冊100円のノートを b 冊買ったときの代金の合計

(3)　底辺4 cm，高さ x cm の平行四辺形の面積

(4)　a と b の和の3倍

(5)　x と y の積の5倍

文字 x は，乗法の記号×と区別するために，「x」と書くといいよ。

(6)　縦5 cm，横 x cm，高さ x cm の直方体の体積

左ページの 例 の答え　①2　②x　③$150a$　④$a + b$　⑤$6x^3$

確認のワーク　ステージ1　1節　文字を使った式
❷ 文字を使った式の表し方(2)

例1 商の表し方　教 p.68 →基本問題❶

次の式を，文字式の表し方にしたがって表しなさい。

(1) $m \div 8$　　(2) $6x \div 5$　　(3) $(x-y) \div 3$　　(4) $a \div (-7)$

解き方 (1) $m \div 8 = \dfrac{①\boxed{}}{8}$ 　$m \div 8$ は $m \times \dfrac{1}{8}$ と同じことなので，$\dfrac{m}{8}$ は $\dfrac{1}{8}m$ と書いてもよい。

(2) $6x \div 5 = \dfrac{②\boxed{}}{5}$ 　$\dfrac{6x}{5}$ は $\dfrac{6}{5}x$ と書いてもよい。

(3) $(x-y) \div 3 = \dfrac{③\boxed{}}{3}$ ←（ ）はとる。

(4) $a \div (-7) = \dfrac{a}{④\boxed{}} = -\dfrac{a}{7}$ 　−は分数の前に書く。

> **商の表し方**
> 文字の混じった除法では，記号÷を使わずに，分数の形で書く。
> 例　$x \div 7 = \dfrac{x}{7}$
> わられる数の部分を分子に，わる数の部分を分母にする。

例2 単位のそろえ方　教 p.69 →基本問題❹

次の数量の和を，〔 〕の中の単位で表しなさい。

(1) $x\,\text{m}$ と $7\,\text{cm}$ 〔m〕　　(2) 2時間と a 分 〔時間〕

考え方 $1\,\text{cm} = \dfrac{1}{100}\,\text{m}$，$1$分 $= \dfrac{1}{60}$ 時間を使う。

解き方 (1) $7\,\text{cm}$ は ⑤$\boxed{} \times 7 = $ ⑤$\boxed{}$ (m) だから，$(x + $ ⑥$\boxed{})\,\text{m}$
　　　　　　　　単位を「m」にそろえる。

(2) a 分は $\dfrac{1}{60} \times a = $ ⑦$\boxed{}$ (時間) だから，$(2 + $ ⑦$\boxed{})$ 時間
　　　　　　　単位を「時間」にそろえる。

例3 文字を使った式　教 p.69,70 →基本問題❺

次の数量を，文字を使った式で表しなさい。

(1) $a\,\text{L}$ の 13%　　(2) 半径 $x\,\text{cm}$ の円の周の長さと面積

考え方 (2) 円の周の長さや面積を計算するには，円周率 π（パイ）を使う。

解き方 (1) $13\% = \dfrac{13}{100}$ だから，$\underbrace{a \times \dfrac{13}{100}}_{\text{(もとにする量)×(割合)}} = $ ⑧$\boxed{}$ (L)

> **思い出そう**
> $1\% = \dfrac{1}{100}$，1割 $= \dfrac{1}{10}$

(2) 円の周の長さは $\underbrace{2x \times \pi}_{\text{(直径)×(円周率)}} = 2 \times \pi \times x = $ ⑨$\boxed{}$ (cm)

面積は $\underbrace{x \times x \times \pi}_{\text{(半径)×(半径)×(円周率)}} = $ ⑩$\boxed{}$ (cm²)

> **円周率**
> $\dfrac{(円周)}{(直径)}$ のことで，この値を π と表し，数 π 文字 の順に書く。

基本問題 ·· 解答 p.14

❶ 商の表し方 次の式を，文字式の表し方にしたがって表しなさい。 教 p.68問5

(1) $7a \div 3$ 　　　　(2) $(m+n) \div 4$ 　　　　(3) $x \div (-8)$

❷ いろいろな数量の表し方 次の問に答えなさい。 教 p.68問6

(1) 長さ x m のひもを3人で等しく分けるとき，1人分は何mですか。

(2) 1 m の重さが30 g であるくさりがあります。このくさり x g の長さは何mですか。

❸ 文字を使った式 次の式を，×や÷の記号を使って表しなさい。 教 p.68問7

(1) $8xy$ 　　　(2) $3b^2$ 　　　(3) $\dfrac{a+1}{3}$ 　　　(4) $\dfrac{1}{4}(x-y)$

❹ 単位のそろえ方 次の数量を，文字を使った式で表しなさい。ただし，〔　〕の中の単位で表しなさい。 教 p.69問8

(1) x m のリボンから 50 cm のリボンを切り取ったとき，残ったリボンの長さ 〔cm〕

> **たいせつ**
>
> $1\,\text{m}=100\,\text{cm} \Leftrightarrow 1\,\text{cm}=\dfrac{1}{100}\,\text{m}$
>
> $1\,\text{kg}=1000\,\text{g} \Leftrightarrow 1\,\text{g}=\dfrac{1}{1000}\,\text{kg}$
>
> $1\,時間=60\,分 \Leftrightarrow 1\,分=\dfrac{1}{60}\,時間$

(2) x g のかごに y kg のみかんを入れたときの全体の重さ 〔kg〕

❺ 文字を使った式 次の数量を，文字を使った式で表しなさい。ただし，〔　〕の中の単位で表しなさい。 教 p.69問9, 問10

(1) b 人の7割の人数 〔人〕

> **思い出そう**
>
> 速さの公式
>
> (速さ)＝(道のり)÷(時間)
>
> (時間)＝(道のり)÷(速さ)
>
> (道のり)＝(速さ)×(時間)

(2) x km の道のりを3時間で歩いたときの速さ 〔時速 km〕

(3) 900 m の道のりを分速 x m で歩くときにかかる時間 〔分〕

(4) 時速 y km で 45 分間歩いたときに進む道のり 〔km〕

左ページの **例** の答え ① m ② $6x$ ③ $x-y$ ④ -7 ⑤ $\dfrac{1}{100}$ ⑥ $\dfrac{7}{100}$ ⑦ $\dfrac{a}{60}$ ⑧ $\dfrac{13}{100}a$ ⑨ $2\pi x$ ⑩ πx^2

1節　文字を使った式
2 文字を使った式の表し方(3)
3 代入と式の値

例1 式の意味

教 p.70 → 基本問題 1

1辺が a cm，高さが b cm の正三角形で，次の式はどんな数量を表していますか。

(1)　$3a$

(2)　$\dfrac{ab}{2}$

考え方 式を，×や÷の記号を使って表してみる。

解き方 (1)　$3a = 3 \times a = \underline{a \times 3}$ だから，正三角形の ［①　　　　　］ を表す。
　　　　　　　　　　　　 (1辺の長さ)×3

(2)　$\dfrac{ab}{2} = ab \div 2 = \underline{a \times b \div 2}$ だから，正三角形の ［②　　　　］ を表す。
　　　　　　　　　　　　 (底辺)×(高さ)÷2

例2 式の値

教 p.71 → 基本問題 3

$x = -2$ のとき，次の式の値を求めなさい。

(1)　$1 - 2x$

(2)　$\dfrac{6}{x}$

(3)　$-x^2$

考え方 x に -2 を代入する。
　　　　　式のなかの文字を数におきかえること。
　　　　　代入して計算した結果のことを「式の値」という。

> 👉 **式の値**
> 例 $8 + 2x$ の x に 10 を代入する。
> ↓
> $8 + 2 \otimes x$ ◁記号×を使って表す。
> ↓
> $8 + 2 \otimes 10 = 28$ ◁式の値

解き方 (1)　$1 - 2x = 1 - 2 \times x$ ◁×の記号を使って表す。

　　　　　　　　$= 1 - 2 \times ($［③　　　　］$)$ ◁x に -2 を代入する。

　　　　　　　　$= 1 + 4$　負の数を代入するときは，( )をつける。

　　　　　　　　$=$ ［④　　　］ ◁式の値

(2)　$\dfrac{6}{x} = 6 \div x = 6 \div ($［⑤　　　］$) =$ ［⑥　　　］ ◁式の値

(3)　$-x^2 = -($［⑦　　　］$)^2 = -\{($［⑦　　　］$) \times ($［⑦　　　］$)\} =$ ［⑧　　　］ ◁式の値

例3 文字が2つある場合の式の値

教 p.72 → 基本問題 4

$x = 7$，$y = -3$ のとき，$2x - 3y$ の値を求めなさい。

解き方 $2x - 3y = 2 \times x - 3 \times y$ ◁×の記号を使って表す。

　　　　　　　　　　$= 2 \times 7 - 3 \times (-3)$ ◁x に 7，y に -3 を代入する。

　　　　　　　　　　$= 14 + 9$

　　　　　　　　　　$=$ ［⑨　　　］ ◁式の値

> 文字が2つになったときは，それぞれの文字に代入すればいいんだよ。

基 本 問 題 ···························· 解答 p.15

1 式の意味　鉛筆 1 本の値段が x 円，消しゴム 1 個の値段が y 円のとき，次のそれぞれの式はどんな数量を表していますか。 教 p.70問13

(1)　$5x$

(2)　$10x+3y$

2 式が表す数量　次の数を，文字を使って表しなさい。 教 p.70

(1)　十の位が x，一の位が 8 の 2 けたの数

(2)　5 でわると商が a で余りが 2 になる自然数

ここが ポイント

(1)　$34=30+4$

$=10×3+1×4$

より，2 けたの数は

$10×■+1×●$

$↓$　　$↓$

x　　y

$10x+y$ と表せる。

3 式の値　$x=-4$ のとき，次の式の値を求めなさい。 教 p.71問1, 問2

(1)　$-2x$

(2)　$7-4x$

(3)　$\dfrac{x}{9}$

(4)　$\dfrac{20}{x}$

(5)　$-x$

(6)　$5-x^2$

式の値を求めるときは，式を×や÷の記号を使って表してから，代入するといいよ。

4 式の値　$x=-3$，$y=\dfrac{1}{2}$ のとき，次の式の値を求めなさい。 教 p.72問3

(1)　$3x+4y$

(2)　$10x-8y$

(3)　$\dfrac{x}{3}-\dfrac{2}{y}$

(4)　x^2-6y

(5)　$-5x+12y^2$

(6)　$-\dfrac{2}{3}x^2-\dfrac{3}{y}$

左ページの 例 の答え　① 周の長さ　② 面積　③ -2　④ 5　⑤ -2　⑥ -3　⑦ -2　⑧ -4　⑨ 23

解答 ▶ p.16

1節　文字を使った式

1 次の式を，文字式の表し方にしたがって表しなさい。

(1)　$x \times 7 \times a$

(2)　$1 \times (-c)$

(3)　$y \times (-3) \times x$

(4)　$(m-9) \times 4$

(5)　$b \times b \times c \times a \times 2$

(6)　$0.5 - 0.4 \times x$

(7)　$(a-b) \div (-5)$

(8)　$a \times 3 \div 4$

(9)　$x \times y \times x \div 2$

(10)　$n \times m \times (x-y) \times m$

(11)　$(a+7) \div 14$

(12)　$3 \times x \times x \div y$

2 次の式を，×や÷の記号を使って表しなさい。

(1)　$-10x$

(2)　ab^3

(3)　$\dfrac{2}{9}x$

(4)　$3a^2 + \dfrac{5}{x}$

(5)　$\dfrac{a-b}{4}$

(6)　$\dfrac{9}{x} - \dfrac{y}{6}$

3 次の数量を，文字を使った式で表しなさい。

(1)　1個 a g のみかん 8 個と 1 個 b g のりんご 3 個の重さの合計

(2)　10 kg の代金が x 円である米を，1 kg 買うときの代金

(3)　x の 6 倍と y の和　　　　　　　(4)　a から b をひいた差の 10 倍

(5)　定価 a 円の品物を b ％引きで買うときの代金

4 ある美術館の入館料は，おとな 1 人 x 円，中学生 1 人 y 円です。このとき，次のそれぞれ
の式はどんな数量を表していますか。

(1)　$x + 4y$　　　　　　　　　　　　(2)　$10000 - (2x + 5y)$

2 (4)〜(6)　分数は，記号÷を使って表せる。
3 (1)　（重さの合計）＝（みかん 8 個の重さ）＋（りんご 3 個の重さ）
　　(2)　（1 kg あたりの代金）＝（10 kg の代金）÷10

5 a 円と 200 円の品物を 2 個ずつ買って，1000 円札を出したときのおつりを表している式をすべて選び，記号で答えなさい。

㋐ $\{1000-2(a+200)\}$ 円

㋑ $\{1000-2a+200\}$ 円

㋒ $\{1000-(2a-400)\}$ 円

㋓ $\{1000-2a-400\}$ 円

6 $x=-2$ のとき，次の式の値を求めなさい。

(1) $1-10x$

(2) $\dfrac{2}{3}x+1$

(3) $(-x)^2$

(4) $-x^4$

(5) x^3-5x

(6) $-0.1x$

(7) $\dfrac{1}{x}$

レベルUP (8) $-\dfrac{x^2}{2}+\dfrac{2}{x^3}$

7 $a=-1$，$b=-3$ のとき，$2a-b$ の値を正しく求めているのはどれですか。記号で答えなさい。

㋐ $2a-b=-2-3=-5$

㋑ $2a-b=-2+3=1$

㋒ $2a-b=1-3=-2$

㋓ $2a-b=1+3=4$

入試問題を やってみよう！

1 右の図のように，1 辺の長さが 5 cm の正方形の紙 n 枚を，重なる部分がそれぞれ縦 5 cm，横 1 cm の長方形となるように，1 枚ずつ重ねて 1 列に並べ

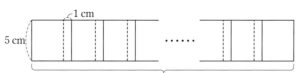

正方形の紙 n 枚を 1 枚ずつ重ねて 1 列に並べた図形

た図形をつくります。正方形の紙 n 枚を 1 枚ずつ重ねて 1 列に並べた図形の面積を n を使って表しなさい。　〔三重〕

2 次の問に答えなさい。

(1) $a=2$，$b=-3$ のとき，$-\dfrac{12}{a}-b^2$ の値を求めなさい。　〔愛媛〕

(2) $x=-1$，$y=\dfrac{7}{2}$ のとき，x^3+2xy の値を求めなさい。　〔山口〕

5 a 円と 200 円の品物を 1 組にして，おつりを考えることもできる。

1 横の長さについて，1 枚目は，4 cm とのりしろの 1 cm の和で，2 枚目からは，のりしろの分をひいた 4 cm ずつ長くなる。

確認のワーク　**ステージ1**　2節　文字式の計算
1 1次式の計算(1)

例1 項と係数　　　　　　　　　教 p.74 →基本問題1

$3x-y$ の項と，文字をふくむ項の係数を答えなさい。

考え方 項は和の形になおして考える。項で数の部分を係数という。

解き方 $3x-y=3x+(\boxed{①}\qquad)$ より，項は $3x$, $\boxed{①}$
　　　　　　　　　└── 項 ──┘

　　　係数
　　　↓
$3x=3\times x$ だから，x の係数は $\boxed{②}$

　　係数
　　↓
$-y=-1\times y$ だから，y の係数は $\boxed{③}$

覚えておこう

1次式… 1次の項だけか，
文字が1つだけの項
1次の項と数の項の和で
表すことができる式。

例2 同じ文字をふくむ項　　　　　　教 p.75 →基本問題2 3

次の計算をしなさい。

(1)　$8x+4x$　　　　　　　　(2)　$12a+3-5a+2$

考え方 文字の部分が同じ項を1つの項にまとめ，簡単にすることができる。

解き方 (1)　$8x+4x=(\boxed{④}\qquad+4)x=12x$
　　　　　　　　　　　└─ 係数の計算をする。

(2)　$\underline{12a}+3\underline{-5a}+2=\underline{12a-5a}+3+2$ ← 文字の部分が
　　　　　　　　　　　　　　　　　　　　　　　同じ項を集める。
　　　　　$=(12\boxed{⑤}\qquad)a+3+2$
　　　　　　　　└─ 係数の計算をする。
　　　　　$=7a+5$

知ってると得

発展 同類項
文字の部分が同じ項
を同類項という。

例3 1次式の加法と減法　　　　　　教 p.76,77 →基本問題4

次の計算をしなさい。

(1)　$(3a+8)+(4a-1)$　　　　(2)　$(x-7)-(4x-5)$

考え方 かっこをはずしてから計算する。

解き方 (1)　$(3a+8)+(4a-1)$　　　そのままかっこ
　　　　　$=3a+8+4a-1$　　　をはずす。
　　　　　$=3a+4a+8-1$　　　項を並べかえる。
　　　　　$=(3+4)a+8-1$　　　文字の部分が同じ
　　　　　　　　　　　　　　　項どうし，数の項
　　　　　$=\boxed{⑥}$　　　　　どうしを計算する。

(2)　$(x-7)-(4x-5)$　　　ひくほうの式の
　　　　　　　　　　　　　各項の符号を変
　　　　　　　　　　　　　えて加える。
　$=x-7-4x\boxed{⑦}$
　　　　　　　　　　　　　項を並べかえる。
　$=x-4x-7+5$
　　$x=1\times x$　　　　　文字の部分が同じ
　$=(1-4)x-7+5$　　　項どうし，数の項
　　　　　　　　　　　　　どうしを計算する。
　$=\boxed{⑧}$

基本問題
解答 p.17

1 項と係数　次の式の項と，文字をふくむ項の係数を答えなさい。

(1) $3x-5y$　　　　(2) $x-\dfrac{1}{2}y+3$　　　　(3) $9a-\dfrac{b}{5}-\dfrac{2}{3}$

2 同じ文字をふくむ項　次の計算をしなさい。

(1) $4x+7x$　　　(2) $-10x+2x$　　　(3) $10a-6a$

(4) $2x-9x$　　　(5) $0.9x+0.4x$　　　(6) $\dfrac{5}{8}a-\dfrac{3}{8}a$

3 同じ文字をふくむ項　次の計算をしなさい。

(1) $5x-1+3x+8$　　　　(2) $12a+6-18a-8$

(3) $-7x-8+5x-2$　　　　(4) $\dfrac{a}{2}+9-3a+6$

(5) $-0.3x+4+0.7x-3$　　　　(6) $-\dfrac{7}{10}x+2-\dfrac{3}{10}x+1$

4 1次式の加法と減法　次の計算をしなさい。

(1) $(10x+3)+(2x-1)$　　　　(2) $(-y-7)+(2y+8)$

(3) $(a+4)+(6a-2)$　　　　(4) $(3x-8)-(6x-5)$

(5) $(5-m)-(7m-9)$　　　　(6) $\left(\dfrac{1}{3}y-\dfrac{1}{4}\right)-\left(\dfrac{2}{3}y+\dfrac{3}{4}\right)$

(7)
$$\begin{array}{r} 8x-5 \\ +)\ -3x+2 \\ \hline \end{array}$$

(8)
$$\begin{array}{r} 2a+10 \\ -)\ 6a-\ 1 \\ \hline \end{array}$$

(7)(8)の1次式の加法や減法は，
文字の部分が同じ項，数の項を
縦にそろえて計算できるんだね。

左ページの 例 の答え　①$-y$　②$3$　③-1　④$8$　⑤-5　⑥$7a+7$　⑦$+5$　⑧$-3x-2$

2章

確認のワーク **ステージ1** 2節　文字式の計算
1 1次式の計算(2)

例1 1次式と数の乗法や除法　　　　　教 p.77,78 → 基本問題 ①②

次の計算をしなさい。

(1) $3x \times 8$　　　　(2) $7(x-3)$　　　　(3) $10x \div 5$

解き方 (1) $3x \times 8$
$= 3 \times x \times 8$　×を使った式になおす。
$= 3 \times 8 \times x$　数どうしの積に文字をかける。
$= \boxed{①}$

(2) $7(x-3)$　　分配法則を使ってかっこをはずす。
$= 7 \times x + 7 \times (\boxed{②})$
$= \boxed{③}$

(3) 乗法になおして計算する。

$10x \div 5$
$= 10x \times \boxed{④}$　わる数の逆数をかける。
$= \boxed{⑤}$

別解 分数の形になおして計算する。

$10x \div 5 = \dfrac{10x}{5}$　約分する。
$= \boxed{⑤}$

例2 いろいろな計算　　　　　　　　教 p.79 → 基本問題 ③④

次の計算をしなさい。

(1) $(18x+6) \div 3$　　(2) $\dfrac{a-5}{5} \times 10$　　(3) $3(2x-1)-2(x-4)$

解き方 (1) 乗法になおして計算する。

$(18x+6) \div 3$
$= (18x+6) \times \dfrac{1}{3}$　わる数の逆数をかける。
$= 18x \times \dfrac{1}{3} + 6 \times \dfrac{1}{3}$　分配法則を使う。
$= \boxed{⑥}$

別解 分数の形になおして計算する。

$(18x+6) \div 3$
$= \dfrac{18x+6}{3}$
$= \dfrac{18x}{3} + \dfrac{6}{3}$　約分する。
$= \boxed{⑥}$

ミス注意

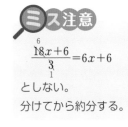

$\dfrac{\overset{6}{18x+6}}{\underset{1}{3}} = 6x+6$

としない。
分けてから約分する。

(2) $\dfrac{a-5}{5} \times 10 = \dfrac{(a-5) \times 10}{5}$　← 10 を分子にかける。
$= (a-5) \times 2$　約分する。
$= \boxed{⑦}$　かっこをはずす。

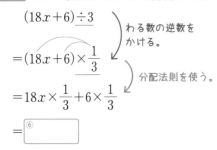

$\dfrac{(a-5) \times \overset{2}{10}}{\underset{1}{5}} = (a-5) \times 2$

(3) $3(2x-1)-2(x-4)$　← かっこをはずす。
$= 6x - 3 - 2x + 8$
$= 6x - 2x - 3 + 8$　文字の部分が同じ項どうし,数の項どうしを計算する。
$= \boxed{⑧}$

分配法則を使ってかっこのない式をつくることを,「かっこをはずす」というよ。

基 本 問 題 ╍╍╍╍╍╍╍╍╍╍╍╍╍╍╍╍╍╍╍╍╍╍╍╍╍╍╍╍╍╍ 解答 p.18

❶ 1次式と数の乗法や除法 次の計算をしなさい。 教 p.77 問8, 問9

(1) $5x \times 4$

(2) $(-3) \times 8y$

(3) $\left(-\dfrac{1}{5}m\right) \times (-10)$

(4) $15x \div 3$

(5) $\dfrac{2}{7}x \div 2$

(6) $\dfrac{3}{4}y \div \left(-\dfrac{5}{12}\right)$

2 章

❷ 1次式と数の乗法 次の計算をしなさい。 教 p.78 問10, 問11

(1) $2(5x-4)$

(2) $-(7a-3)$

ミス注意

かっこをはずすときは、かっこ
の中のすべての項にかける。

誤答例 $2(5x-4) = 10x - 4$

(3) $\dfrac{3}{4}(8x-12)$

(4) $\left(\dfrac{2}{5}x+\dfrac{1}{3}\right) \times 15$

❸ いろいろな計算 次の計算をしなさい。 教 p.79 問13, 問14

(1) $(15x+10) \div 5$

(2) $(-28a+14) \div (-7)$

(3) $(40x+8) \div \dfrac{4}{5}$

(4) $\dfrac{2x-9}{8} \times 16$

(5) $10 \times \dfrac{1-x}{2}$

(6) $\dfrac{3a-7}{3} \times (-6)$

❹ いろいろな計算 次の計算をしなさい。 教 p.79 問15

(1) $2(x+3)+4(x-2)$

(2) $4(-x+3)-5(x-1)$

(3) $3(7a-4)-2(9a-6)$

(4) $3(3x+2)-5(x-3)$

(5) $-(a-2)+2(-2a+1)$

(6) $-6(2x-5)-4(3-2x)$

❺ いろいろな計算 次の(1), (2)の計算はまちがっています。どこがまちがっているか説明し、
正しく計算しなさい。 教 p.78, 79

(1) $\dfrac{1}{4}(12a-4) = 3a-4$

(2) $2(4x-3)-3(2x-3) = 8x-6-3x-9$

 ステージ **1**　3節　文字式の利用
1 数の表し方
2 数量の間の関係の表し方

例 **1** 等式と不等式

教 p.84, 85 → 基本問題 **2**

次の数量の間の関係を，等式または不等式で表しなさい。

(1)　1個 250 g のもも x 個を，重さ 100 g の箱に入れると重さの合計は，1350 g であった。

(2)　1個 250 g のもも x 個を，重さ 100 g の箱に入れると重さの合計は，1500 g より軽かった。

考え方 数量の間の関係を，(1)は等式で，(2)は不等式で表すことができる。

解き方 (1)　もも x 個の重さは $\underline{250 \times x} = $ □ (g) だか
　　　　　　　　　　　　　　　(1個の重さ)×(個数)

ら，箱に入れたときの重さの合計は (□① +100) g
　　　　　　　　　　　　　　　　　　(もも x 個の重さ)+(箱の重さ)

これが 1350 g に等しいから，□① +100 $=$ 1350
　　　　　　　　　　　　「等号」を使う。　　等式…等号を使って数量の間の関係を表した式

(2)　もも x 個の重さと箱の重さの合計が 1500 g より軽いので，

□① +100 □② 1500

不等式…不等号を使って数量の間の関係を表した式

 **等式・不等式**

等式　$\boxed{250x+100} = \boxed{1350}$

不等式　$\boxed{250x+100} < \boxed{1500}$

左辺　　右辺
　└─ 両辺 ─┘

覚えておこう

$a < b$ … a は b 未満である
　　　　（a は b より小さい）
$a > b$ … a は b より大きい
$a \geqq b$ … a は b 以上である
$a \leqq b$ … a は b 以下である

例 **2** 等式や不等式が表している数量

教 p.85 → 基本問題 **3**

ケーキ1個の値段を x 円，プリン1個の値段を y 円とするとき，次の等式や不等式はどんなことを表していますか。

(1)　$5x + 3y = 1800$　　　　　　　　(2)　$1000 - (x+y) > 500$

考え方 文字をことばにおきかえて，式の意味を考える。

解き方 (1)　$5x+3y$ は，$\underline{5x = (\text{ケーキ1個の値段}) \times 5}$ (円) と $\underline{3y = (\text{プリン1個の値段}) \times 3}$ (円)
　　　　　　　　　　　　　　　　$x \times 5$　　　　　　　　　　　　　　　$y \times 3$
の和を表す式だから，

ケーキを □③ 個とプリンを □④ 個買ったときの代金の合計が □⑤ 円であ
　　　　　　　　　　　　　　　　　　　　　(ケーキの代金)+(プリンの代金)=1800円
ることを表している。

(2)　$(x+y)$ 円は，ケーキとプリンを1個ずつ買ったときの代金で，

$\{1000-(x+y)\}$ 円は，1000円札を出したときの □⑥ を表す式だから，

1000円札を出して，ケーキとプリンを1個ずつ買ったときのおつりが 500 円より

□⑦ ことを表している。

↑ 「多い」か「少ない」か考える。

基本問題

解答 ▶ p.19

1 整数の性質　n が整数のとき，次の式はどんな数を表していますか。　教 p.83問1, 問2

(1)　$4n$

(2)　$7n$

(3)　$2n-1$

2 等式と不等式　次の数量の間の関係を，等式または不等式で表しなさい。　教 p.85問1

(1)　x の 7 倍から 6 をひいたときの差は 8 である。

> **知ってると得**
> 記号≧，≦も不等号といい，これらの記号を使って数量の関係を表した式も不等式という。

(2)　弟は a 歳で，b 歳の兄より 4 歳年下である。

(3)　x 人いたバスの乗客のうち，8 人が降りても，まだ乗客は 5 人以上残っていた。

(4)　時速 4 km で a 時間歩き，時速 5 km で b 時間歩いたら，歩いた道のりは全部で 12 km になった。

(5)　x m のひもから 5 m 切り取ったところ，残っているひもは 2 m より短くなった。

(6)　a 円のうち 800 円使ったところ，残っているお金は 300 円以下になった。

(7)　x を -3 倍した数は，y から 5 をひいた数に等しい。

> ●未満は「●より小さい」ことを意味していたね。

(8)　x km の道のりを自転車に乗って時速 12 km で走ったら，かかった時間は 2 時間未満だった。

3 等式や不等式が表している数量　x 個のクッキーがあって，n 人の生徒がいます。このとき，次の等式や不等式はどんなことを表していますか。　教 p.85問2

(1)　$x=3n+16$

(2)　$x>2n$

(3)　$x=5n-2$

(4)　$x≦4n$

> **ここがポイント**
> 数量の間の関係を図に表すと，(1)は，下のようになる。
>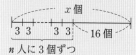

解答 ▶ p.20

2節　文字式の計算
3節　文字式の利用

1 次の式の項と係数を答えなさい。

(1) $\dfrac{2}{5}x - y + 3$

(2) $\dfrac{2a}{3} - \dfrac{b}{4}$

2 次の計算をしなさい。

(1) $25x + 7x$

(2) $13y - 18y$

(3) $3x - 1 + 6x + 8$

(4) $2 + \dfrac{7}{3}x - 2x - \dfrac{1}{3}$

(5) $\begin{array}{r} 4x - 6 \\ +)\ 9x - 5 \\ \hline \end{array}$

(6) $\begin{array}{r} -5a + 1 \\ -)\ -3a + 1 \\ \hline \end{array}$

(7) $(-2a) \times (-7)$

(8) $3x \div 9$

(9) $-4(b - 4)$

(10) $(6x - 30) \div (-3)$

(11) $-16 \times \dfrac{1 - 2x}{8}$

(12) $5(4x - 9) - 2(7x - 15)$

3 次の(1), (2)について, 2つの式の和を求めなさい。また, 左の式から右の式をひいたときの差を求めなさい。

(1) $2a - 3,\ -6a + 1$

(2) $-8x - 10,\ -7x + 10$

4 n が整数のとき, 3つの続いた整数は, $n-1$, n, $n+1$ と表されます。3つの続いた整数の和は, どんな数になりますか。

5 定価の同じノートを, A店では「定価の5％引き」で, B店では「2冊まで定価, 3冊目から定価の10％引き」で売っています。ノートを5冊買うとき, どちらの店で買うほうが安くなりますか。また, その理由を文字を使って説明しなさい。

3 それぞれの式にかっこをつけてから加法や減法の計算をする。
4 ●×(整数)は, ●の倍数を表す。
5 ノート1冊の定価を a 円として, 何円になるかを考える。

よく出る ⑥ 次の数量の間の関係を，等式または不等式で表しなさい。

(1) ある道のりを進むのに，x 時間歩き，そのあと 15 分間走っていったら，合わせて y 時間かかった。

(2) x 円のシャツを 2 割引きで買ったときの代金は y 円である。

(3) 1 本 80 円の鉛筆を x 本と 1 個 100 円の消しゴムを 1 個買ったときの代金の合計は 600 円未満だった。

(4) ある遊園地の先週の入場者数は 3000 人で，今週の入場者数は先週より a 割増えて 5000 人以上になった。

(5) 1 個 x 円のケーキ 3 個と 1 個 y 円のケーキを 2 個買ったときの代金の合計は，1000 円をこえた。

⑦ a 本の鉛筆を b 人の生徒に 5 本ずつ配ったとき，$a-5b>8$ はどんなことを表していますか。

入試問題を やってみよう！

① 次の計算をしなさい。

(1) $\dfrac{2}{3}a+\dfrac{1}{2}a$ 〔滋賀〕 (2) $-4(3x-5)+(6-2x)$ 〔佐賀〕

② ある店では，通常，袋に 200 g のお菓子をつめて売っています。毎月 1 日の特売日には，通常の重さの $a\%$ を増量して売っています。特売日におけるお菓子の重さを a を使った式で表しなさい。 〔富山〕

③ あるお店にすいかとトマトを買いに行きました。このお店では，すいか 1 個を a 円の 2 割引きで，トマト 1 個を b 円で売っていて，すいか 1 個とトマト 3 個をまとめて買ったところ，代金の合計は 1000 円より安かったです。この数量の関係を不等式で表しなさい。 〔熊本〕

② $a\%$ を $\dfrac{a}{100}$ として式に表す。

③ (すいか 1 個の代金)＋(トマト 3 個の代金)＜1000 円

解答 ▶ p.22

[文字と式]
数学のことばを身につけよう

実力判定テスト　ステージ 3

40分　　/100

1 次の式を，文字式の表し方にしたがって表しなさい。　　　　3点×4（12点）

(1)　$a \times 5 - 4 \times b$

(　　　　　）

(2)　$(-y) \div 10$

(　　　　　）

(3)　$(-m) \div (-1)$

(　　　　　）

(4)　$b \times (-5) \times c \times a \times c$

(　　　　　）

2 次の条件を満たす1次式を1つつくりなさい。　　　　（6点）

> ・3つの項の和になおすことができる。
> ・数だけの項は1つである。
> ・文字の項の係数は，-1 と 5 である。

(　　　　　）

3 x が次の値のとき，それぞれの式の値を求めなさい。　　　　4点×3（12点）

(1)　$x = -1$ のとき，$(-x)^3$

(　　　　　）

(2)　$x = 4$ のとき，$-\dfrac{x^2}{10}$

(　　　　　）

(3)　$x = -\dfrac{1}{2}$ のとき，$-\dfrac{1}{2}x^2$

(　　　　　）

4 次の計算をしなさい。　　　　3点×6（18点）

(1)　$-x + 9x$

(　　　　　）

(2)　$y - 2y$

(　　　　　）

(3)　$a - (-a) - 3a$

(　　　　　）

(4)　$\dfrac{x}{2} - \dfrac{x}{3} - \dfrac{x}{4}$

(　　　　　）

(5)　$(y - 6) + (5 - 2y)$

(　　　　　）

(6)　$(-3 + 8x) - (8x - 3)$

(　　　　　）

自分の得点まで色をぬろう！
😣がんばろう！ 😮もう一歩 😊合格！
0　　　　　　　　60　80　100点

5 次の計算をしなさい。　　　　4点×6(24点)

(1) $\dfrac{x}{3}\times(-6)$

(2) $-8\left(2x-\dfrac{3}{4}\right)$

(　　　　　)　　　　(　　　　　)

(3) $\dfrac{4x-3}{4}\times12$

(4) $(-54+27y)\div(-3)$

(　　　　　)　　　　(　　　　　)

(5) $2(7a-6)+5(3-a)$

(6) $6(3y-2)-3(5y-4)$

(　　　　　)　　　　(　　　　　)

6 次の数量の間の関係を，等式または不等式で表しなさい。　4点×3(12点)

(1) 5 mの値段が a 円であるリボンの，1 mあたりの値段は b 円だった。

(　　　　　)

(2) 100枚の画用紙を，a 人の生徒に3枚ずつ配ると b 枚以上余った。

(　　　　　)

(3) 2つの数4と m の平均は n に等しい。

(　　　　　)

7 右の図で，色をつけた部分の周の長さと面積を，円周率 π を使って表しなさい。　4点×2(8点)

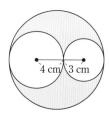

周の長さ(　　　　　)　面積(　　　　　)

8 右の図のように，縦に3個，横に a 個の碁石を並べて長方形をつくります。このときの碁石の数を次の⑦，⑦のように表しました。それぞれどのように考えたのか説明しなさい。　4点×2(8点)

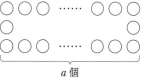
a 個

⑦ $2(a+1)$ 個 (　　　　　)

⑦ $\{(a-2)\times2+3\times2\}$ 個 (　　　　　)

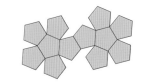

確認のワーク **ステージ 1** **1節 方程式とその解き方**
❶ 方程式とその解

例1 方程式とその解 **教** p.92,93 ▶ **基本問題❶❷**

−1，0，1 のうち，方程式 $4x-1=3$ の解_{かい}はどれですか。

考え方 方程式 $4x-1=3$ の x に −1，0，1 をそれぞれ代入して，
　　　　式のなかの文字に代入する値によって，成り立ったり，成り立たなかったりする等式のこと。

左辺の値_{あたい}と右辺の値が等しくなる x の値を見つける。
　　方程式を成り立たせる文字の値を，方程式の「解」という。

解き方 $x=-1$ のとき 　（左辺）$=4\times(-1)-1=-5$
　　　　　　　　　　　　　　　　　　負の数を代入するときは，（　）をつける。

　　　　　　　　　　　　　（右辺）$=3$

　　　　$x=0$ のとき 　（左辺）$=4\times0-1=$ □①

　　　　　　　　　　　　　（右辺）$=3$

　　　　$x=1$ のとき 　（左辺）$=4\times1-1=3$
　　　　　　　　　　　　　（右辺）$=3$ 　　　左辺の値と右辺の値が等しくなり，等式が成り立つ。

よって，□② が，方程式 $4x-1=3$ の解である。

> **思い出そう**
> 等式 $\underset{\text{左辺}}{\underline{2x+12}}=\underset{\text{右辺}}{\underline{5x}}$
> 　　　両辺

例2 等式の性質を使った方程式の解き方 **教** p.94,95 ▶ **基本問題❸**

次の方程式を解きなさい。
(1) 　$x+5=1$ 　　　　　　　(2) 　$2x=10$

考え方 (1)は等式の性質②を，(2)は等式の性質④を使って，方程式を解_とく。
　　　　　　　　　　　　　　　　　　　方程式の解を求めること。

方程式を解くには，もとの方程式を $x=\square$ の形に変形すればよい。

解き方 (1) 　$x+5=1$

左辺を x だけにするために，両辺から □③ をひくと，

$x+5-$ □④ $=1-$ □④ 　　左辺は，5と−5で0を
　　　　　　　　　　　　　　つくっている。
　　　　　$x=$ □⑤

注 方程式 $x+5=1$ の解が−4であることを，$x=-4$ と表す。

(2) 　$2x=10$

両辺を □⑥ でわると，← x の係数を1にする。

$\dfrac{2x}{\boxed{⑦}}=\dfrac{10}{\boxed{⑦}}$ ← 等式の性質③を使って，両辺に2の
　　　　　　　　　　逆数 $\dfrac{1}{2}$ をかけているともいえる。
　　$x=$ □⑧ 　　　$2x\times\dfrac{1}{2}=10\times\dfrac{1}{2}$

> **等式の性質**
> $A=B$ ならば
> ① $A+C=B+C$
> ② $A-C=B-C$
> ③ $AC=BC$
> ④ $\dfrac{A}{C}=\dfrac{B}{C}$ $(C\neq0)$
> 　$C\neq0$ は，C が0でないことを表している。
> ⑤ $B=A$

基本問題 ‥‥‥‥‥‥‥‥‥‥‥‥‥‥‥‥‥‥‥‥‥ 解答 p.24

1 方程式とその解　$-\dfrac{1}{3}$，0，$\dfrac{1}{3}$，$\dfrac{2}{3}$，1 のうち，方程式 $6x-1=3$ の解はどれですか。

教 p.93問1

2 方程式とその解　次の方程式で，4 が解であるものをすべて選び，記号で答えなさい。

教 p.93問2

⑦　$x-6=2$

⑦　$-5x=-20$

⑦　$2x+1=-7$

⑦　$10-3x=-2$

⑦　$2x=7x-10$

⑦　$8+2x=x+12$

⑦　$0.5x-2=1.5x$

⑦　$\dfrac{1}{4}x-5=-\dfrac{3}{4}x-1$

⑦　$4(-x+2)=-24$

3 等式の性質を使った方程式の解き方　次の方程式を解きなさい。

教 p.95問3, 問4

(1)　$x-2=8$

(2)　$-9+x=1$

(3)　$x+7=12$

(4)　$x+5=3$

(5)　$x+1=-10$

(6)　$3x=6$

(7)　$10x=5$

(8)　$-12x=48$

$x=\square$ の形に変形することを考えていこう！

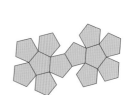

(9)　$-35x=7$

(10)　$\dfrac{1}{5}x=5$

(11)　$\dfrac{x}{3}=-27$

(12)　$\dfrac{2}{5}x=\dfrac{1}{10}$

左ページの 例 の答え　①-1　②$1$　③$5$　④$5$　⑤-4　⑥$2$　⑦$2$　⑧$5$

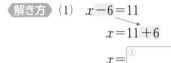

1節　方程式とその解き方
❷ 方程式の解き方

例❶ 移項
教 p.96, 97 → 基本問題❶

次の方程式を解きなさい。

(1)　$x-6=11$　　　　　　　(2)　$3x=-2x+40$

考え方 移項（いこう）の考えを使って方程式を解く。

解き方 (1)　$x-6=11$

$x=11+6$

$x=$ ①⬚

> −6 を移項する。
> 符号が変わることに注意する。
> 右辺を計算する。

(2)　$3x=-2x+40$

$3x+2x=40$

②⬚$x=40$

$x=$ ③⬚

> 右辺から x をふくむ項をなくすために $-2x$ を移項する。
> 左辺を計算する。
> 両辺を x の係数でわる。

👉 移項
等式の一方の辺にある項を，その項の符号を変えて他方の辺に移すこと。

例　$x-2=5$　　　　$6x=3x+9$

$x=5+2$　　　$6x-3x=9$

−2 を移項する　　　$3x$ を移項する
−2 の符号を変えて移す。　　　$3x$ の符号を変えて移す。

例❷ 方程式の解き方
教 p.97 → 基本問題❷

次の方程式を解きなさい。

(1)　$4x-2=-3x+12$　　　　　(2)　$13-9x=7-8x$

考え方 x をふくむ項を左辺に，数の項を右辺に移項する。

解き方 (1)　$4x-2=-3x+12$

$4x+3x=12+2$

$7x=$ ④⬚

$x=$ ⑤⬚

> −2，−3x を移項する。(**1**)
> 左辺と右辺をそれぞれ計算して，$ax=b$ の形にする。(**2**)
> 両辺を x の係数でわる。(**3**)

> 上のように「＝」を縦にそろえて書くと，計算の過程がわかりやすくなる。

➤ たいせつ
方程式を解く手順

1　x をふくむ項を左辺に，数の項を右辺に移項する。

2　$ax=b$ の形にする。

3　両辺を x の係数 a でわる。

> 移項するとき，符号が変わることに気をつけよう。

(2)　$13-9x=7-8x$

$-9x+8x=7-13$

$-x=$ ⑥⬚

$x=$ ⑦⬚

> 13，−8x を移項する。(**1**)
> 左辺と右辺をそれぞれ計算して，$ax=b$ の形にする。(**2**)
> 両辺を x の係数でわる。(**3**)

別解 x をふくむ項を右辺に，数の項を左辺に移項すると，解きやすくなる場合がある。

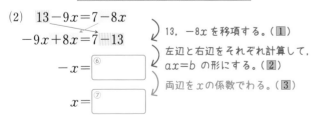

$13-9x=7-8x$

$13-7=-8x+9x$

⑦⬚$=x$

> −9x，7 を移項する。
> 左辺と右辺をそれぞれ計算する。

解答 p.25

1 移項　次の方程式を解きなさい。 教 p.97問1

(1)　$x+5=2$　　　　(2)　$x-9=3$

覚えておこう

確かめ

解を求めたら，その解で「検算」をすると，その解が正しいか確かめられる。

例　$x+5=2$ を解いて求めた解が $x=-3$ のとき，

(左辺)$=-3+5=2$

(右辺)$=2$

より，左辺の値と右辺の値が等しくなり，等式は成り立つので，$x=-3$ は解として正しい。

(3)　$3x-8=4$　　　　(4)　$-5x+6=-4$

(5)　$4x=-3x+35$　　　　(6)　$6x=7x-10$

(7)　$-x=3x-2$　　　　(8)　$-2x=-5x+12$

3章

2 方程式の解き方　次の方程式を解きなさい。 教 p.97問2

(1)　$2x-9=x+2$　　　　(2)　$3x+4=-2x+24$

(3)　$-4x+2=-6x-10$　　　　(4)　$8-5x=-x+12$

(5)　$3x-7=4x-5$　　　　(6)　$x-7=-21+8x$

(7)　$9+7x=1+3x$　　　　(8)　$-20-9x=31+8x$

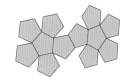

 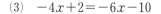 ① 17　② 5　③ 8　④ 14　⑤ 2　⑥ −6　⑦ 6

確認のワーク　ステージ 1　1節　方程式とその解き方
❸ いろいろな方程式

例 1 かっこをふくむ方程式　　　教 p.98 → 基本問題 ❶

方程式 $6x-5(x+2)=8$ を解きなさい。

考え方 かっこをふくむ方程式は，かっこをはずしてから解く。

解き方
$$6x-5(x+2)=8$$
$$6x-5x\boxed{①}=8$$ 　　分配法則を使って（ ）をはずす。
$$6x-5x=8+10$$ 　　移項して，左辺，右辺をそれぞれ計算する。
$$x=\boxed{②}$$

ミス注意

かっこをふくむ方程式は，まず，かっこをはずすことを考える。かっこをはずすときは，符号に注意する。

例 $-5(x-3)=-5x+15$

例 2 係数に小数をふくむ方程式　　　教 p.98 → 基本問題 ❷

方程式 $0.7x-1.2=2.3$ を解きなさい。

考え方 係数を整数にするために，両辺に 10 をかける。

解き方
$$0.7x-1.2=2.3$$
$$(0.7x-1.2)\times10=2.3\times10$$
$$0.7x\times\boxed{③}-1.2\times\boxed{③}=2.3\times10$$ 　　係数を整数にする。
$$7x-12=23$$
$$7x=23+12$$
$$7x=\boxed{④}$$ ◁ $ax=b$ の形
$$x=\boxed{⑤}$$

思い出そう

小数に 10，100，1000 をかけると，小数点の位置がかける数の 0 の数だけ，右へ移る。

$$0.7\times10=7.0$$

例 3 係数に分数をふくむ方程式　　　教 p.99, 100 → 基本問題 ❸

方程式 $\dfrac{1}{3}x+2=\dfrac{1}{2}x$ を解きなさい。

考え方 係数を整数にするために，3 と 2 の公倍数 6 を両辺にかけて分母をはらう。

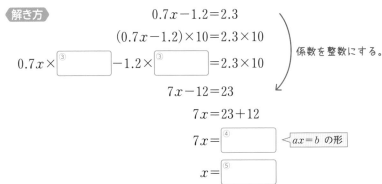

解き方
$$\left(\dfrac{1}{3}x+2\right)\times6=\dfrac{1}{2}x\times6$$
$$\dfrac{1}{3}x\times6+2\times6=\dfrac{1}{2}x\times6$$ 　　係数を整数にする。
$$2x+12=\boxed{⑥}$$
$$2x-3x=-12$$
$$-x=-12$$ ◁ $ax=b$ の形
$$x=\boxed{⑦}$$

いくつかの自然数に共通な倍数のこと。

分数をふくまない形に変形すること。

移項して整理すると，
（1 次式）＝0 すなわち，
$a\neq0$ で $ax+b=0$ の形に変形できる方程式を **1 次方程式**というよ。

基 本 問 題 ‥‥‥‥‥‥‥‥‥‥‥‥‥‥‥‥‥‥‥‥‥‥‥‥‥‥ 解答 p.25

1 かっこをふくむ方程式　次の方程式を解きなさい。　　　

(1)　$3(x-2)+4=7$　　　　　　　(2)　$8x+1-4(x-4)=5$

(3)　$4x+6=-5(x-3)$　　　　　　(4)　$7-(2x-5)=8(x-1)$

2 係数に小数をふくむ方程式　次の方程式を解きなさい。　

(1)　$1.5x-0.3=0.9x+2.1$　　　　(2)　$0.27x+0.07=0.9x$

(3)　$0.2(x-2)+1.6=2$　　　　　　(4)　$0.3(x+2)=0.2(x-1)$

3 係数に分数をふくむ方程式　次の方程式を解きなさい。　

(1)　$\dfrac{1}{6}x-2=\dfrac{1}{3}x$　　　　　(2)　$\dfrac{x}{2}-\dfrac{1}{6}=\dfrac{x}{6}-\dfrac{3}{2}$

(3)　$\dfrac{x}{2}+1=\dfrac{2}{5}x+3$　　　　(4)　$\dfrac{x}{4}-\dfrac{2}{3}=1-\dfrac{x}{6}$

(5)　$\dfrac{x-3}{4}=\dfrac{1}{3}x$　　　　　(6)　$\dfrac{2x-1}{5}=\dfrac{x-2}{3}$

(7)　$\dfrac{x-8}{4}=\dfrac{2x+1}{6}$　　　　(8)　$\dfrac{-x+6}{2}=x-3$

分母をはらうとき，分母の最小公倍数がすぐにわかれば，それを使うとあとの計算が楽になるよ。

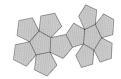

解答　p.26

 **1節　方程式とその解き方**

1 次の方程式で，−3 が解であるものをすべて選び，記号で答えなさい。

⑦　$3x-4=5x+2$　　　　　　　　　　⑦　$11x-6=-9+2x$

⑦　$-7(x-5)=8(1-2x)$　　　　　　　⑨　$\dfrac{x}{6}-2=x-\dfrac{9}{2}$

2 次の方程式を解きなさい。

(1)　$4x+2=0$　　　　　　　　　　(2)　$-\dfrac{2}{3}x=\dfrac{7}{6}$

(3)　$3x-2=-x+1$　　　　　　　　(4)　$11x-7=-10x-7$

(5)　$2(2x-5)-(x+9)=2$　　　　　(6)　$0.3(2-x)=0.4(9-2x)$

(7)　$0.05x-0.3=0.4x-1$　　　　　(8)　$\dfrac{x-1}{3}=\dfrac{x+2}{5}$

(9)　$\dfrac{x-1}{2}+\dfrac{x}{3}=1$　　　　　　(10)　$\dfrac{8}{3}(x+1)-\dfrac{x}{2}=-\dfrac{5}{3}$

(11)　$\dfrac{3+2x}{4}-\dfrac{5-x}{6}=-\dfrac{49}{12}$　　　レベルUP (12)　$2.7x-\dfrac{3}{2}=\dfrac{3x-4}{5}$

3 方程式 $8x=20$ を解くとき，$x=\square$ の形にするには，等式の性質をどのように使えばよい
ですか。2 通りの方法を答えなさい。

2 (6)　両辺に 10 をかけるとき，左辺は $0.3\times(2-x)$ なので，10 をかけると
　　　$0.3\times(2-x)\times10=3(2-x)$ となり，かっこの中は変わらない。右辺も同じように考える。
(7)　両辺に 100 をかけて，係数を整数にする。

4 次の(1)，(2)の方程式を下のように解きました。①と②の変形では，等式の性質⑦〜①のどれを使っていますか。それぞれ記号で答えなさい。また，そのときのCにあたる式や数を答えなさい。

(1)
$$5x=2x-21$$
$$5x-2x=-21 \quad \text{①}$$
$$3x=-21$$
$$x=-7 \quad \text{②}$$

(2)
$$-\frac{3}{4}x-1=2$$
$$-\frac{3}{4}x=2+1 \quad \text{①}$$
$$-\frac{3}{4}x=3$$
$$x=-4 \quad \text{②}$$

等式の性質

⑦　$A=B$　ならば　$A+C=B+C$

①　$A=B$　ならば　$A-C=B-C$

⑦　$A=B$　ならば　$AC=BC$

①　$A=B$　ならば　$\dfrac{A}{C}=\dfrac{B}{C}$ $(C\neq0)$

3章

5 次の問に答えなさい。

(1)　2つのxについての方程式 $7-2x=5$ と $a-3x=2x$ が同じ解をもつとき，a の値を求めなさい。

(2)　$x+2=\dfrac{x-4}{3}$ のとき，x^2-3x の値を求めなさい。

(3)　xについての方程式 $\dfrac{x}{3}-7a=x+9$ の解が $x=-3$ であるとき，a の値を求めなさい。

入試問題を やってみよう！

1 次の方程式を解きなさい。

(1)　$2(3x+2)=-8$ 〔沖縄〕

(2)　$0.2(x-2)=x+1.2$ 〔千葉〕

(3)　$\dfrac{2x+9}{5}=x$ 〔熊本〕

(4)　$\dfrac{x-4}{3}+\dfrac{7-x}{2}=5$ 〔和歌山〕

5 (2)　右辺の分母をはらうために，両辺に3をかけて，分数をふくまない形にしてから，方程式の解を求める。

(3)　与えられた方程式のxに-3を代入して，aについての方程式とみて解く。

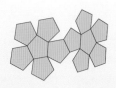

確認 のワーク ステージ **1** 2節　1次方程式の利用
■ **1次方程式の利用(1)**

例1 1次方程式の利用
教 p.103 → 基本問題①

360 cm のリボンから同じ長さのリボンを 35 本切り取ったら，80 cm 残りました。切り取ったリボン 1 本の長さを求めなさい。

考え方 求める数量を x で表して方程式をつくり，問題の答えを求める。

解き方 切り取った 1 本のリボンの長さを x cm とする。(1)

全体の長さ − 切り取った長さ ＝ 残りの長さ の関係から，

方程式 $360 - x \times 35 = 80$ ができる。(2)

この方程式を解くと，

$-35x = 80 - 360$

$-35x = \boxed{①}$

$x = \boxed{②}$ (3)

これは問題に適している。(4)　　　答 $\boxed{③}$

> **方程式を利用した解き方**
> 1 何を文字で表すかを決める。
> 2 数量の間の関係を見つけて，方程式をつくる。
> 3 つくった方程式を解く。
> 4 方程式の解が問題に適しているか確かめる。

例2 個数と代金の問題
教 p.103 → 基本問題②

1 個 100 円のプリンと 1 個 120 円のシュークリームを合わせて 12 個買ったら，代金の合計は 1300 円でした。プリンとシュークリームは，それぞれ何個買いましたか。

考え方 プリンを x 個買うとして，問題にふくまれる数量を表に整理する。

	プリン	シュークリーム	合計
1 個の値段 (円)	100	120	
個数 (個)	x	$\boxed{④}$	12
代金 (円)	$\boxed{⑤}$	$120(\boxed{④})$	1300

> 問題の条件を表に整理すると方程式がつくりやすくなるね。

解き方 プリンを x 個買うとする。 ← 最初に，何を x とするか書く。

$\boxed{⑤} + 120(\boxed{④}) = 1300$ ← 方程式をつくる。

　　　　合わせて 12 個買うから，シュークリームの個数は $(12-x)$ 個

$100x + 1440 - 120x = 1300$

$\boxed{⑥} = -140$

$x = \boxed{⑦}$ ← 解を求める。

シュークリームの個数は，$12 - \boxed{⑦} = \boxed{⑧}$

これは問題に適している。　　　答 プリン $\boxed{⑨}$ 　シュークリーム $\boxed{⑩}$

> **問題の答えの確かめ**
> 代金の合計を求めると，
> $100 \times 7 + 120 \times 5 = 1300$ (円)
> となり問題に適している。

基本問題

解答 ▶ p.28

1 1次方程式の利用　次の問に答えなさい。 数 p.103

（1）　ある数から3をひいた数の2倍は，もとの数を4倍して2をひいた数に等しくなりました。ある数を求めなさい。

（2）　兄は4200円，弟は600円持っています。弟が兄からいくらかお金をもらったところ，兄の所持金は弟の所持金の3倍になりました。弟は兄からいくらもらいましたか。

2 個数と代金の問題　次の問に答えなさい。 数 p.103問1

（1）　りんごを12個買って80円の箱につめてもらったら，代金の合計は2000円でした。りんご1個の値段を求めなさい。

（2）　Aのノートと，1冊の値段がそれより50円高いBのノートがあります。Aのノート5冊とBのノート2冊の代金の合計は800円です。Aのノート1冊の値段を求めなさい。

（3）　ある動物園のおとなの入園料は，中学生の入園料より160円高く，おとな2人と中学生3人の入園料の合計は1120円でした。おとなの入園料を求めなさい。

（4）　1本80円の鉛筆と1本110円のボールペンを合わせて8本買ったら，代金の合計は730円でした。鉛筆とボールペンは，それぞれ何本買いましたか。

> 問題の中の数量の間の関係を，図や表，ことばの式に表すなどのくふうをして，方程式をつくればいいね。

（5）　1個140円のりんごと1個60円のみかんを合わせて17個買い，代金の合計が1500円になるようにしたいと思います。りんごとみかんは，それぞれ何個買えばよいですか。

左ページの 例 の答え　①−280　②8　③8cm　④12−x　⑤100x　⑥−20x　⑦7　⑧5　⑨7個　⑩5個

確認のワーク　ステージ1　2節　1次方程式の利用　1　1次方程式の利用(2)

例1　過不足の問題　教 p.104 →基本問題1

　あめを何人かの子どもに配ります。1人に6個ずつ配ると7個たりません。また，1人に5個ずつ配ると2個余ります。子どもの人数とあめの個数を求めなさい。

考え方　ことばの式や図に表したりして考える。

解き方　子どもの人数を x 人とすると，あめの個数は，

1人に6個ずつ配ると7個たりない → $(6x-7)$ 個

1人に5個ずつ配ると2個余る　　→（① 　　　　　）個

> どちらもあめの個数を表しているので等しい。

よって，$6x-7=$ ① 　　　　

> **注** この x は，子どもの人数（自然数）なので，小数や分数であれば，明らかにまちがいである。

これを解くと，$x=$ ② 　　　　

あめの個数は，$6×$ ② 　　 $-7=$ ③ 　　 ← 5×9+2 と計算してもよい。

これは問題に適している。　　　　**答**　子ども ④ 　　　　　あめ ⑤ 　　　　

あめの個数
配る個数 $6x$ 個
たりない個数 7 個
配る個数 $5x$ 個
余る個数 2 個

例2　速さの問題　教 p.105, 106 →基本問題2 3

　妹は家を出発して駅に向かいました。その5分後に，姉は家を出発して妹を追いかけました。妹は分速40m，姉は分速60mで歩くとすると，姉は家を出発してから何分後に妹に追いつきますか。

考え方　姉が家を出発してから x 分後に妹に追いつくとして，問題にふくまれる数量を表に整理する。

> **注** 毎分 a m の速さを，「a m/min」と書くこともある。min は minute（分）の略である。

	妹	姉
速さ (m/min)	40	60
時間 (分)	⑥	x
道のり (m)	40(⑥)	⑦

（道のり）＝（速さ）×（時間）

解き方　姉が家を出発してから x 分後に妹に追いつくとすると，

（妹が歩いた道のり）＝（姉が歩いた道のり）

という関係が成り立つから，

$40($ ⑥ $)=$ ⑦

$40x+200=60x$

$-20x=-200$

$x=$ ⑧

これは問題に適している。　　　**答** ⑨

知ってると得

妹と姉が歩いたようすを図に表すとわかりやすくなる。

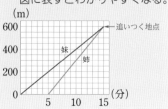

(m) / 追いつく地点 / 妹 / 姉 / (分)

基本問題 ·· 解答 ▶ p.29

1 過不足の問題　次の問に答えなさい。　　　教 p.104問3

(1)　同じバラを何本か買うことにしました。6本買うには，持っていた金額では130円たりません。そこで，5本買うことにしたら20円余りました。バラ1本の値段と持っていた金額を求めなさい。

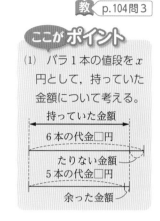

ここがポイント

(1)　バラ1本の値段を x 円として，持っていた金額について考える。

(2)　色紙を何人かの生徒に配ります。1人に3枚ずつ配ると8枚余ります。また，5枚ずつ配ると2枚たりません。生徒の人数と色紙の枚数を求めなさい。

2 速さの問題　兄は家を8時50分に出発して図書館に向かいました。弟はその5分前に家を出発して図書館に向かっていて，兄はちょうど図書館の前で弟に追いつきました。兄は分速64 m，弟は分速44 mで歩くとします。　教 p.106問4

(1)　兄が弟に追いついた時刻を求めなさい。

(2)　家から図書館までの道のりが660 mであるとき，(1)で求めた時刻を，そのまま答えとしてよいですか。また，その理由を説明しなさい。

3 速さの問題　ふもとから山頂まで，同じ道を往復しました。登りは分速40 m，下りは分速60 mで歩いたところ，登りにかかった時間は下りにかかった時間より50分長くなりました。

(1)　ふもとから山頂までの道のりを x mとして，方程式をつくりなさい。　教 p.106問4

方程式の解が問題に適しているかを確かめて，答えにしよう。

(2)　ふもとから山頂までの道のりを求めなさい。

4 1次方程式の利用　右の図のように，正方形を x 個つなげて長方形をつくるとき，棒は $(1+3x)$ 本必要です。棒が65本あるとき，正方形を何個つなげた長方形をつくることができますか。　教 p.106問5

正方形　x 個

(1)　方程式をつくり，解を求めなさい。

(2)　問題の答えはどうなりますか。

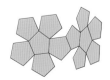

左ページの例の答え　①$5x+2$　②9　③47　④9人　⑤47個　⑥$x+5$　⑦$60x$　⑧10　⑨10分後

 **ステージ1** **2節 1次方程式の利用**
2 比例式の利用

例1 比例式の性質 ──────────── 教 p.107, 108 →基本問題❶

次の比例式で，x の値を求めなさい。

(1) $x : 8 = 5 : 4$　　　　　　　(2) $(x+2) : 6 = 3 : 2$

考え方 比例式の性質「$a : b = m : n$ ならば $an = bm$」を
利用する。

解き方 (1) $x : 8 = 5 : 4$　　　(2) $(x+2) : 6 = 3 : 2$

$x \times 4 = 8 \times$ ①□

$x : 8 = 5 : 4$ ($\frac{8 \times 5}{x \times 4}$)

$4x = 40$

$x =$ ②□

$(x+2) \times$ ③□ $= 6 \times 3$

$2x + 4 = 18$

$2x = 14$

$x =$ ④□

比例式

比が等しいことを表す式
$a : b = m : n$
※$a : b$ で表された比で，
$\frac{a}{b}$ を「比の値」という。

比の値が等しいとき，
それらの比は等しい。

例2 比例式の利用 ──────────── 教 p.108 →基本問題❷

牛乳とコーヒーを 4：1 の割合で混ぜて，コーヒー牛乳を作ります。コーヒーを 40 mL
使って，コーヒー牛乳を作るとき，牛乳は何 mL 必要ですか。

考え方 比例式をつくって，牛乳の量を求める。

解き方 牛乳は x mL 必要とすると，$x : 40 = 4 : 1$ ◁(牛乳)：(コーヒー)＝4：1

$x \times 1 = 40 \times 4$

$x =$ ⑤□　　　　答 ⑥□

例3 比例式の利用 ──────────── 教 p.108 →基本問題❷

140 個のおはじきを兄と弟で分けるのに，兄と弟の個数が 3：4 の割合になるようにす
るには，兄の個数は何個にすればよいですか。

考え方 兄と弟の個数が 3：4 の割合になるようにするから，

全体の個数を表す割合は ⑦□ となる。

解き方 兄の個数を x 個とすると，$x : 140 = 3 :$ ⑦□ ◁(兄の個数)：(全体の個数)
で比例式をつくる。

$x \times$ ⑦□ $= 140 \times 3$

$7x = 420$

$x =$ ⑧□　　　　答 ⑨□

基本問題 ········· 解答 p.30

1 比例式の性質　次の比例式で，x の値を求めなさい。 　教 p.108問2

(1)　$x:15=4:5$

(2)　$x:14=3:7$

(3)　$x:5=2:3$

(4)　$4:7=28:x$

(5)　$6:x=3:14$

(6)　$8:3=x:9$

(7)　$x:\dfrac{1}{5}=5:3$

(8)　$\dfrac{6}{7}:x=3:14$

(9)　$4:(x+3)=5:15$

(10)　$(x-1):2x=3:7$

3章

2 比例式の利用　次の問に答えなさい。 　教 p.108問3, p.109問4

(1)　ある針金 14 cm の重さをはかったら，35 g でした。同じ針金が 250 g あるとき，その長さは何cmですか。

(2)　3 L のガソリンで 40 km 走る自動車があります。この自動車で 48 km を往復するには，ガソリンは何L必要ですか。

(3)　65 kg のみかんを，2 つの箱 A，B に重さの比が 8:5 になるように分けます。A の箱には何 kg のみかんを入れればよいですか。

> 全体の重さを表す割合は
> $8+5=13$ となるから，
> （Aの重さ）：（全体の重さ）$=8:13$
> とすることができるね。

(4)　地図上の 6 cm の長さが，実際の距離では 15 km になる地図があります。2 地点 A，B 間の実際の距離が 70 km であるとき，この地図で，地点Aから地点Bまでの長さをはかったら何 cm になりますか。

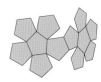

解答 ▶ p.31

2節　1次方程式の利用

1 次の問に答えなさい。

(1) みかんとりんごを買いに行き、みかんをりんごより2個多く買いました。みかんは1個80円、りんごは1個140円で、代金の合計は1040円でした。買ったりんごの個数を求めなさい。

(2) 姉と弟の持っている金額の合計は1400円です。持っている金額から、姉は380円、弟は240円使ったので、姉の残金は弟の残金の2倍になりました。姉は最初にいくら持っていましたか。

(3) 何人かの生徒に鉛筆を配るのに、1人に8本ずつ配ると14本たりず、1人に7本ずつ配っても2本たりません。生徒の人数を求めなさい。

(4) 270 cmのひもを兄と妹で分けるとき、妹のほうが40 cm長くなるようにします。兄と妹のひもの長さを、それぞれ何cmにすればよいですか。

(5) x kmはなれた地点AとBの間を、行きは時速12 kmで走り、帰りは時速4 kmで歩いて往復したら、2時間40分かかりました。xの値を求めなさい。

2 十の位が4の2けたの数があります。この数の十の位と一の位の数字を入れかえると、もとの数より18大きい数になります。もとの数の一の位をxとして、次の問に答えなさい。

(1) もとの数と、もとの数の十の位と一の位の数字を入れかえた数を、それぞれxを使った式で表し、方程式をつくりなさい。

(2) (1)の方程式を解いて、もとの数を求めなさい。

3 修学旅行の部屋割りを決めるのに、1室を6人ずつにすると最後の1室は3人になり、1室の人数を1人ずつ増やすとちょうど3室余ります。生徒の人数を求めなさい。

1 (5) （行きにかかった時間）＋（帰りにかかった時間）＝（往復するのにかかった時間）
両辺の時間の単位をそろえる。2時間40分＝$2\frac{40}{60}$ 時間＝$2\frac{2}{3}$ 時間＝$\frac{8}{3}$ 時間

4 次の比例式で，x の値を求めなさい。

(1) $x:18=4:9$　　　　(2) $9:x=15:7$　　　　(3) $8:(x+5)=4:3$

5 姉と妹がお金を出し合って 720 円のプレゼントを買うことにしました。姉の出す金額と妹の出す金額の比を 7：5 とすると，姉はいくら出すことになりますか。

6 ある中学校では，1 年生と 2 年生の人数の比が 4：5 で，3 年生の人数は生徒全体の人数 300 人の $\frac{2}{5}$ です。1 年生は何人ですか。

3章

入試問題を やってみよう！

① 100 円の箱に，1 個 80 円のゼリーと 1 個 120 円のプリンを合わせて 24 個つめて買ったところ，代金の合計は 2420 円でした。このとき，買ったゼリーの個数を求めなさい。〔千葉〕

② クラスで調理実習のために材料費を集めることになりました。1 人 300 円ずつ集めると材料費が 2600 円不足し，1 人 400 円ずつ集めると 1200 円余ります。このクラスの人数を求めなさい。〔愛知〕

③ ある動物園では，おとな 1 人の入園料が子ども 1 人の入園料より 600 円高いです。おとな 1 人の入園料と子ども 1 人の入園料の比が 5：2 であるとき，子ども 1 人の入園料を求めなさい。〔神奈川〕

④ A の箱に赤球が 45 個，B の箱に白球が 27 個入っています。A の箱と B の箱から赤球と白球の個数の比が 2：1 となるように取り出したところ，A の箱と B の箱に残った赤球と白球の個数の比が 7：5 になりました。B の箱から取り出した白球の個数を求めなさい。〔三重〕

⑤ 姉：妹＝7：5 より，全体の金額を表す割合は，7＋5＝12 になる。

⑥ 1 年生と 2 年生の人数の合計は $300\times\left(1-\frac{2}{5}\right)=180$（人）である。

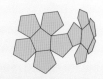

解答 p.32

［方程式］ 未知の数の求め方を考えよう

40分 /100

1 次の方程式のうち，解が −8 であるものをすべて選び，記号で答えなさい。　　　　（4点）

⑦　$3x-2=-26$　　　　　　　④　$-4x=-32$

⑨　$9x-11=-4x+2$　　　　　⑤　$-11x-(3-x)=5-9x$

（　　　　　　　）

2 次の方程式を解きなさい。　　　　　　　　　　　　　　　　　　　3点×6（18点）

(1)　$x+7=-2$　　　　　　　　　(2)　$18x=2$

（　　　　　　　）　　　　　　（　　　　　　　）

(3)　$-\dfrac{3}{8}x=6$　　　　　　　　(4)　$4x-3=-19$

（　　　　　　　）　　　　　　（　　　　　　　）

(5)　$5x-6=3x+4$　　　　　　　(6)　$-6x-9=-4x+9$

（　　　　　　　）　　　　　　（　　　　　　　）

3 次の方程式を解きなさい。　　　　　　　　　　　　　　　　　　　4点×6（24点）

(1)　$3(x-1)=-x+9$　　　　　　(2)　$x-4=5(2x+1)$

（　　　　　　　）　　　　　　（　　　　　　　）

(3)　$1.3x+2=-0.3(x+20)$　　　(4)　$0.5-0.2x=0.05x$

（　　　　　　　）　　　　　　（　　　　　　　）

(5)　$\dfrac{1}{3}x=\dfrac{1}{7}x+4$　　　　　　(6)　$\dfrac{-x+8}{6}=\dfrac{x-4}{2}$

（　　　　　　　）　　　　　　（　　　　　　　）

4 次の比例式で，x の値を求めなさい。　　　　　　　　　　　　　4点×2（8点）

(1)　$x:18=2:9$　　　　　　　　(2)　$(x-2):32=7:8$

（　　　　　　　）　　　　　　（　　　　　　　）

5 x についての方程式 $5x-9=-3x-a$ の解が $x=-2$ であるとき，a の値を求めなさい。
（6点）

（　　　　　　）

6 x についての方程式 $2x-\dfrac{-x+a}{4}=11$ の解が，方程式 $\dfrac{6}{5}x=x+1$ の解と同じであるとき，a の値を求めなさい。
（6点）

（　　　　　　）

7 縦の長さが横の長さより $5\,\mathrm{cm}$ 短い長方形があります。この長方形の周の長さが $38\,\mathrm{cm}$ のとき，長方形の縦の長さと横の長さをそれぞれ求めなさい。
4点×2（8点）

縦（　　　　　　）　横（　　　　　　）

8 ある班で画用紙を配るのに，1人に5枚ずつ配ると2枚たりません。また，1人に4枚ずつ配ると8枚余ります。班の人数と画用紙の枚数を求めなさい。
4点×2（8点）

人数（　　　　　　）　画用紙（　　　　　　）

9 $12\,\mathrm{km}$ はなれた地点 A，B があります。兄は時速 $6\,\mathrm{km}$ でAからBに，弟は時速 $4\,\mathrm{km}$ でBからAに向かって同時に出発しました。2人が出会うまでにかかる時間を求めなさい。
（6点）

（　　　　　　）

10 ある中学校の1年生は，男子が女子より20人多く，男子では 31%，女子では 40%，全体では 35% の生徒がめがねをかけています。女子の人数を求めなさい。
（6点）

（　　　　　　）

11 姉と妹が持っているリボンの長さの比は $9:7$ で，長さの和は $3.2\,\mathrm{m}$ です。姉のリボンの長さは何mですか。
（6点）

（　　　　　　）

  アプリ【どこでもワーク計算編】をやって，さらに力をつけよう！

1節　関数と比例・反比例
❶ 関数

例 1 関数と変域　　　教 p.116, 117 → 基本 問題 ❶ ❷

　水が 14 L 入った水そうから 1 分間に 2 L ずつ水を出します。水を出し始めてから x 分後に水そうに残っている水の量を y L とするとき，x と y の変域を，不等号を使って表しなさい。

考え方　変数 x，y の関係を考える。
いろいろな値をとる文字のこと。

解き方　x のいろいろな値に対応する y の値を求め，表にまとめる。

x	0	1	2	3	4	5	6	①
y	14	12	10	8	②		4	2	0

−2　−2　−2　−2　−2　−2　−2

表より，y は x の関数であるとわかる。
2つの変数 x，y があり，変数 x の値を決めると，それにともなって変数 y の値もただ1つ決まる関係のこと。

1 分間に 2 L ずつ水を出すから，14÷2＝7 より 7 分で

水はなくなる。時間 x の変域は 0 以上 ③ ☐ 以下で，
変数のとりうる値の範囲

これを不等号を使って表すと，$0 ≦ x ≦$ ③ ☐
$a≧b$（a は b 以上），$a≦b$（a は b 以下）

また，水の量 y の変域は，$0≦y≦$ ④ ☐

> **数直線上への変域の表し方**
> 変域を数直線上に表すとき，端の数を
> 　ふくむ場合は ●
> 　ふくまない場合は ○
> を使って表すことが多い。
> 例　$0≦x<4$
> ●────○
> 0　　　4

例 2 関数　　　教 p.117〜119 → 基本 問題 ❸

次の⑦，⑦のうち，y が x の関数であるものはどちらですか。
⑦　1 m 90 円の針金を x m 買うときの代金は y 円である。
⑦　底辺が x cm の三角形の高さは y cm である。

考え方　具体的な数で，x と y の関係を考える。

解き方　⑦　たとえば，$x=6$ とする。◁ x の値を決める。

　このとき，y は針金を 6 m 買うときの代金を表すから，$y=$ ⑤ ☐ $×6=$ ⑥ ☐
y の値がただ1つ決まる。

　よって，y は x の関数であると ⑦ ☐ 。

⑦　たとえば，$x=6$ とする。◁ x の値を決める。

　三角形の底辺を 6 cm に決めても，高さは 1 つに決まらない。◁ y の値はただ1つに決まらない。

　よって，y は x の関数であると ⑧ ☐ 。　　答 ⑨ ☐

基本問題 ·· 解答 p.34

1 関数と変域 　長さ $8\,\text{cm}$ の線香(せんこう)があります。この線香は火をつけると 1 分間に $0.8\,\text{cm}$ ずつ短くなります。火をつけてから x 分後の線香の長さを $y\,\text{cm}$ とするとき，次の問に答えなさい。 教 p.116～119

(1) x の値に対応する y の値を求め，下の表の㋐～㋒にあてはまる数を答えなさい。

x	0	1	2	3	4	…
y	8	7.2	㋐	㋑	㋒	…

(2) y は x の関数であるといえますか。

(3) x と y はどんな関係にあるか答えなさい。

(3)は，x の値が増えると，y の値はどのように変わるか考えよう。

(4) 線香が燃えてなくなるのは，火をつけてから何分後ですか。

(5) x と y の変域を，不等号を使って表しなさい。

2 変域 　変数 x が次の範囲の値をとるとき，x の変域を不等号を使って表しなさい。

(1) 5 以上

教 p.117問1

以上，以下のように，その値をふくむときは，不等号 ≦，≧ を使うね。

(2) 15 未満

(3) 5 以上 15 未満

3 関数 　次の㋐～㋓のうち，y が x の関数であるものをすべて選び，記号で答えなさい。

㋐ 1 辺の長さが $x\,\text{cm}$ の正五角形の周の長さは $y\,\text{cm}$ である。 教 p.118問4, 問5

㋑ 家から駅までの $3600\,\text{m}$ の道のりを $x\,\text{m}$ 歩いたとき，残っている道のりは $y\,\text{m}$ である。

㋒ A さんの身長が $x\,\text{cm}$ のびるとき，増えた体重は $y\,\text{kg}$ である。

㋓ 毎分 $2\,\text{L}$ の割合で水がじゃ口から流れるとき，x 分間に流れ出る水の量は $y\,\text{L}$ である。

㋔ $100\,\text{g}$ の値段が x 円の牛肉を買うとき，1000 円で買える牛肉の最大の重さは $y\,\text{g}$ になる。

左ページの 例 の答え　①7　②6　③7　④14　⑤90　⑥540　⑦いえる　⑧いえない　⑨㋐

確認のワーク　ステージ1　1節　関数と比例・反比例
❷ 比例と反比例

例❶ 比例

教 p.120 → 基本問題❶❷

時速 $5\,\text{km}$ の速さで x 時間歩くとき，進んだ道のりを $y\,\text{km}$ とします。

(1)　y を x の式で表しなさい。　(2)　y が x に比例することを示し，比例定数を答えなさい。

(3)　x の値が2倍，3倍，4倍，…になると，対応する y の値はそれぞれ何倍になりますか。

解き方 (1)　$\underset{y}{(\text{道のり})}=\underset{5}{(\text{速さ})}\times\underset{x}{(\text{時間})}$ より，y を x の式で表すと，$y=$ ①□

(2)　$y=ax$ の形で表されるから，y は x に比例 ②□。

　　このとき，比例定数は ③□ である。◀── 一定の値で、ここでは「速さ」

> **比例**
> y が x の関数で，$y=ax$ の式で表されるときの x と y の関係をいう。
> 文字 a を比例定数といい，$x\neq0$ のときの $\dfrac{y}{x}$ の値に等しい。

(3)

		2倍	3倍	4倍		
x	0	1	2	3	4	5	…
y	0	5	10	15	20	25	…

□倍　□倍　□倍

上の表より，x の値が2倍，3倍，4倍，…になると，

対応する y の値も ④□ 倍，⑤□ 倍，⑥□ 倍，…になる。

比例の性質

例❷ 反比例

教 p.121 → 基本問題❸❹

$15\,\text{km}$ の道のりを時速 $x\,\text{km}$ で歩くとき，かかる時間を y 時間とします。

(1)　y を x の式で表しなさい。(2)　y が x に反比例することを示し，比例定数を答えなさい。

(3)　x の値が2倍，3倍，4倍，…になると，対応する y の値はそれぞれ何倍になりますか。

解き方 (1)　$\underset{y}{(\text{時間})}=\underset{15}{(\text{道のり})}\div\underset{x}{(\text{速さ})}$ より，y を x の式で表すと，$y=$ ⑦□

(2)　$y=\dfrac{a}{x}$ の形で表されるから，y は x に反比例 ⑧□。

　　このとき，比例定数は ⑨□ である。◀── 一定の値で、ここでは「道のり」

> **反比例**
> y が x の関数で，
> $y=\dfrac{a}{x}$ または $xy=a$
> の形で表されるときの x と y の関係をいう。
> 反比例についても定数 a を比例定数といい，x と y の積 xy の値に等しい。

(3)

		2倍	3倍	4倍		
x	…	1	2	3	4	5	…
y	…	15	$\dfrac{15}{2}$	5	$\dfrac{15}{4}$	3	…

□倍　□倍　□倍

上の表より，x の値が2倍，3倍，4倍，…になると，

対応する y の値は ⑩□ 倍，⑪□ 倍，⑫□ 倍，…になる。

反比例の性質

基本問題 ·········· 解答 p.34

1 比例　次の(1)～(3)について，y が x に比例することを示しなさい。また，その比例定数と比例定数が表している量を答えなさい。 教 p.120問1

(1)　縦が x cm，横が 8 cm である長方形の面積は y cm² である。

(2)　1 cm あたりの重さが 2 g の針金 x cm の重さは y g である。

(3)　分速 80 m で x 分間歩いたら，y m 進んだ。

2 比例　空の水そうに毎秒 0.3 L の割合で水を入れます。x 秒後の水そうの中の水の量を y L として，次の問に答えなさい。 教 p.120

(1)　y を x の式で表しなさい。

(2)　20 秒後の水そうの中の水の量は何 L ですか。

(3)　水そうの中の水の量が 15 L になるのは何秒後ですか。

3 反比例　次の(1)～(3)について，y が x に反比例することを示しなさい。また，その比例定数と比例定数が表している量を答えなさい。 教 p.121問2

(1)　長さ 150 cm のテープを x 等分すると，1 本の長さは y cm になる。

(2)　200 L 入る容器に 1 分間に x L ずつ水を入れるとき，満水になるまでに y 分かかる。

(3)　底辺が x cm，高さが y cm の三角形の面積は 32 cm² である。

4 反比例　1 L のガソリンで x km 走る自動車があります。この自動車で東京から大阪までの 600 km の道のりを走ると，y L のガソリンを使います。 教 p.121

(1)　y を x の式で表しなさい。

(2)　1 L のガソリンで 15 km 走るとすると，東京から大阪まで走るのにガソリンは何 L 必要ですか。

左ページの例の答え　①$5x$　②する　③5　④2　⑤3　⑥4　⑦$\frac{15}{x}$　⑧する　⑨15　⑩$\frac{1}{2}$　⑪$\frac{1}{3}$　⑫$\frac{1}{4}$

確認のワーク　ステージ 1　**2節　比例の性質と調べ方**
❶ 比例の表と式

例 1 比例の性質　　　　　教 p.124, 125 → 基本 問題 ❶ ❷

　南北にのびるまっすぐな道を，時速 $50\,km$ で北へ向かって走っている自動車がP地点を通過してから x 時間後に，P地点から $y\,km$ の地点にいるとします。

(1)　y を x の式で表しなさい。

(2)　x の値に対応する y の値を求め，それを表にまとめ，x の値が2倍，3倍，4倍，…になると，対応する y の値はそれぞれ何倍になるか答えなさい。

解き方 (1)　(道のり)＝(速さ)×(時間) より，y を x の式で表すと，$y=$ ①▢
　　　　　　　　　y　　　　50　　x

(2)　x の値に対応する y の値を表にまとめると，

−1時間は，P地点を通過する1時間前を表す。

x	…	-5	-4	-3	-2	-1	0	1	2	3	4	5	…
y	…	-250	-200	-150	-100	-50	0	50	100	150	200	250	…

4倍　3倍　2倍　　　　　2倍　3倍　4倍

▢倍　▢倍　▢倍　　　　　▢倍　▢倍　▢倍

−50 km は，P地点より南に50 kmの地点を表す。

上の表より，x の変域を負の数にひろげても，x の値が2倍，3倍，4倍，…になると，対応する y の値も ②▢倍，③▢倍，④▢倍，…になる。
　　　　　　　　　　比例の性質

例 2 比例の式の求め方　　　　　教 p.125 → 基本 問題 ❸

y は x に比例し，$x=4$ のとき $y=36$ です。

(1)　y を x の式で表しなさい。

(2)　$x=6$ のときの y の値を求めなさい。

(3)　$x=-3$ のときの y の値を求めなさい。

解き方 (1)　比例定数を a とすると，$y=ax$ と書くことができる。
　　　　　　　　　　　　　　y は x に比例する。

　この式に $x=4$，$y=36$ を代入すると，$36=a\times4$

　これを解くと，$a=$ ⑤▢ だから，$y=$ ⑥▢

(2)　(1)で求めた式に $x=6$ を代入して，$y=9\times$ ⑦▢ $=$ ⑧▢

(3)　(1)で求めた式に $x=-3$ を代入して，$y=9\times$ ⑨▢ $=$ ⑩▢

　　　　　　　　　　　負の数を代入するときは( )をつける。

基 本 問 題 ⋯⋯⋯⋯⋯⋯⋯⋯⋯⋯⋯⋯⋯⋯⋯⋯⋯ 解答 p.35

1 比例の性質　東西にのびるまっすぐな道を，ある自動車が時速 30 km で東に向かって走っているとき，A地点から x 時間後に進んだ道のりを y km とします。 教 p.124, 125

(1)　y を x の式で表しなさい。

(2)　x の値に対応する y の値を求め，下の表の㋐〜㋖にあてはまる数を答えなさい。

x	…	-3	-2	-1	0	1	2	3	…
y	…	㋐	㋑	㋒	㋓	㋔	㋕	㋖	…

(3)　x の値が 2 倍，3 倍，4 倍，…になると，対応する y の値はそれぞれ何倍になりますか。

2 比例定数が負の数をとるとき　$y = -4x$ について，次の問に答えなさい。 教 p.124, 125

(1)　x の値に対応する y の値を求め，下の表の㋐〜㋖にあてはまる数を答えなさい。

x	…	-3	-2	-1	0	1	2	3	…
y	…	㋐	㋑	㋒	㋓	㋔	㋕	㋖	…

(2)　x の値が 2 倍，3 倍，4 倍，…になると，対応する y の値はそれぞれ何倍になりますか。

3 比例の式の求め方　y は x に比例し，$x = -3$ のとき $y = 8$ です。 教 p.125問1

(1)　y を x の式で表しなさい。

(2)　$x = 6$ のときの y の値を求めなさい。

(3)　$x = -2$ のときの y の値を求めなさい。

> 👉 **比例の式の求め方**
> ① 比例の式 $y = ax$ に，対応する 1 組の x，y の値を代入する。
> ② 比例定数 a の値を求める。
> ③ y を x の式で表す。

4 比例の式の求め方　ばねにおもりをつるすとき，ばねののびはおもりの重さに比例します。50 g のおもりをつるしたとき，ばねは 1 cm のびました。x g のおもりで y cm のびるとして，次の問に答えなさい。 教 p.125

(1)　y を x の式で表しなさい。

(2)　450 g のおもりでは，ばねは何 cm のびますか。

(3)　x の変域が $0 \leqq x \leqq 500$ のとき，y の変域を求めなさい。

確認のワーク　ステージ**1**　2節　比例の性質と調べ方
❷ 比例のグラフ

例**1** 点の座標

教 p.126, 127 → 基本問題**❶❷**

右の図で，点 A，B，C，O（オー）の座標を答えなさい。

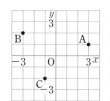

考え方 各点から x 軸，y 軸に垂直にひいた直線が，x 軸，y 軸と交わる点の目もりの数値を読みとる。

解き方 点Aの x 座標は ①[　　　]，y 座標は

②[　　　]だから，A(3, 1)　　点 B，C も同様に

考えて，B③[　　　]，C④[　　　]

点Oは x 座標も y 座標も 0 だから，O⑤[　　　]
　　　　　　　　　　　　　　　　　　原点の座標

点の位置の表し方

右の図で，横の数直線を x 軸（横軸），縦の数直線を y 軸（縦軸）といい，x 軸と y 軸を合わせて座標軸，座標軸の交点Oを原点という。点の座標は，(x 座標，y 座標) で表すので，点PをP(3, 2) とも書く。

例**2** 比例のグラフ

教 p.128〜131 → 基本問題**❸❹**

次の問に答えなさい。

(1) $y=\dfrac{1}{3}x$ のグラフをかきなさい。

(2) $y=\dfrac{1}{3}x$ について，x の値が増加すると y の値は増加しますか，それとも減少しますか。また，x の値が 1 ずつ増加すると，y の値はどれだけどのように変化しますか。

考え方 (1) 比例のグラフは，原点と，原点以外に通る 1 点がわかればかくことができる。

解き方 (1) たとえば，$x=3$ のとき，$y=$⑥[　　　]だから，
　　　　　　x 座標，y 座標がともに整数
　　　　　　となるようにするとよい。

答

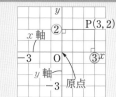

グラフは，原点 (0, 0) と点 (3, 1) を通る直線をかけばよい。

(2) 比例定数 a が正の数だから，x の値が増加すると y の値も
　　　　　　　　　　グラフの傾き方は，右上がり

⑦[　　　]する。$x=1$ のとき $y=\dfrac{1}{3}$，$x=2$ の

とき $y=$⑧[　　　]，…より，x の値が 1 ずつ

増加すると，y の値は⑨[　　　]ずつ増加する。
　　　　　　　　比例定数に等しい。

比例のグラフ

$y=ax$ のグラフは，原点を通る直線

$a>0$ 右上がり　　$a<0$ 右下がり

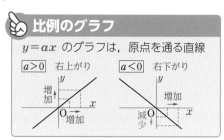

基本問題 ∙∙ 解答 p.36

1 座標　右の図で，点 A，B，C，D，E，F の座標を答えなさい。

教 p.127問1

知ってると得

x 軸上の点の座標…y 座標がつねに 0　例 $(2, 0)$
y 軸上の点の座標…x 座標がつねに 0　例 $(0, -5)$

2 座標　次の点を，右の図に示しなさい。

教 p.127問2

A$(3, 5)$　　　　　B$(-3, -4)$　　　　C$(-1, 3)$

D$(4, 2)$　　　　　E$(1, -2)$　　　　　F$(-4, -1)$

G$(0, -5)$

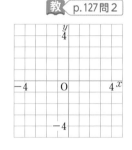

3 比例のグラフ　$y = -\dfrac{3}{2}x$ のグラフを，次の手順でかきなさい。

教 p.128〜131

(1) x の値に対応する y の値を求め，右の表の㋐〜㋔にあてはまる数を答えなさい。

x	…	-2	-1	0	1	2	…
y	…	㋐	㋑	㋒	㋓	㋔	…

(2) (1)の表の x，y の値の組を座標とする点を，右の図にかき入れ，$y = -\dfrac{3}{2}x$ のグラフをかきなさい。

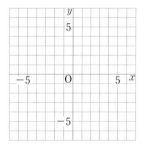

4 比例のグラフ　次の問に答えなさい。

教 p.128〜131

(1) $y = \dfrac{5}{2}x$ のグラフを，右の図にかき入れなさい。

(2) (1)のグラフの傾き方はどうなっていますか。

(3) (1)のグラフと $y = -\dfrac{5}{2}x$ のグラフについて，ちがっていることは何ですか。また，どちらにもいえることは何ですか。

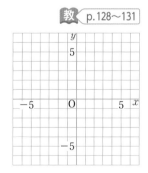

左ページの
例の答え　①3　②1　③$(-3, 2)$　④$(-1, -2)$　⑤$(0, 0)$　⑥1　⑦増加　⑧$\dfrac{2}{3}$　⑨$\dfrac{1}{3}$

確認のワーク ステージ1　2節　比例の性質と調べ方
❸ 比例の表，式，グラフ

例1 比例を表す表　　　教 p.132, 133 → 基本問題 ❶

　下の表は，y が x に比例するときの，x と y の値の対応を表しています。y を x の式で表しなさい。

x	…	-4	-3	-2	-1	0	1	2	3	4	…
y	…	16	12	8	4	0	-4	-8	-12	-16	…

考え方 比例定数を求めるために必要な条件を，表から読みとっていく。

解き方 比例定数を a とする。

《1》　対応する x と y の値の組を，1組選ぶ。

　$x=2$ のとき -8 だから，$y=ax$ に代入すると，$-8=a×2$ より，$a=$ ①□
　ほかの x，y の値の組を　　　比例を表す式
　使ってもよい。

《2》　表から，x の値が 1 増えるときの y の値の変化を読みとる。

　x の値が 1 ずつ増えると，y の値は

　②□ ずつ減少するから，

　$a=$ ③□
　4減少する。→比例定数は−4

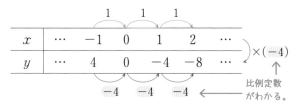

x	…	-1	0	1	2	…
y	…	4	0	-4	-8	…

）×(−4)
　　−4　−4　−4 ←　比例定数がわかる。

《3》　$x≠0$ のとき，$\dfrac{y}{x}$ の値を求める。$x=2$，$y=-8$ を代入すると，

　$\dfrac{y}{x}=\dfrac{-8}{2}=$ ④□ ← $x≠0$ のとき，$\dfrac{y}{x}$ の値は一定で比例定数に等しい。

《1》〜《3》のどの解き方でも $y=$ ⑤□ となる。

> **たいせつ**
> $y=ax$ の式で，$x=1$ のときの y の値が比例定数に等しくなる。

例2 比例のグラフの式の求め方　　　教 p.133 → 基本問題 ❷

右の図のグラフは，比例のグラフです。比例の式を求めなさい。

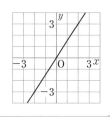

解き方 比例定数を a とすると，$y=ax$ と書くことができる。

グラフは点 $(2, 3)$ を通るから，$3=a×2$
　x 座標，y 座標の値が整数の点　　　x に 2，y に 3 を代入する。

よって，$a=$ ⑥□ より，$y=$ ⑦□

> **比例のグラフ**
> $a>0$ のとき，右上がりの直線
> $a<0$ のとき，右下がりの直線

基本問題 解答 p.37

1 比例を表す表　下の表は，y が x に比例するときの，x と y の値の対応を表しています。

教 p.132, 133

x	…	-3	-2	-1	0	1	2	3	…
y	…	⑦	⑦	⑦	⑦	4	8	⑦	…

(1)　y を x の式で表しなさい。

(2)　x の値に対応する y の値を求め，表の⑦〜⑦にあてはまる数を答えなさい。

比例を表す式 $y=ax$ の比例定数 a は，次のような意味をもつ。
・$x=1$ のときの y の値
・$x \neq 0$ のときの $\dfrac{y}{x}$ の値

(3)　$x \neq 0$ のときの $\dfrac{y}{x}$ の値を求めなさい。

(4)　$x=-4$ のときの y の値を求めなさい。

(5)　$y=-28$ のときの x の値を求めなさい。

(6)　この比例のグラフを，右の図にかき入れなさい。

2 比例のグラフの式の求め方　右の図の①〜④は，比例のグラフです。

教 p.133問1

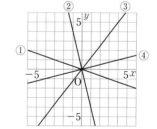

(1)　比例定数が負の数であるグラフはどれですか。

(2)　①のグラフについて，比例の式を求めなさい。

(3)　③のグラフについて，比例の式を求めなさい。

(4)　②のグラフで，x 座標が 4 である点の y 座標を求めなさい。

(5)　④のグラフで，y 座標が -3 である点の x 座標を求めなさい。

左ページの例の答え　①-4　②$4$　③-4　④-4　⑤$-4x$　⑥$\dfrac{3}{2}$　⑦$\dfrac{3}{2}x$

解答 ▶ p.38

ステージ 2

1節　関数と比例・反比例
2節　比例の性質と調べ方

❶ 次の⑦〜②のうち，y が x の関数であるものをすべて選び，記号で答えなさい。

⑦　1辺の長さが x cm の正三角形の周の長さは y cm である。

④　縦の長さが x cm の長方形の面積は y cm² である。

⑦　周の長さが x cm の正方形の面積は y cm² である。

②　2本の対角線の長さが x cm と y cm のひし形の面積は 40 cm² である。

❷ 12 km はなれた目的地へ行くのに，x km 進んだときの残りの道のりを y km とします。

(1)　$x = 3.5$ のときの y の値を求めなさい。　(2)　y は x の関数であるといえますか。

(3)　x の変域が $0 \leqq x \leqq 8$ のときの y の変域を答えなさい。

❸ 右の図のような1辺の長さが6cmの正方形 ABCD で，点P は辺 CD 上をCからDまで動きます。CP を x cm，三角形 BCP の面積を y cm² とするとき，次の問に答えなさい。ただし，点P が頂点Cにあるときの y の値は0とします。

(1)　y を x の式で表しなさい。

(2)　y は x に比例するといえますか。

❹ 150 L 入る水そうに，毎分 x L の割合で水を入れると，y 分でいっぱいになります。

(1)　y は x に反比例することを示しなさい。

(2)　25分でちょうどいっぱいにするには，毎分何Lの割合で水を入れればよいですか。

❺ 右の図の点 A，B の座標を答えなさい。

❻ 次の点を，右の図に示しなさい。

(1)　C$(-6, 3)$　　　　(2)　D$(5, -2)$

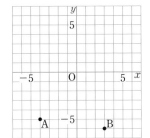

❷ (3)　$x = 0$ のとき，$y = 12$ になるので，変域の答え方に注意しよう。

❸　三角形 BCP の面積は，BC×CP÷2 で求められる。点P が辺 CD 上を動くとき，三角形 BCP の面積は CP の長さに比例する。

7 次の比例のグラフを，右の図にかき入れなさい。

(1) $y = 5x$

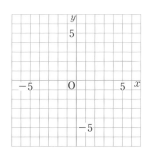

(2) $y = -\dfrac{3}{4}x$

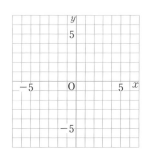

8 右の図の(1)〜(4)は，比例のグラフです。それぞれについて，y を x の式で表しなさい。

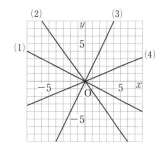

入試問題をやってみよう！

1 1 m あたりの重さが 30 g の針金があります。この針金 x g の長さを y m とするとき，y を x の式で表しなさい。 〔福島〕

2 y は x に比例し，$x = 2$ のとき $y = -6$ となります。$x = -3$ のとき，y の値を求めなさい。 〔北海道〕

3 関数 $y = -2x$ のグラフを次の㋐〜㋓の中から1つ選び，その記号を答えなさい。 〔佐賀〕

㋐ 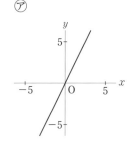 ㋑ 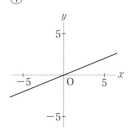 ㋒ 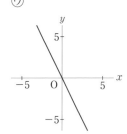 ㋓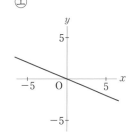

7 比例のグラフは，原点と x 座標，y 座標がともに整数であるもう1つの点を決めて，この2点を通る直線をひけばよい。$y = \dfrac{b}{a}x$ のグラフは，原点と点 $(a,\ b)$ を通る。

3節　反比例の性質と調べ方
1 反比例の表と式

例1 反比例の性質

教 p.136, 137 → 基本問題 1 2

積が 30 になる 2 つの数を x, y とするとき，次の問に答えなさい。

(1) y を x の式で表しなさい。

(2) x の値に対応する y の値を求め，それを表にまとめ，x の値が 2 倍，3 倍，4 倍，…になると，対応する y の値はそれぞれ何倍になるか答えなさい。

解き方 (1) $xy=30$ より，y を x の式で表すと，$y=\dfrac{\boxed{①}}{x}$

(2) x の値に対応する y の値を表にまとめると，

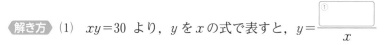

x	…	-5	-4	-3	-2	-1	0	1	2	3	4	5	…
y	…	-6	$-\dfrac{15}{2}$	-10	-15	-30	$\times$	30	15	10	$\dfrac{15}{2}$	6	…

□倍　□倍　□倍　　反比例では，$x=0$ を除く。　　□倍　□倍　□倍

上の表より，x の変域を負の数にひろげても，x の値が 2 倍，3 倍，4 倍，…になると，対応する y の値は $\boxed{②}$ 倍，$\boxed{③}$ 倍，$\boxed{④}$ 倍，…になる。

反比例の性質

例2 反比例の式の求め方

教 p.137 → 基本問題 3

y は x に反比例し，$x=3$ のとき $y=6$ です。

(1) y を x の式で表しなさい。

(2) $x=9$ のときの y の値を求めなさい。

(3) $x=-2$ のときの y の値を求めなさい。

解き方 (1) 比例定数を a とすると，$y=\dfrac{a}{x}$ と書くことができる。

y は x に反比例する。

この式に $x=3$, $y=6$ を代入すると，$\boxed{⑤}=\dfrac{a}{\boxed{⑥}}$

これを解くと，$a=\boxed{⑦}$ だから，$y=\boxed{⑧}$

(2) (1)で求めた式に $x=9$ を代入して，$y=\dfrac{18}{9}=\boxed{⑨}$

(3) (1)で求めた式に $x=-2$ を代入して，$y=\dfrac{18}{-2}=\boxed{⑩}$

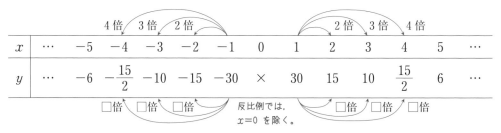

知ってると得

比例定数の求め方
y が x に反比例するとき，$xy=a$ と書くこともできるから，この式を使って，a の値を求めてよい。

基 本 問 題 .... 解答 ▶ p.39

1 反比例の性質 積が 48 になる 2 つの数を x, y とするとき，次の問に答えなさい。

(1) y を x の式で表しなさい。 教 p.136, 137

(2) x の値に対応する y の値を求め，下の表の㋐〜㋒にあてはまる数を答えなさい。

x	…	-4	-3	-2	-1	0	1	2	3	4	…
y	…	㋐	㋑	㋒	-48	×	48	24	16	12	…

(3) x の値が 2 倍，3 倍，4 倍，…になると，対応する y の値はそれぞれ何倍になりますか。

2 反比例する量 $y=-\dfrac{36}{x}$ について，次の問に答えなさい。 教 p.136, 137

(1) x の値に対応する y の値を求め，下の表の㋐〜㋒にあてはまる数を答えなさい。

x	…	-4	-3	-2	-1	0	1	2	3	4	…
y	…	㋐	㋑	㋒	36	×	-36	-18	-12	-9	…

(2) x の値が 2 倍，3 倍，4 倍，…になると，対応する y の値はそれぞれ何倍になりますか。

3 反比例の式の求め方 y は x に反比例し，$x=2$ のとき $y=8$ です。 教 p.137問 1

(1) y を x の式で表しなさい。

(2) $x=4$ のときの y の値を求めなさい。

(3) $x=-1$ のときの y の値を求めなさい。

> **反比例の式の求め方**
> ① 反比例の式 $y=\dfrac{a}{x}$ または，
> $xy=a$ に対応する 1 組の x, y の値を代入する。
> ② 比例定数 a の値を求める。
> ③ y を x の式で表す。

4 反比例の式の求め方 1 分間に 6 L ずつ水を入れると 12 分間で満水になる水そうがあります。
教 p.137

(1) 1 分間に x L ずつ水を入れると y 分間で満水になるとするとき，y を x の式で表しなさい。

(2) 1 分間に 4 L ずつ水を入れると，何分間で満水になりますか。

左ページの 例 の答え　① 30　② $\dfrac{1}{2}$　③ $\dfrac{1}{3}$　④ $\dfrac{1}{4}$　⑤ 6　⑥ 3　⑦ 18　⑧ $\dfrac{18}{x}$　⑨ 2　⑩ -9

4 章

3節 反比例の性質と調べ方
2 反比例のグラフ
3 反比例の表，式，グラフ

例1 反比例のグラフ

教 p.138〜141 → 基本問題1

関数 $y = \dfrac{8}{x}$ のグラフをかきなさい。

考え方 $y = \dfrac{8}{x}$ が成り立つような x，y の値の組を座標とする点を多くとってグラフをかく。

解き方 x の値に対応する y の値を表にまとめると，

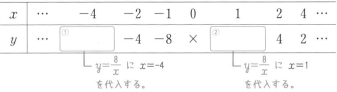

x	...	−4	−2	−1	0	1	2	4	...
y	...	①	−4	−8	×	②	4	2	...

$y = \dfrac{8}{x}$ に $x = -4$ を代入する。　$y = \dfrac{8}{x}$ に $x = 1$ を代入する。

表の x，y の値の組を座標とする点を図にか
き入れ，それらの点を結び，なめらかな2つ
の曲線をかく。「双曲線」という。

注 双曲線のグラフは，x 軸や y 軸に近づき
ながらかぎりなくのびていき，交わらない。
また，**例1**でかいたグラフからわかる
ように，比例定数が正の数のときは，$x < 0$，
$x > 0$ のそれぞれの範囲において，x の値
が増加すると，y の値は減少する。

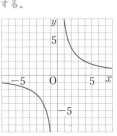

反比例のグラフ

$y = \dfrac{a}{x}$ のグラフは，
双曲線とよばれる曲線

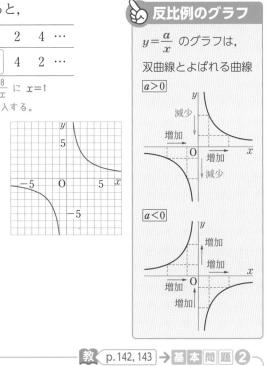

$a > 0$

減少　増加　O　増加　減少

$a < 0$

増加　増加　O　増加　増加

例2 反比例のグラフの式の求め方

教 p.142, 143 → 基本問題2

右の図は反比例のグラフです。反比例の式を求めなさい。

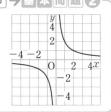

考え方 グラフが通る点のうち，x 座標，y 座標がともに整数である点の座標を読みとる。

解き方 比例定数を a とすると，$y = \dfrac{a}{x}$ と書くことができる。

グラフは，点 $\left(1, \boxed{}\right)$ を通るから，
(2, 1) などを選んでもよい。

$\boxed{} = \dfrac{a}{1}$　　よって，$a = \boxed{}$
x，y の値を代入する。

答 $y = \boxed{}$

y を x の式で表すために，
求めた a の値を $y = \dfrac{a}{x}$ に
あてはめて答えるよ。

基本問題 解答 p.40

1 反比例のグラフ　次の反比例の関係を表す式について，x の値に対応する y の値を求め，表の㋐〜㋕にあてはまる数を答えなさい。また，その表をもとにグラフをかきなさい。

教 p.140問1

(1)　$y = \dfrac{16}{x}$

x	$\cdots$	-4	-2	-1	0	1	2	4	$\cdots$
y	$\cdots$	㋐	㋑	㋒	$\times$	㋓	㋔	㋕	$\cdots$

(2)　$y = -\dfrac{12}{x}$

x	$\cdots$	-4	-3	-2	-1	0	1	2	3	4	$\cdots$
y	$\cdots$	3	㋐	㋑	㋒	$\times$	㋓	㋔	㋕	-3	$\cdots$

(1)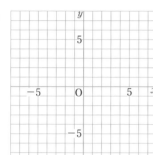
(2)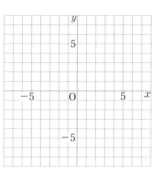

反比例のグラフは，できるだけ多く点をとって，なめらかな曲線になるようにかくといいね。

2 反比例のグラフの式の求め方　次の図は反比例のグラフです。反比例の式を求めなさい。

教 p.143問1

(1)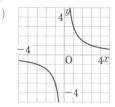

(2)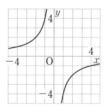

3 反比例とそのグラフ　$y = \dfrac{5}{x}$，$y = -\dfrac{5}{x}$ について，次の問に答えなさい。

教 p.140, 141

(1)　この 2 つのグラフを比べて，ちがっていることは何ですか。また，どちらにもいえることは何ですか。

(2)　x の値を 10，100，1000，…のように大きくしていくと，この 2 つのグラフはどうなっていきますか。

(3)　次の意見は正しいですか。あなたの考えをいいなさい。

「$y = \dfrac{5}{x}$ と $y = -\dfrac{5}{x}$ は，ともに x の値が減少すれば，y の値は増加する。」

左ページの例の答え　①-2　②$8$　③$2$　④$2$　⑤$\dfrac{2}{x}$

確認のワーク **ステージ 1**
4節　比例と反比例の利用
1 比例と反比例の利用

例 1 比例の利用
教 p.147, 148 → 基本問題 1

あるばねに x g のおもりをつるした
ときのばねののびを y cm とするとき，
100 g までの範囲では，x と y の関係
が右の表のようになります。

x (g)	0	10	20	30	40	…	100
y (cm)	0	1.5	3	4.5	6	…	15

(1) おもりの重さが 90 g のときのばねののびを求めなさい。

(2) ばねののびが 12 cm になるのは，おもりの重さが何 g のときですか。

考え方 x の値が 2 倍，3 倍，4 倍，…になると，対応する y の値も 2 倍，3 倍，4 倍，…になるので，おもりの重さとばねののびは比例の関係にある。

解き方 (1) y は x に比例するから，比例定数を a とすると，$y=ax$ と書くことができる。

$x=10$，$y=1.5$ を代入すると，$1.5=a \times$ ①〔　　〕 より，$a=$ ②〔　　〕 ◁ まず，比例定数 a を求める。

よって，$y=$ ②〔　　〕x

$x=90$ を代入すると，$y=$ ②〔　　〕$\times 90$ より，
（おもりの重さが 90 g）

$y=$ ③〔　　〕 だから，③〔　　〕cm

表から，y が x に比例していることを読みとるんだね。

(2) (1)で求めた式に $y=12$ を代入すると，
（ばねののびが 12 cm）

$12=$ ②〔　　〕$\times x$ より，$x=$ ④〔　　〕 だから，④〔　　〕g

例 2 $a=bc$ で表される 3 つの数量
教 p.147, 148 → 基本問題 2

a L の灯油を 1 日に b L ずつ使うと c 日間使えるとき，次の問に答えなさい。

(1) a を b と c の式で表しなさい。

(2) a の値を 15 に決めたときの，b と c の関係を答えなさい。

(3) c の値を 12 に決めたときの，a と b の関係を答えなさい。

考え方 (1) （灯油の全体の量）＝（1 日に使う量）×（使える日数） が成り立つ。

解き方 (1) $a=b \times c$ が成り立つから，$a=$ ⑤〔　　〕

たいせつ

式の形が 〈 $y=ax$ のとき，比例
$y=\dfrac{a}{x}$ のとき，反比例

(2) $a=15$ のとき，$15=$ ⑤〔　　〕 より，$b=$ ⑥〔　　〕

よって，b は c に ⑦〔　　〕する。

(3) $c=12$ のとき，$a=$ ⑧〔　　〕$\times 12$ より，$a=$ ⑨〔　　〕

よって，a は b に ⑩〔　　〕する。

基本問題 解答 ▶ p.40

1 比例の利用　1枚の重さが一定のコピー用紙がたくさんあります。このコピー用紙12枚を取り出して重さをはかったら，42gでした。 教 p.147, 148

(1) コピー用紙の重さは枚数に比例するといえますか。

(2) このコピー用紙1000枚の重さを求めなさい。

(3) 重さが700gのとき，コピー用紙の枚数を求めなさい。

2  $a = bc$ で表される3つの数量　底辺が x cm，高さが y cm の三角形の面積を S cm² とするとき，次の問に答えなさい。 教 p.148問1

(1) S を x と y の式で表しなさい。

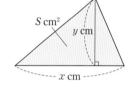

(2) S の値を10に決めたときの，x と y の関係を答えなさい。

(3) y の値を16に決めたときの，S と x の関係を答えなさい。

3 グラフの利用　兄と弟が同時に家を出発して，家から1200mはなれた図書館に行きます。2人が家を出てから x 分間に進んだ道のりを y m とします。右の図は，兄の進むようすをグラフに表したものです。 教 p.149

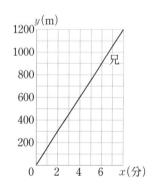

(1) 兄について，y を x の式で表しなさい。

(2) 弟が自転車で分速200mで走るとき，弟の進むようすを表すグラフを右の図にかき入れなさい。

(3) 弟は，家を出てから何分後に図書館に着きますか。

(4) 弟が図書館に着いたとき，兄は図書館の何m手前の地点にいますか。

表や式だけでなく，グラフに表すことによって，いろいろなことを読みとることができるね。

解答　p.41

3節　反比例の性質と調べ方
4節　比例と反比例の利用

1 y は x に反比例し，$x=-6$ のとき $y=\dfrac{2}{3}$ です。

(1)　y を x の式で表しなさい。

(2)　$x=\dfrac{1}{2}$ のときの y の値を求めなさい。

(3)　x の変域が $1\leqq x\leqq 4$ のとき，y の変域を求めなさい。

2 30 L ずつ入る A，B 2 つの空の水そうがあります。A の水そうには 3 本の管が，B の水そうには 5 本の管がついており，どの管からも 1 分間に同じ量の水を入れることができ，水そうを満水にするのに，1 本の管では 1 時間かかります。ついている管を全部使って同時に水を入れるとき，次の問に答えなさい。

(1)　B の水そうは，何分間で満水になりますか。

(2)　B の水そうが満水になるとき，A の水そうには何 L の水が入りますか。

(3)　A の水そうが満水になるのは，B の水そうが満水になってから何分後ですか。

(4)　A と B の水そうの水の量の差が 6 L になるのは，水を入れ始めてから何分後ですか。

3 右の図のような長方形 ABCD で，点 P は，辺 BC 上を B から C まで動きます。BP を x cm，三角形 ABP の面積を y cm^2 として，次の問に答えなさい。ただし，点 P が頂点 B にあるときの y の値は 0 とします。

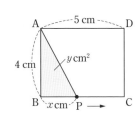

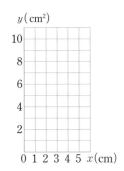

(1)　y を x の式で表しなさい。

(2)　x と y の変域をそれぞれ求めなさい。

(3)　(1)の関数のグラフを，右の図にかき入れなさい。

2 30 L 入る水そうを満水にするのに，1 本の管では 1 時間かかるので，30÷60＝0.5 より，1 本の管では 1 分間に 0.5 L ずつ水を入れることができる。

3 (3) 変域に注意してグラフをかく。

4 次の x と y の関係について，y を x の式で表し，y が x に比例するものには〇，反比例するものには△，どちらでもないものには × をつけなさい。

(1) 底辺の長さが x cm，高さが y cm の平行四辺形の面積は 20 cm² である。

(2) 昼の長さが x 時間のとき，夜の長さは y 時間である。

(3) x km の道のりを時速 4 km で歩くと y 時間かかった。

(4) ある針金の 3 m の重さが 120 g で，100 g あたりの値段が 80 円のとき，この針金の x m の代金は y 円である。

5 歯車 A，B がかみ合って，それぞれ回転しています。A の歯の数は 20 で，1 秒間に 4 回転します。B には，いろいろな歯車を取りつけることができます。

(1) B の歯の数が 16 のとき，B は 1 秒間に何回転しますか。

(2) B の歯の数を x，B の 1 秒間の回転数を y として，y を x の式で表しなさい。

4章

6 関数 $y = -\dfrac{4}{x}$ の x の値とそれに対応する y の値について述べた文として正しいものを，次の⑦〜⓪から 1 つ選び，その記号を答えなさい。

⑦ x の値と y の値の和は，いつも -4 である。

④ y の値から x の値をひいた差は，いつも -4 である。

⑦ x の値と y の値の積は，いつも -4 である。

⓪ x が 0 でないとき，y の値を x の値で割った商は，いつも -4 である。

入試問題を やってみよう！

1 右の図のように，関数 $y = \dfrac{a}{x}$ …⑦のグラフ上に 2 点 A，B があり，関数⑦のグラフと関数 $y = 2x$ …④のグラフが点 A で交わっています。点 A の x 座標が 3，点 B の座標が $(-9,\ p)$ のとき，次の各問いに答えなさい。　〔三重〕

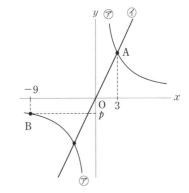

(1) a，p の値を求めなさい。

(2) 関数⑦について，x の変域が $1 \le x \le 5$ のときの y の変域を求めなさい。

5 かみ合っている歯車では，歯の数と回転数の積は一定である。

6 $y = -\dfrac{4}{x}$ の式で表せるから，y は x に反比例する。

[比例と反比例]
数量の関係を調べて問題を解決しよう ⑩分 /100

解答 ▶ p.42

1 次の x と y の関係のうち，y が x の関数であるものをすべて選び，記号で答えなさい。
　⑦　半径が x cm の円の周の長さは y cm である。　　　　　　　　　　　　　　（6点）
　⑦　底辺が x cm，高さが 12 cm の三角形の面積は y cm^2 である。
　⑰　自然数 x の倍数を y とする。
　⑦　18 L の燃料を 1 日に x L ずつ使うと y 日間使える。

（　　　　　　　　　　　）

2 次のそれぞれの場合について，x の変域を不等号を使って表しなさい。　　4点×2（8点）
　(1)　3 以下　　　　　　　　　　　　　　(2)　2 以上 9 未満

（　　　　　　　）　　　　　　　　（　　　　　　　）

3 次の(1)，(2)について，y を x の式で表しなさい。また，y が x に比例するか，反比例するかを答え，その比例定数も答えなさい。　　　　　　　　　　　　3点×6（18点）
　(1)　6 m のひもを x 等分したときの 1 本分のひもの長さは y m である。

（式　　　　　　　　　，　　　　　　　，比例定数　　　　）

　(2)　3 m の重さが 45 g の針金 x m の重さは y g である。

（式　　　　　　　　　，　　　　　　　，比例定数　　　　）

4 次の(1)，(2)について，y を x の式で表しなさい。　　　　　　　　4点×2（8点）
　(1)　y は x に比例し，$x=5$ のとき $y=-15$ である。

（　　　　　　　　　　　）

　(2)　y は x に反比例し，$x=-2$ のとき $y=12$ である。

（　　　　　　　　　　　）

5 次の比例，または反比例のグラフを下の図にかき入れなさい。　　　4点×4（16点）
　(1)　$y=-5x$　　　(2)　$y=\dfrac{4}{5}x$　　　(3)　$y=\dfrac{18}{x}$　　　(4)　$y=-\dfrac{15}{x}$

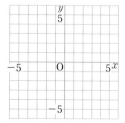 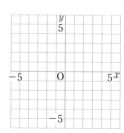 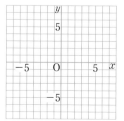 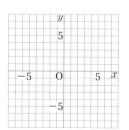

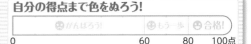

6 (1)は比例，(2)は反比例のグラフです。yをxの式で表し，□にあてはまる数を求めなさい。

4点×4（16点）

(1)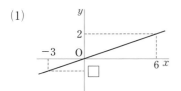

(2)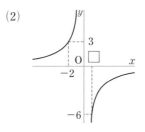

（　　　　，　　　　）　　　　　　　（　　　　，　　　　）

7 2つの変数xとyが，右の表のような値をとっています。　　4点×2（8点）

x	$\cdots$	2	3	4	$\cdots$
y	$\cdots$	㋐	4	㋑	$\cdots$

(1) yがxに比例するとき，表の㋐にあてはまる数を答えなさい。

（　　　　　　　　）

(2) yがxに反比例するとき，表の㋑にあてはまる数を答えなさい。

（　　　　　　　　）

8 （道のり）＝（速さ）×（時間）について，次の問に答えなさい。　　4点×2（8点）

(1) 速さを決めると，時間と道のりの関係はどんな関係といえますか。

（　　　　　　　　）

(2) どの量を決めると，ほかの2つの量は反比例の関係になりますか。

（　　　　　　　　）

9 1分間に5Lずつ水を入れると，2時間で満水になる水そうがあります。　　4点×3（12点）

(1) 水そうに入る水の量は何Lですか。

（　　　　　　　　）

(2) 1分間にxLずつ水を入れるとき，水そうがy分間で満水になるとして，yをxの式で表しなさい。

（　　　　　　　　）

(3) 30分間で満水にするには，1分間に何Lずつ入れればよいですか。

（　　　　　　　　）

アプリ【どこでもワーク計算編・図形編】をやって，さらに力をつけよう！

確認 のワーク ステージ 1　1節　図形の移動
1 図形の移動(1)

例1 直線・線分・半直線　　　教 p.156, 157 → 基本問題 1

右の図について，次の問に答えなさい。

(1) 直線 AB 上にある点で，A，B 以外の点を答えなさい。

(2) 線分 AC 上にある点で，A，C 以外の点を答えなさい。

(3) 半直線 QS 上にある点で，Q，S 以外の点を答えなさい。

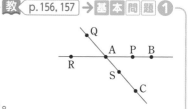

解き方 (1) 直線 AB 上には，点Pと点 [①⬚] がある。

<A，Bを通り，両方にかぎりなくのびている。>

(2) 線分 AC 上には，点 [②⬚] がある。

線分 AC の長さを「2点A，C間の距離」という。

<両端がA，C>

(3) 半直線 QS 上には，点Aと点 [③⬚] がある。

<Qが端で，Sのほうへまっすぐにかぎりなくのびている。>

例2 平行移動　　　教 p.157, 158 → 基本問題 2

右の △A'B'C' は，△ABC を矢印 BB' の方向に，線分 BB' の長さだけ平行移動させたものです。線分 AA' と線分 BB'，線分 CC' の関係を，記号を使って表しなさい。

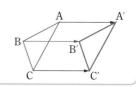

解き方 △ABC を，一定の方向に，一定の距離 だけ動かすから，

平行移動の方法

┌平行の記号

AA' ∥ BB' ∥ CC'，　AA' ＝ [④⬚] ＝ [⑤⬚]

└線分の長さが等しいことを表す記号

平行移動の性質

線分 AA' と線分 BB' の長さが等しいことを AA'＝BB' と書く。

> **たいせつ**
>
> 三角形 ABC …△ABC
>
> 平行…AB∥CD
>
> >は平行を表す印

例3 回転移動　　　教 p.159, 160 → 基本問題 3 4

右の △A'B'C' は，△ABC を点Oを中心として，180°だけ回転移動させたものです。∠AOA'，∠BOB'，∠COC' の関係を記号を使って表しなさい。また，線分 AO と線分 A'O の関係を，記号を使って表しなさい。

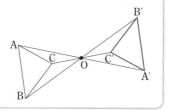

解き方 △ABC を，点Oを中心として一定の角度だけ回転させるから，

↑ この点を「回転の中心」という。　回転移動の方法

∠AOA' [⑥⬚] ∠BOB' [⑦⬚] ∠COC'（＝180°）で，点Aの

動いたあとは，円の一部になるから，AO＝A'O

回転移動の性質

半径は等しい。

注 図形を180°だけ回転移動させることを点対称移動という。

> **たいせつ**
>
> 角 AOB …∠AOB
>
>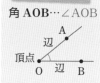

基本問題 ·· 解答 p.44

1 直線・線分・半直線　右の図について，次の問に答えなさい。　教 p.156

(1) 直線 AF，線分 BC，半直線 BE をひきなさい。

(2) 直線 BD 上にある点で，B，D 以外の点を答えなさい。

(3) 線分 CD 上にある点で，C，D 以外の点を答えなさい。

A
F
D
E
B
C

2 平行移動　下の △ABC を，矢印 AA′ の方向に，線分 AA′ の長さだけ平行移動させた △A′B′C′ をかきなさい。　教 p.158問3

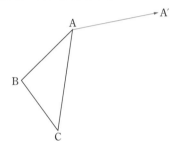

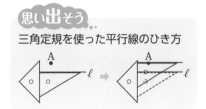

3 回転移動　右の △ABC を，点 O を中心として反時計回りに 70° だけ回転移動させた三角形を △A′B′C′ とします。　教 p.160問6

(1) 右の図に，△A′B′C′ をかきなさい。

(2) 線分 OA と長さの等しい線分を答えなさい。

回転移動では，対応する点は回転の中心から等しい距離にあるね。

4 点対称移動　右の図は平行四辺形です。この平行四辺形を点対称な図形とみたとき，次の問に答えなさい。　教 p.160

(1) ∠BAC と大きさが等しい角を答えなさい。

(2) 点 P と対応する点 Q を，図にかき入れなさい。

(3) △ABO を，点 O を中心として 180° だけ回転移動させたとき，重ね合わせることができる三角形を答えなさい。

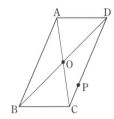

左ページの 例 の答え　①R　②S　③C　④BB′　⑤CC′　⑥＝　⑦＝

確認のワーク ステージ1 1節 図形の移動 **1 図形の移動(2)**

例1 対称移動   教 p.161, 162 → 基本問題 1 2

　右の △A'B'C' は，△ABC を直線 ℓ を対称の軸として対称移動させたものです。対応する頂点を結んだ線分 AA' と直線 ℓ との関係を，記号を使って表しなさい。また，線分 AA' と直線 ℓ との交点を M とするとき，線分 AM と線分 A'M との関係を，記号を使って表しなさい。

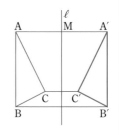

解き方 　△ABC を，直線 ℓ を折り目として

　　　　　　　　　↑ 直線 ℓ を「対称の軸」という。
　　　　　下線 対称移動の方法

折り返すので，線分 AA' は直線 ℓ によって，垂直に2等分されるから，

　　垂直の記号
　　AA'⊥ℓ, AM ①[ ] A'M

$AM = \dfrac{1}{2}AA'$ と表すこともできる。

下線 対称移動の性質

覚えておこう

垂線…2直線が垂直であるとき，一方の直線を他方の直線の垂線という。

中点…線分を2等分する点

垂直二等分線…線分の中点を通り，その線分に垂直な直線

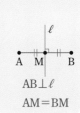

$AB⊥ℓ$
$AM = BM$

例2 図形の移動   教 p.163 → 基本問題 3

　右の図は，△ABC を移動させて，△A'B'C' に重ね合わせるようすを示しています。それぞれどのように移動させたか答えなさい。

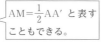

考え方 　三角形㋐ → 三角形㋑ → 三角形㋒ → 三角形㋓ の順に考える。

解き方 　三角形㋐ → 三角形㋑は ②[ ] 移動

　　　　　点Aが回転の中心

反時計回りに 90° だけ回転させる。90° の角は，三角定規を使ってかくことができる。

　　　　　三角形㋑ → 三角形㋒は ③[ ] 移動

　　　　　直線 ℓ が対称の軸

　　　　　三角形㋒ → 三角形㋓は ④[ ] 移動

　　　　　それぞれの頂点を，左へ3目もり，下に3目もり動かす。

注 　一方を移動させて他方に重ね合わせることができるとき，この2つの図形は合同であるという。

平行，回転，対称の3つの移動を組み合わせると，図形をいろいろな位置に移動させることができるのね。

基本問題 解答 ▶ p.45

1 対称移動 下の △ABC を，直線 ℓ を対称の軸として対称移動させた △A′B′C′ をかきなさい。 教 p.162問10

(1)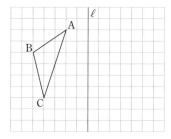

(2)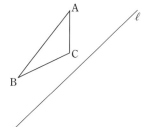

まずは，それぞれの頂点から対称の軸に垂線をひくんだね。

2 線対称な図形 それぞれの図形を，直線 ℓ を対称の軸として対称移動させた図形をかきなさい。 教 p.162問10

(1)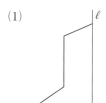

(2)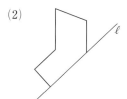

覚えておこう

線対称な図形は，直線 ℓ を対称の軸として対称移動させたとき，もとの図形に重ね合わせることができる図形である。

5章

3 図形の移動 右の図は，2 つの正方形とその正方形の対角線をかき入れたものです。 教 p.163問11

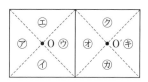

(1) 1 回の平行移動だけで三角形⑨に重ね合わせることができる三角形はどれですか。記号で答えなさい。

(2) 1 回の対称移動だけで三角形⑦に重ね合わせることができる三角形はどれですか。記号で答えなさい。

点 O，点 O′ は回転の中心，2 つの正方形の境目の直線は対称の軸になると考えるといいね。

(3) 三角形⑦を，三角形⑦に重ね合わせるには，どのように移動させればよいか説明しなさい。

(4) 三角形⑦を，三角形⊕に重ね合わせるには，どのように移動させればよいか「⑦ → ⑦ → ⊕」のように，移動させる三角形を使って 1 つだけ答えなさい。

左ページの 例 の答え ① ＝ ② 回転 ③ 対称 ④ 平行

解答 p.45

ステージ2　1節　図形の移動

1 右の長方形 ABCD で，対角線の交点を O とします。次の辺や線分の関係を，記号を使って表しなさい。

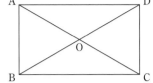

(1) 向かい合う辺の長さが等しい。

(2) 向かい合う辺が平行である。

(3) 辺 AB と辺 AD が垂直である。　　(4) 対角線がそれぞれの中点で交わる。

2 右の図のように，線分 AB を 4 等分する点を C，D，E とします。

(1) 半直線 CE 上にない点を答えなさい。

(2) 線分 AC と長さが等しい線分を見つけ，記号を使って表しなさい。

(3) 点 D が中点となるような線分をすべて答えなさい。

3 次の図形をかきなさい。

(1) 右の △ABC を，点 O を中心として反時計回りに 120° だけ回転させた △A'BC'

(2) 右の四角形 ABCD を，直線 ℓ を対称の軸として対称移動させた四角形 A'B'C'D'

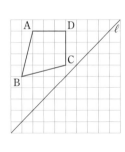

4 右の図の合同な三角形㋐〜㋔について，次の問に答えなさい。

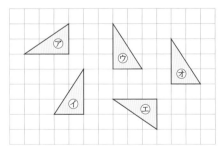

(1) 平行移動だけで㋐に重ね合わせることができる三角形はどれですか。記号で答えなさい。

(2) 対称移動だけで㋐に重ね合わせることができる三角形はどれですか。記号で答えなさい。

2 (3) 線分を 2 等分する点を中点という。
4 (1) 平行移動では，図形の向きは変わらない。
　　(2) 対称の軸は，対応する点を結ぶ線分を垂直に 2 等分する。

5 右の図は，点Oを対称の中心とする点対称な図形の一部です。図形を完成させなさい。

6 右の図は，正方形を8等分したものです。

(1) 平行移動だけで㋐に重ね合わせることができる三角形はどれですか。記号で答えなさい。

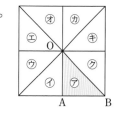

(2) 三角形㋐を，点Oを中心として反時計回りに何度だけ回転移動させると三角形㋑に重ね合わせることができますか。

(3) (2)の回転移動で，三角形㋐の点A，Bと重なり合う三角形㋑の点A′，B′を上の図にかき入れなさい。

(4) 三角形㋐を，点Oを中心として反時計回りに90°だけ回転移動させた三角形はどれですか。記号で答えなさい。

(5) 1回の対称移動だけで㋐に重ね合わせることができる三角形は何個ありますか。

7 右の図のように，正三角形 ABC の 3 辺 BC，CA，AB の中点をそれぞれ P，Q，R とし，3 つの線分 AP，BQ，CR の交点をOとします。この図の三角形のなかで，△OAR を，点Oを中心として回転移動させて重ね合わせることができるすべての三角形をぬりつぶしなさい。

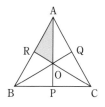

![入試問題をやってみよう！]

1 正方形の折り紙があります。この折り紙を図1のように，正方形 ABCD とし，辺 BC 上に点Pをとります。

図2のように，点Aが点Pに重なるように折り紙を折り，∠BPE＝40° のとき，∠FEP の大きさを求めなさい。　　　　　〔滋賀〕

図1

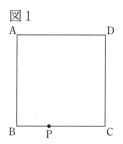

図2

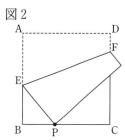

6 (2) 三角形㋐と三角形㋑は点対称な図形である。

7 あてはまる三角形は2つある。

1 線分 EF で折り返してできる角の大きさを考える。

確認のワーク ステージ1

2節　基本の作図
1 作図のしかた　2 基本の作図(1)

例1 作図のしかた

教 p.166 → 基本問題 1

3辺 AB，BC，CA が，右の図の長さとなるような △ABC を作図しなさい。

考え方 作図は，定規とコンパスだけを道具として使う。
　　　　　<u>直線をひく。</u>　　<u>円をかいたり，等しい長さをとっ</u>
　　　　　　　　　　　　　　たり，線分を移したりする。

解き方 ① 直線を定規でひき，コンパスを使って，直線上に線分 BC の長さを移しとる。

② Bを中心として半径 BA の ① [　　　　] をコンパスでかく。

③ Cを中心として半径 CA の ② [　　　　] をコンパスでかく。

④ ②と③でかいた円の交点とB，Cを結ぶ。← 2つの円の交点がAである。

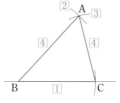

思い出そう

円…中心がOである円を円Oという。円周は，1点からの距離が一定である点の集まりである。

弧 AB…円周のAからBまでの部分，⌢ABと表す。

弦…円周上の2点を結ぶ線分

弧 AB　弦 AB　•O　弧 AB

注 作図のときにかいた線は，消さないでおく。

例2 垂線

教 p.168, 169 → 基本問題 3

右の図の △ABC で，頂点Aから辺 BC への垂線を作図しなさい。

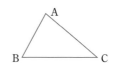

解き方 直線上にない点から，その直線への垂線の作図である。

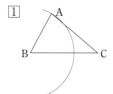

Bを中心として半径 BA の円をかく。

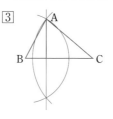

Cを中心として半径 CA の円をかく。

辺 BC は，<u>点 B，C を中心とする2つの円の対称の軸</u>と
　　　　　交わる2つの円は，両方の円の中心を通る直線について線対称である。

考えることができるので，A ともう一方の交点を通る直線をひくと，辺 BC と ③ [　　　　] になる。

注 頂点Aから辺 BC に垂直にひいた線分の長さを，点Aと辺 BC との距離といい，△ABC では辺 BC に対する「高さ」になる。

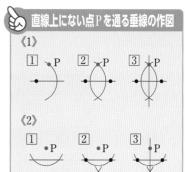

直線上にない点Pを通る垂線の作図

《1》
① •P　② •P　③ •P

《2》
① •P　② •P　③ •P

円は，どの直径に対しても線対称だったね。

基本問題 解答 p.47

1 作図のしかた 次の線分 AB を辺とする正三角形 ABC を作図しなさい。 教 p.166問2

A ————————— B

2 交わる2つの円 右の図のように，半径の等しい2つの円が，2点 P，Q で交わっています。 教 p.167問1

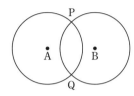

(1) 対称の軸をかき入れなさい。

(2) 四角形 AQBP はどのような四角形ですか。

(3) 線分 AB と PQ の関係を，記号を使って表しなさい。

覚えておこう

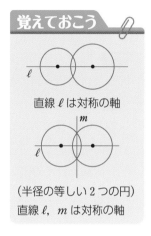

直線 ℓ は対称の軸

（半径の等しい2つの円）
直線 ℓ，m は対称の軸

3 垂線の作図 次の作図をしなさい。 教 p.169問3, 問4

(1) 点Pを通り，直線 ℓ に垂直な直線

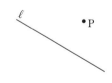

(2) 下の図のような △ABC で，頂点A から辺 BC への垂線

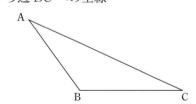

4 距離 右の図の点A～Fのうちで，直線 ℓ までの距離がもっとも長いのはどれですか。また，直線 AD と ℓ の関係を，記号を使って表しなさい。 教 p.170問5

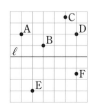

点と直線の距離

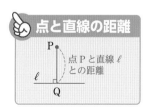

点Pと直線 ℓ との距離

5章

2節 基本の作図
❷ 基本の作図(2)

例1 垂直二等分線   教 p.171, 172 → 基本問題 ❶❷

右の線分ABの垂直二等分線を作図しなさい。

A •————————————• B

考え方 線分 AB の両端の点 A,B が重なるように
折るときの折り目の線を考える。

解き方 ① 点 A,B を中心として,
等しい半径の円をかき,2つの
円の交点を C,D とする。

② 直線 CD をひく。

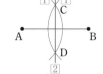

垂直二等分線

線分の中点を通り,
その線分に垂直な
直線。線分 AB の
垂直二等分線は,
線分 AB の対称の軸であり,2点 A,
B は対応する点となる。

直線 ①[＿＿＿] が線分 AB の垂直二等分線である。

「AB⊥CD」で,「AB」と「CD」の交点を M とすると「AM＝BM」となる。

例2 角の二等分線   教 p.173, 174 → 基本問題 ❸❹

右の図の ∠AOB の二等分線を作図しなさい。
また,角の二等分線上に点Eをとり,角の関係を
等式で表しなさい。

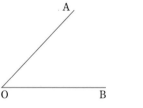

考え方 ∠AOB の辺 OA と OB が重なるように折るときの折り目の線を考える。

解き方 ① 角の頂点Oを中心と
する円をかき,角の2辺との
交点を C,D とする。

② C,D を中心として等しい
半径の円をかき,その交点を
E とする。

③ 半直線 OE をひく。

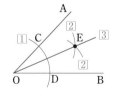

角の二等分線

1つの角を2等
分する半直線。
∠AOB の二等分
線は,∠AOB の
対称の軸である。

半直線 ②[＿＿＿] は,∠AOB を2等分するから,

∠AOE ＝∠③[＿＿＿]＝④[＿＿＿]∠AOB である。

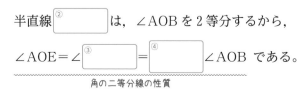
角の二等分線の性質

∠AOE が ∠AOB の
$\frac{1}{2}$ であることを,
∠AOE＝$\frac{1}{2}$∠AOB
と表すよ。

基本問題 ·· 解答 p.48

1 垂直二等分線の作図　下の線分 AB の中点 M を，作図によって求めなさい。　教 p.172問6

A　　　　　　　B

> **ここが ポイント**
> 垂直二等分線の作図では，かく円の半径が短いと交点ができないので，線分の半分より長めの半径をとる。

2 垂直二等分線　次の図で，線分 AB の垂直二等分線を ℓ とし，AB と ℓ との交点を M とします。

(1)　交点 M は線分 AB の中点であることを，記号を使って表しなさい。

(2)　直線 ℓ 上に点 P, Q を AP=BQ となるようにとりなさい。ただし，点P は線分 AB の上側，点Qは線分 AB の下側とします。

(3)　(2)で，四角形 PAQB はどんな四角形ですか。

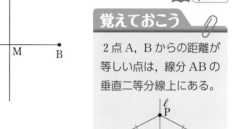

> **覚えておこう**
> 2 点 A, B からの距離が等しい点は，線分 AB の垂直二等分線上にある。

3 角の二等分線の作図　下の角の二等分線を作図しなさい。　教 p.173問8

(1)　　　　　　　　　　(2)

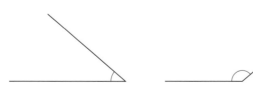

> **角の二等分線の性質**
> 角の二等分線上の点から角の 2 辺までの距離は等しい。
>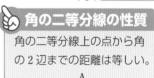

4 角の二等分線　右の図は，直線 AB 上の点Oから半直線 OC をひいたものです。∠AOC の二等分線 OD と ∠BOC の二等分線 OE を作図してできる ∠DOE の大きさを求めなさい。　教 p.173問8

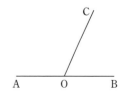

確認のワーク　ステージ**1**

2節　基本の作図
❸ いろいろな作図

例**1** 円の接線　　　　　　　　　　　　　　　教 p.175 → 基本 問題 ❶

円Oの周上の点Aを通る接線を作図しなさい。

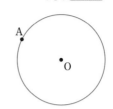

考え方 円の接線は，接点を通る半径に垂直であることを利用する。

解き方 半直線 OA 上にある点Aを通る垂線をひく作図である。

① 半直線 OA をひく。

② 点Aを中心とする円をかき，半直線
　 OA との交点を P，Q とする。

③ 点 P，Q を中心として，等しい半径
　 の円をかき，その交点をRとする。

④ 直線 AR をひくと，OA〔①　　　〕AR となる。
　　　　円の「接線」

半直線 OA を ∠PAQ とみて，
180° の角の二等分線の作図を
したと考えることもできるんだ。

たいせつ

円と直線が1点だけで
出あうとき，この直線
は円に接するといい，
この直線を円の接線，
円と直線が接する点を
接点という。

例**2** いろいろな作図　　　　　　　　　　　　教 p.176 → 基本 問題 ❸ ❹

右の円の中心Oを，作図によって求めなさい。

考え方 弦の垂直二等分線は円の対称の軸であり，円の中心を通ることを利用する。

解き方 ① 弦を1つひく。

② 弦の両端の点を〔②　　　　〕として，〔③　　　　〕半径の円をかく。

③ ②で求めた交点を通る直線をひく。
　　　　　　　　弦の垂直二等分線

④〜⑥ 弦をもう1つひき，同様にして，弦の垂直二等分線をひく。

③と⑥でひいた直線の交点が円の〔④　　　　〕Oである。

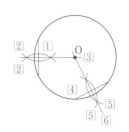

基本問題 ··· 解答 p.49

1 円の接線　下の図で，直線 ℓ が点Aを中心とする円の接線になるように，円を作図しなさい。

教 p.175問1

ここがポイント

円の接線は，接点を通る半径に垂直だから，点Aから直線 ℓ に垂線をひくと，ℓ と垂線の交点が接点となる。

2 角の二等分線の利用　下の図で，線分 AB，BC，CD までの距離が等しい点Pを，作図によって求めなさい。

教 p.175例1

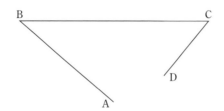

覚えておこう

角の2辺までの距離が等しい点は，その角の二等分線上にある。

3 垂直二等分線の利用　下の図で，直線 ℓ 上にあって，2点 A，B からの距離が等しい点Pを，作図によって求めなさい。

教 p.176

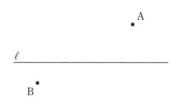

思い出そう

2点からの距離が等しい点
→ 垂直二等分線の利用

4 垂直二等分線の利用　線分 AB を直径とする半円の対称の軸を作図しなさい。

教 p.176

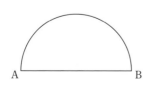

対称の軸は，直径 AB の垂直二等分線を作図すればいいね。

5 章

確認のワーク　ステージ1　**3節　おうぎ形**
1 おうぎ形

例1 おうぎ形の弧の長さと面積　　教 p.180 → 基本問題 1

右の図の⑦，⑦，⑦は，すべて半径と中心角の等しいおうぎ形です。

(1) おうぎ形⑦，⑦，⑦の弧の長さの関係と面積の関係をそれぞれ答えなさい。

(2) おうぎ形の中心角を2倍，3倍にすると，弧の長さや面積はそれぞれ何倍になりますか。

考え方 1つの円では，中心角の等しいおうぎ形の弧の長さや面積は等しい。

　円の中心のまわりに回転させると，重ね合わせることができるから，形や大きさが等しい。

解き方 (1) おうぎ形⑦，⑦，⑦は ① □ だから，弧の長さや面積はすべて ② □ 。

(2) おうぎ形の中心角を2倍にするには，図のおうぎ形⑦と⑦を合わせたおうぎ形
　合同なおうぎ形2個分になる。
を考えればよい。

これとおうぎ形⑦を比べると，弧の長さと面積は ③ □ 倍になるとわかる。

同様にして，おうぎ形の中心角を3倍にすると，弧の長さと面積は ④ □ 倍になる。
　比例の関係

たいせつ

おうぎ形…弧の両端を通る2つの半径とその弧で囲まれた図形。

中心角…2つの半径のつくる角

覚えておこう

1つの円では，
　おうぎ形の弧の長さは，中心角に比例する。
　おうぎ形の面積は，中心角に比例する。

例2 おうぎ形の弧の長さと面積　　教 p.181 → 基本問題 2 3

半径が9cm，中心角が160°のおうぎ形の弧の長さと面積を求めなさい。

考え方 おうぎ形の弧の長さと面積は，中心角に比例する。

解き方 中心角が160°のおうぎ形の弧の長さは，

半径が等しい円の周の長さの $\frac{160}{360}$ 倍だから，
　比例の性質

$2\pi \times 9 \times \frac{160}{360} = $ ⑤ □ (cm)
半径 r の円では，（円周）$=2\pi r$

おうぎ形の弧の長さ ℓ と面積 S

半径 r，中心角 $a°$ のとき

$\ell = 2\pi r \times \dfrac{a}{360}$

$S = \pi r^2 \times \dfrac{a}{360}$

同様に，中心角が160°のおうぎ形の面積は，

半径が等しい円の面積の $\frac{160}{360}$ 倍だから，$\pi \times 9^2 \times \frac{160}{360} = $ ⑥ □ (cm²)
　比例の性質　　　　　　　　　　　　　　半径 r の円では，（面積）$=\pi r^2$

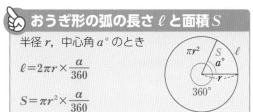

基本問題

解答 p.49

1 おうぎ形の弧の長さと面積　次の⑦～⊕のうち，正しいものをすべて選び，記号で答えなさい。

教 p.180

⑦　1つの円では，おうぎ形の中心角を2倍にすると，弧の長さは2倍になる。

④　1つの円では，おうぎ形の中心角を2倍にすると，面積は2倍になる。

⑤　中心角の等しいおうぎ形では，半径を2倍にすると，弧の長さは2倍になる。

⊕　中心角の等しいおうぎ形では，半径を2倍にすると，面積は2倍になる。

2 おうぎ形の弧の長さと面積　次のおうぎ形の弧の長さと面積を求めなさい。

教 p.181問1

(1)　半径が 5 m，中心角が 72°

(2)　半径が 20 cm，中心角が 135°

(3)　半径が 12 cm，中心角が 60°

(4)　半径が 3 m，中心角が 210°

(5)

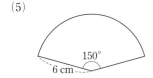

(6)

3 おうぎ形の面積　右の図は，2つのおうぎ形を組み合わせたものです。色をつけた部分の面積を求めなさい。

教 p.181

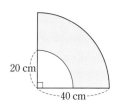

ここがポイント

面積 $S=$ 面積 $a-$ 面積 b

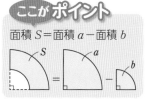

定着のワーク ステージ **2**

2節　基本の作図
3節　おうぎ形

1 右の図で，辺 BC を対称の軸とする線対称な
四角形 ABDC を作図しなさい。

2 右の図で，∠AOP＝45° となるような半直
線 OP を作図しなさい。

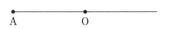

3 右の図で，3 点 A，B，C からの距離が等しい
点Pを，作図によって求めなさい。

A •

• C

B •

4 右の図の △ABC の内部にある点で，2 辺 AB，AC までの距離が等しく，
頂点 A，B からの距離も等しい点は，2 つの直線の交点として求めること
ができます。その 2 つの直線を次の⑦〜⑰から選び，記号で答えなさい。

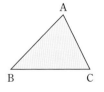

　⑦　∠BAC の二等分線　　　　　　　⑦　∠ACB の二等分線

　⑦　辺 AB の垂直二等分線　　　　　　⑦　辺 BC の垂直二等分線

　⑦　頂点Aを通り辺 BC に垂直な直線　　⑦　頂点Cを通り辺 AB に垂直な直線

1 辺 BC は線分 AD の垂直二等分線になる。

3 2 点からの距離が等しい点は，その 2 点を結んだ線分の垂直二等分線上にあるから，
線分 AB，BC，CA のうち，2 つを選んで，その垂直二等分線を作図する。

5 右の図の円Oと円周上の2点A, Bを用
いて，円Oの点Aにおける接線と∠OBA
の二等分線との交点Pを，作図しなさい。

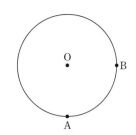

6 右の図で，中心が直線ℓ上にあって，2点A,
Bが周上にある円の中心をOとします。点Bを通
る円Oの接線を作図しなさい。

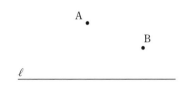

レベルUP **7** 右の図は，それぞれおうぎ形や半円を組
み合わせてできた図形です。色をつけた部
分の周の長さと面積を求めなさい。

(1)
(2)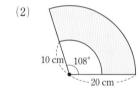

5章

入試問題を やってみよう！

1 右の図のような△ABCがあります。2辺AB, AC
からの距離が等しく，点Cから最短の距離にある点Pを
作図によって求めなさい。　　〔富山〕

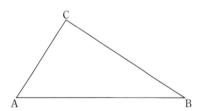

2 右の図のように，線分ABを直径とする半円がありま
す。線分ABの中点をOとし，AB上に点Pをとり，
∠POB＝30°となる線分OPを作図によって求めなさ
い。　　〔千葉〕

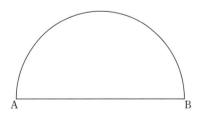

6 円の中心Oは，線分ABの垂直二等分線上にある。
1 2辺AB, ACからの距離が等しい点は，∠BACの二等分線上にある。
2 AB上に，∠BOQ＝90°となる点Qをとり，30°＝90°－60°を考える。

解答 p.52

実力判定テスト　ステージ3

[平面図形]
平面図形の見方をひろげよう

40分 　/100

1 右の図は，直線 AH を対称の軸とする線対称な図形です。次の関係を，記号を使って表しなさい。　　　　6点×3（18点）

(1) 線分 FE と線分 CD の長さは等しい。（　　　　　）

(2) ∠GAH と ∠BAH の大きさは等しい。（　　　　　）

(3) 直線 AH と線分 ED は垂直である。（　　　　　）

2 右の図は，∠AOB＝45° である二等辺三角形 AOB と，それと合同な 7 つの二等辺三角形を組み合わせたものです。　　　6点×5（30点）

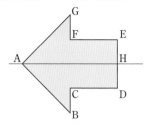

(1) △AOB を，平行移動させて重ね合わせることができる三角形はどれですか。ない場合は「なし」と答えなさい。

（　　　　　）

(2) △AOB を，点 O を中心として反時計回りに回転移動させて，△COD に重ね合わせるには，何度だけ回転させればよいですか。

（　　　　　）

(3) △AOB を，点 O を中心として反時計回りに回転移動させて，△EOF に重ね合わせるには，何度だけ回転させればよいですか。

（　　　　　）

(4) △AOB を対称移動させて △COB に重ね合わせます。このときの対称の軸を答えなさい。

（　　　　　）

(5) △AOB を対称移動させて △EOD に重ね合わせます。このときの対称の軸を答えなさい。

（　　　　　）

3 下の図のように，△ABC を，直線 ℓ を対称の軸として対称移動させた図形を △A′B′C′ とし，これをさらに直線 m を対称の軸として対称移動させた図形を △A″B″C″ とします。$\ell \parallel m$ のとき，△ABC を △A″B″C″ に 1 回の移動で移す方法を答えなさい。　　　（6点）

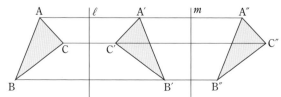

（　　　　　）

4 下の △ABC について，次の作図をしなさい。 8点×2（16点）

(1) 辺 AB 上にあり，点 B，C からの距離が等しい点 P

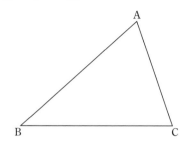

(2) ∠ABC と ∠ACB の二等分線の交点 I

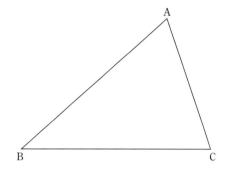

5 右の図で，AP＋PQ＋QB の長さがもっとも短くなる点 P，Q を，それぞれ作図によって求めなさい。ただし，点 P は直線 ℓ 上にあり，点 Q は直線 m 上にあるものとします。 （8点）

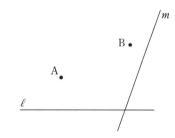

6 150° の角を右の □ の中に作図しなさい。 （8点）

7 直径が 20 cm の半円があります。この半円の周の長さと面積を求めなさい。 7点×2（14点）

周の長さ（   ） 面積（   ）

アプリ【どこでもワーク図形編】をやって，さらに力をつけよう!

5 章

確認のワーク　ステージ1　1節　いろいろな立体　　❶ いろいろな立体
　　　　　　　　　　　　　2節　立体の見方と調べ方　❶ 直線や平面の位置関係(1)

例1 いろいろな立体

教 p.190〜192 → 基本問題 ❶ ❷

次の立体の名まえを答えなさい。

(1) 　　(2) 　　(3)

考え方 底面の数と形から立体の名まえを答える。

解き方 (1) 底面が2つあり，その形が三角形だから，

この立体は ①[　　　　] である。

(2) 底面が1つで，形は四角形である。また，側面が

②[　　　　] だから，この立体は ③[　　　　] である。

(3) 底面が1つで，形は円だから，この立体は ④[　　　　]
である。

> **たいせつ**
> 多面体…平面だけで囲まれた
> 立体で，面の数によって，
> 四面体，五面体などという。
> 正多面体…どの面もすべて合
> 同な正多角形で，どの頂点
> にも面が同じ数だけ集まる
> へこみのない多面体

ここがポイント

いろいろな立体

角柱　　　円柱　　角錐　　　円錐

三角柱　四角柱　　三角錐　四角錐

底面と側面

底面　側面　底面　　頂点　側面　底面

例2 直線や平面の位置関係

教 p.194, 195 → 基本問題 ❹

右の図の立方体について，次の問に答えなさい。
(1) 平面 AEFB と平行な平面はどれですか。
(2) 直線 AB と平行な平面はどれですか。

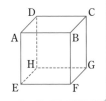

解き方 (1) 立方体では，向かい合う平面 ⑤[　　　　] は平行である。

(2) 直線 AB は，平面 ABCD 上と平面 AEFB 上にある。また，

直線 AB と交わる平面は，平面 AEHD と平面 ⑥[　　　　] だから，

直線 AB と平行な平面は，平面 EFGH と平面 ⑦[　　　　] である。

直線 AB と出あわない平面

> **2つの平面の位置関係**
>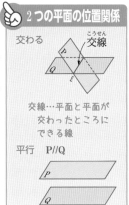
> 交わる　　　交線
> 交線…平面と平面が
> 交わったところに
> できる線
> 平行　P//Q

直線と平面の位置関係

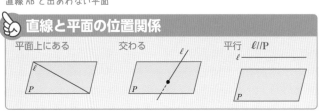

平面上にある　　　交わる　　　平行 ℓ//P

基本問題 ∙∙∙ 解答 p.54

1 いろいろな立体　次の㋐～㋚の立体のうち，(1)～(4)にあてはまるものをすべて選び，記号で答えなさい。 教 p.190, 191

| ㋐ 正三角柱 | ㋑ 正四角柱 | ㋒ 正六角柱 | ㋓ 円柱 | ㋔ 正三角錐 | ㋕ 正四角錐 |
| ㋖ 正五角錐 | ㋗ 円錐 | ㋘ 立方体 | ㋙ 直方体 | ㋚ 球 | |

(1) 底面に正三角形の面をもつ立体　　(2) 正方形の面だけで囲まれた立体

(3) 円の面をもつ立体　　(4) どこから見ても円である立体

2 いろいろな立体　下の表の空らんをうめて，表を完成させなさい。 教 p.192問6

	正四面体	正六面体	正八面体	正十二面体	正二十面体
面の形	正三角形				
面の数		6			
辺の数			12		30
頂点の数				20	
1つの頂点に集まる面の数					5

覚えておこう

正多面体は5種類ある。

正四面体　正六面体（立方体）　正八面体

正十二面体　正二十面体

3 平面が決まる条件　次の㋐～㋓のうち，平面が1つに決まるものをすべて選び，記号で答えなさい。 教 p.194問1

㋐ 1つの直線上にない3点をふくむ平面
㋑ 1点で交わる3直線をふくむ平面
㋒ 垂直に交わる2つの直線をふくむ平面
㋓ 平行な3つの直線をふくむ平面

平面が1つに決まる条件
・1つの直線上にない3点
・1つの直線とその直線上にない1点
・交わる2直線
・平行な2直線

6 章

4 直線と平面の位置関係　右の図は，長方形の紙 ABCD を辺 AB と平行な線分 EF で二つ折りにして，平面Pに立てたものです。

(1) 平面 ABFE と平面Pの交線を答えなさい。 教 p.195

(2) 平面P上にある直線を答えなさい。

(3) 直線 DC と平行な平面を答えなさい。

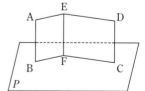

左ページの例の答え　①三角柱　②三角形　③四角錐　④円錐　⑤DHGC　⑥BFGC　⑦DHGC

確認のワーク　ステージ1　2節　立体の見方と調べ方
❶ 直線や平面の位置関係(2)

例 1　2つの直線の位置関係 — 教 p.196 → 基本問題 ❶ ❷

右の図の立方体について，次の問に答えなさい。

(1)　直線 AB と平行な辺はどれですか。

(2)　直線 AB とねじれの位置にある辺はどれですか。

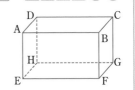

解き方 (1)　1 つの平面上にあって交わ

らない 2 つの直線は**平行**だから，

辺 DC，辺 EF，辺 ① □ である。

面 ABCD　面 AEFB　面 ABGH
上にある。　上にある。　上にある。

(2)　空間内で，平行でなく交わらない

2 つの直線はねじれの位置にあるか

ら，辺 DH，辺 CG，辺 EH，辺 ② □ である。

2つの直線の位置関係

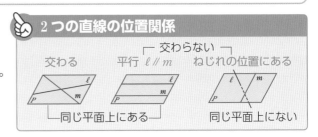

┌─ 交わらない ─┐
交わる　　　平行 $\ell /\!/ m$　　ねじれの位置にある

└── 同じ平面上にある ──┘　　同じ平面上にない

例 2　直線と平面の垂直，平面と平面のつくる角 — 教 p.197, 198 → 基本問題 ❸ ❹

右の図の立体は，立方体を 2 つに分けてできた三角柱です。

(1)　辺 AD と垂直な平面はどれですか。

(2)　面 ADEB と面 ADFC のつくる角は何度ですか。

(3)　面 ADEB と面 CFEB のつくる角は何度ですか。

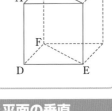

解き方 (1)　平面 ADEB，平面 ADFC はともに正方形だ

から，AD⊥AB，AD⊥AC がいえるので，辺 AD は

辺 AB，AC をふくむ平面 ③ □ と垂直である。

同様に，AD⊥DE，AD⊥DF がいえるので，辺 AD は

辺 DE，DF をふくむ平面 ④ □ と垂直である。

(2)　面 ADEB と面 ADFC のつくる角は，底面の △ABC

の ∠CAB の大きさに等しいから，⑤ □ である。

正方形の 1 つの角は 90°　　　　面 ADEB⊥面 ADFC がいえる。

(3)　面 ADEB と面 CFEB のつくる角は，底面の △ABC

の ∠ABC の大きさに等しいから，⑥ □ である。

立方体を，底面の正方形の対角線を通る
平面で 2 つに分けているので，
∠ABC＝∠DEF＝90°÷2＝45°

直線と平面の垂直

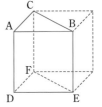

$\ell \perp m$，$\ell \perp n$
ならば，
$\ell \perp$ 平面 P

たいせつ

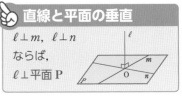

平面と
平面の
つくる角

2 平面 P, Q
のつくる角

平面と平面の垂直

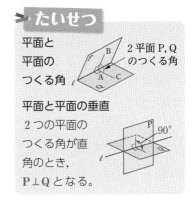

2 つの平面の
つくる角が直
角のとき，
P⊥Q となる。

基本問題 ⋯⋯⋯⋯⋯⋯⋯⋯⋯⋯⋯⋯⋯⋯⋯⋯⋯⋯⋯⋯⋯ 解答 ▶ p.55

1 2つの直線の位置関係　右の図の立方体について，次の問に答えなさい。ただし，線分 **AG** はこの立方体の対角線とします。

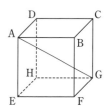

(1)　直線 AE と平行な辺はどれですか。　　教 p.196問2

(2)　直線 AE とねじれの位置にある辺はどれですか。

(3)　対角線 AG とねじれの位置にある辺はどれですか。

2 2つの直線の位置関係　平行な2つの平面P，Qに，1つの平面Rが交わるとき，交線 ℓ，m の位置関係を，記号を使って表しなさい。　　教 p.196問3

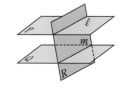

交線 ℓ と m は，1つの平面R上にあって交わらないから…

3 直線と平面の垂直　右の図は，長方形の紙 ABCD を辺 AB と平行な線分 EF で二つ折りにし，線分 EF が平面Pに対して，どの方向にも傾かないようにして立てたものです。次の㋐～㋕のうち，正しいものをすべて選び，記号で答えなさい。　　教 p.197問4

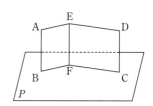

㋐　EF⊥平面 P　　　　　㋑　EF⊥平面 EFCD

㋒　AE⊥平面 P　　　　　㋓　AE⊥平面 EFCD

㋔　AB⊥平面 P　　　　　㋕　AB⊥平面 EFCD

4 平面と平面のつくる角　右の図の正三角柱について，次の問に答えなさい。

(1)　面 ADEB と面 BEFC のつくる角は何度ですか。　　教 p.198問5

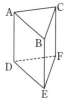

(2)　面 ADEB と面 ABC のつくる角は何度ですか。

(3)　面 BEFC と垂直な面はどれですか。

6章

確認のワーク　ステージ**1**

2節　立体の見方と調べ方
1 直線や平面の位置関係(3)
2 面の動き

例**1** 立体の高さ

教 p.199 → 基本問題**1**

次の問に答えなさい。

(1)　右の三角柱の高さは何 cm ですか。

(2)　右の三角錐で，∠ADB＝∠ADC＝90° とします。面 BCD を底面とするとき，それに対する高さとなる辺はどれですか。

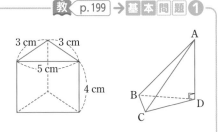

解き方 (1)　角柱では 2 つの底面は平行で，一方の底面ともう一方の底面との距離が高さになるので，[①　　　] cm である。

側面の長方形で，高さを考える。

(2)　角錐では，<u>底面とそれに対する頂点との距離が高さになる</u>から，辺 [②　　　] である。

AD⊥面 BCD

> **たいせつ**
>
> **点Aと平面Pとの距離**
> …線分 AH の長さ
> AH⊥平面P
>
>
>
> **立体の高さ**
> 角柱，円柱…一方の底面ともう一方の底面との距離
> 角錐，円錐…頂点と底面との距離
>
>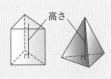

例**2** 面の動き

教 p.200〜202 → 基本問題**234**

右の図の長方形について，次の問に答えなさい。

(1)　長方形 ABCD をその面と垂直な方向に 3 cm 動かすと，どんな立体ができますか。

(2)　(1)でできた立体で，面 ABCD を底面とするとき，それに対する高さは何 cm ですか。

(3)　長方形 ABCD を，辺 DC を軸として回転させると，どんな立体ができますか。

(4)　辺 AB を，(3)でできた立体の何といいますか。

解き方 (1)　長方形を底面とする [③　　　] ができる。

(2)　底面の動いた距離が高さになるから，[④　　　] cm である。

(3)　底面が円の [⑤　　　] ができる。

(4)　側面をえがく線分で，[⑥　　　] という。

> **覚えておこう**
>
> 底面がそれと垂直な方向に動いてできた立体とも考えられる。
>
> 角柱　円柱
>
>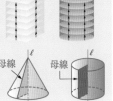
>
> **回転体**…1 つの直線を軸として平面図形を回転させてできる立体
> **母線**…円柱や円錐の側面をえがく線分

基本問題 ・・ 解答 ▶ p.55

1 立体の高さ 右の図のように，直方体の一部を切り取って
三角錐をつくりました。この三角錐について，次の問に答え
なさい。 教 p.199

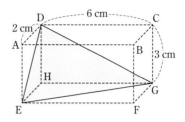

(1) 面 DHG を底面とするとき，それに対する高さは何 cm
ですか。

(2) 三角錐の高さが 6 cm になるのは，どの面を底面とするときですか。

2 面が垂直な方向に動いてできる立体 次の平面図形をその面と垂直な方向に動かすと，どんな
立体ができますか。 教 p.200

(1) 五角形 　　 (2) 正三角形

(3) 正方形 　　 (4) 円

> **知ってると得**
> 「点」が動くと「線」ができる。
> 「線」が動くと「面」ができる。
> 「面」が動くと「立体」ができる。

3 面を回転させてできる立体 次の平面図形を，直線 ℓ を軸として回転させてできる立体の見
取図をかきなさい。 教 p.202問4

(1) 長方形

(2) 直角三角形

4 回転体 下の回転体㋐，㋑について，次の問に答えなさい。 教 p.201, 202

㋐ 　　㋑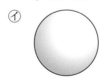

> **ここがポイント**
> 回転体を，回転の軸をふくむ
> 平面で切ると，その切り口は
> 回転の軸を対称の軸とする線
> 対称な図形になる。
>

(1) 回転の軸をふくむ平面で切ると，その切り口はそれぞ
れどのような図形になりますか。また，回転の軸に垂直
な平面で切るときはどうなりますか。

(2) 回転体㋑を平面で切るとき，どのような平面で切ると
その切り口がもっとも大きくなりますか。

6 章

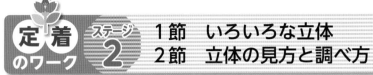

解答 ▶ p.56

定着のワーク ステージ2

1節　いろいろな立体
2節　立体の見方と調べ方

1 正多面体について，次の問に答えなさい。

(1)　正二十面体の面の形を答えなさい。

(2)　正四面体の各面の真ん中の点を結ぶと，どんな立体ができますか。

(3)　面の形が正五角形である正多面体を答えなさい。

2 同じ大きさの2つの正四角錐の底面どうしをぴったり合わせて，1つの立体をつくります。この立体は正多面体といえますか。また，その理由を答えなさい。

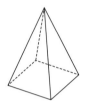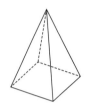

3 次の㋐～㋑のうち，平面が1つに決まるものをすべて選び，記号で答えなさい。

㋐　2点をふくむ平面　　　　　　　　㋑　1つの直線上にある3点をふくむ平面

㋒　1つの直線上にない3点をふくむ平面　　㋓　平行な2つの直線をふくむ平面

㋔　交わる2つの直線をふくむ平面

㋕　ねじれの位置にある2つの直線をふくむ平面

4 右の図は，底面が直角三角形の三角柱を平面P上に置いたものです。次の㋐～㋗のうち，正しいものをすべて選び，記号で答えなさい。

㋐　辺CF⊥平面P　　　　㋑　辺BE⊥平面P

㋒　辺DF⊥平面P　　　　㋓　辺DE⊥平面P

㋔　辺AC⊥面ADFC　　　㋕　辺AB⊥面CFEB

㋖　辺DF⊥面CFEB　　　㋗　辺EF⊥面ADEB

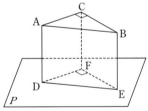

5 右の図は，直方体から三角柱を切り取った立体です。

(1)　直線BFと平行な面を答えなさい。

(2)　直線BFと垂直な面を答えなさい。

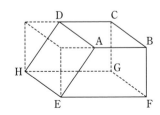

4 ㋐～㋓　平面Pと交わる直線は，その交点を通るP上の2つの直線に垂直のとき，平面Pに垂直である。CF⊥FD，CF⊥FE だから，CF⊥平面Pになる。

5 (1)　直線と平面が出あわないとき，その直線と平面は平行になる。

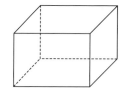

6 右の図の直方体を参考にして，空間にある直線や平面の位置関係を述べた次の⑦～⑰について，正しいものには○，正しくないものには×をつけなさい。

⑦　交わらない2つの直線は平行である。

⑦　1つの平面に垂直な2つの平面は平行である。

⑦　平行な2つの平面上の直線は平行である。

⑦　1つの直線に平行な2つの平面は平行である。

⑦　1つの平面に平行な2つの直線は平行である。

⑰　1つの平面に垂直な2つの直線は平行である。

7 下の⑦～⑦の立体について，次の問に答えなさい。

⑦　円柱　　⑦　直方体　　⑦　円錐　　⑦　正三角柱　　⑦　球

(1)　多角形や円がそれと垂直な方向に動いてできた立体はどれですか。

(2)　回転体はどれですか。

8 右の円錐を回転体と考えます。底面の円の半径は **5 cm**，母線の長さは **10 cm** です。この円錐について，次の問に答えなさい。

(1)　回転の軸はどれですか。

(2)　回転の軸をふくむ平面で切ると，その切り口は，どのような図形になりますか。

(3)　回転の軸に垂直な平面で切ると，その切り口はどのような図形になりますか。

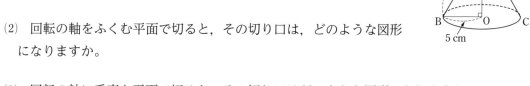

6
章

入試問題を　やってみよう！

1 右の図のように，底面が正方形の直方体 ABCD-EFGH があり，辺 BF，CG の中点をそれぞれ M，N とします。直線 AM とねじれの位置にある直線を，次の⑦～⑦の中からすべて選びなさい。　　〔佐賀〕

⑦　直線 DN　　⑦　直線 GH　　⑦　直線 EF　　⑦　直線 FG

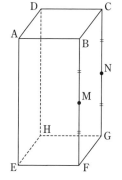

6 直線を直方体の辺，平面を直方体の面として考えればよい。

8 (2)　回転の軸をふくむ平面で切ると，切り口は回転の軸を対称の軸とする線対称な図形になる。
　　　この問題では，AB と BO の長さに注意する。AB＝2BO＝10 cm

確認のワーク **ステージ 1**

2節　立体の見方と調べ方

❸ 立体の展開図

例1 展開図　教 p.203 → 基本問題 ❷ ❸

右の図の三角柱とその展開図について，次の問に答えなさい。

(1) 展開図で，線分 AG の長さを求めなさい。

(2) 右の図のように，三角柱の側面に，ひもの長さがもっとも短くなるようにして，AからBまでひもをかけました。このときのひものようすを，右の展開図にかき入れなさい。

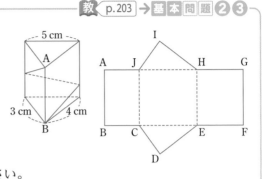

考え方 (1) 三角柱の展開図で，側面になる長方形の横の長さは，底面の三角形の周の長さに等しい。

(2) AからBまでひもをかけたとき，もっとも短くなるひもの長さは，展開図において点Aと F を結んだ線分の長さに等しい。

解き方 (1) 展開図での線分 AG の長さは，

三角柱の底面の周の長さに等しいから，

$3+5+4=$ ① ☐ (cm)

(2) ひもの長さをもっとも短くなるようにするので，

展開図で，点AとFを結ぶ線分 ② ☐ をひけばよい。

答

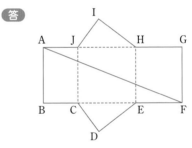

例2 円錐の展開図　教 p.204, 205 → 基本問題 ❹

右の図の円錐の展開図について，次の問に答えなさい。

(1) 側面になるおうぎ形の弧の長さを求めなさい。

(2) 側面になるおうぎ形の中心角を求めなさい。

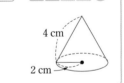

考え方 円錐の展開図は，側面になる「おうぎ形」と底面になる「円」からできている。

解き方 (1) 側面になるおうぎ形の $\overset{\frown}{AB}$ は，底面の円 O′ の

底面の円の半径は 2 cm

円周に等しいから，$2\pi\times$ ③ ☐ $=$ ④ ☐ (cm)

(2) 円Oの円周は $2\pi\times4=8\pi$ (cm) だから，

半径は，円錐の母線の長さに等しいから 4 cm

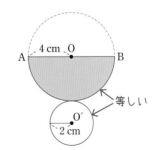

→ 等しい

$\overset{\frown}{AB}$ は円Oの円周の $\dfrac{④\,☐}{8\pi}$ すなわち $\dfrac{1}{2}$ になる。

求める中心角は，$360°\times$ ⑤ ☐ $=$ ⑥ ☐

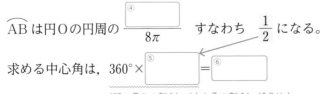

(弧の長さの割合)＝(中心角の割合) が成り立つ。

思い出そう

半径 r の円では，(円周)＝$2\pi r$

基本問題 解答 p.58

1 三角柱の展開図　右の図の三角柱について，次の問に答えなさい。 教 p.203

(1)　頂点Eを展開図にかき入れなさい。

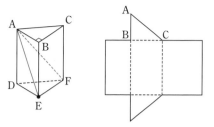

(2)　対角線 AE，AF を展開図にかき入れなさい。

2 円柱の展開図　底面の半径が 4 cm の円柱があります。この円柱の展開図をかくとき，側面になる長方形の横は何 cm にすればよいですか。 教 p.203

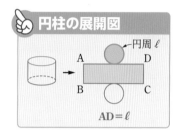

円柱の展開図

AD＝ℓ

3 四角柱の展開図　右の図のように，四角柱の底面と側面に，ひもの長さがもっとも短くなるようにして，DからFまでひもをかけました。このときのひものようすを，右の展開図にかき入れなさい。 教 p.203

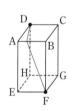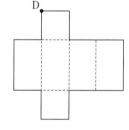

4 円錐の展開図　右の図の円錐の展開図について，次の問に答えなさい。

(1)　側面になるおうぎ形の半径を求めなさい。 教 p.204, 205

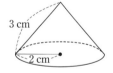

3 cm

2 cm

(2)　側面になるおうぎ形の弧の長さを求めなさい。

(3)　側面になるおうぎ形の中心角を求めなさい。

(4)　この円錐の展開図をかきなさい。

ここが ポイント

側面になるおうぎ形の中心角の求め方
　1つの円では，おうぎ形の弧の長さは中心角に比例するから，

$$360° \times \frac{(\text{底面の円の円周})}{\binom{\text{母線の長さを半径}}{\text{とする円の円周}}}$$

で求めることができる。

6章

確認のワーク　ステージ 1　2 節　立体の見方と調べ方　❹ 立体の投影図

例 1 立体の投影図　教 p.206, 207 → 基本 問題 ❶ ❷

右の投影図は，四角柱，三角錐，四角錐，円柱，円錐，球のうち，どの立体を表したものですか。

(1)

(2)

考え方 平面図で，立体の底面の形を判断し，
立体を真上から見た図

立面図で，角柱・円柱であるか，角錐・円錐
立体を正面から見た図

であるかを区別する。

解き方 (1)　平面図が ① ［　　　］，

立面図が三角形。← 角錐か円錐

よって， ② ［　　　］である。

(2)　平面図が ③ ［　　　］，

立面図が長方形。← 角柱か円柱　　よって， ④ ［　　　］である。

> **投影図**
> 立体を平面に表す方法の 1 つで，平面図と立面図を使って表すことが多い。
>
> 例　四角錐の投影図
> （立面図）
> （平面図）
>
> かき方　平面図と立面図の対応する頂点を上下でそろえてかき，破線で結ぶ。
> 見える辺は実線 ——，
> 見えない辺は破線 ⋯⋯ で示す。

例 2 立体の投影図　教 p.207 → 基本 問題 ❸

次の問に答えなさい。

(1)　右の図のように，円柱を横に置いたときの投影図を，横から見た図をつけ加えてかきなさい。

(2)　右の図のように，正四角柱を横に置いたとき，横から見た図はどのような図形になりますか。

考え方 平面図と立面図だけでは，その立体の形がよくわからないときには，横から見た図をつけ加えて表すこともある。

解き方 (1)　平面図は長方形，立面図も平面図と合同な

⑤ ［　　　］，横から見た図は， ⑥ ［　　　］になる。

(2)　正四角柱の底面は正方形だから，

横に置いたとき，横から見た図は ⑦ ［　　　］になる。

注 このように，横から見た図をつけ加えると，横に置いたときの円柱と正四角柱を区別することができる。

答

（横から見た図）

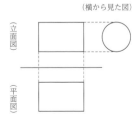

（立面図）

（平面図）

基 本 問 題 ･･････････････････････････････････････ 解答 p.58

1 立体の投影図 下の投影図は，三角錐，四角錐，円柱，円錐，球，三角柱，四角柱，五角柱
のうち，どの立体を表したものですか。　　　　　　　　　　　　教 p.206問1

(1)　　　　　　　　　　　　(2)　　　　　　　　　　　(3)

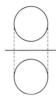

(4)　　　　　　　　　　　　(5)　　　　　　　　　　　(6)

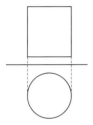 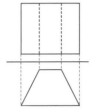 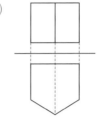

2 立体の投影図 下の立体の投影図について，かきたりないところをかき加えて，投影図を完
成させなさい。　　　　　　　　　　　　　　　　　　　　教 p.206問1

(1)　三角柱　　　　　　　　(2)　円錐　　　　　　　(3)　正八面体

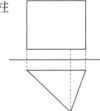 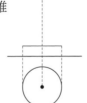 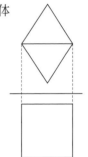

3 投影図と見取図 下の投影図は，立方体をある1つの平面で切ってできた立体の投影図で，
右の図は，その立体の見取図の一部を示したものです。見取図のかきたりないところをかき
加えて，見取図を完成させなさい。　　　　　　　　　　　　教 p.207問4

投影図　　　　　　　　　　　　　　　　　見取図

（横から見た図）

（立面図）（平面図）

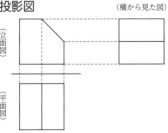

見取図をかくときは，
まず，立面図と同じ形
を完成させることを考
えればいいね。

左ページの 例 の答え　①円　②円錐　③四角形　④四角柱　⑤長方形　⑥円　⑦正方形

解答 ▶ p.59

2節　立体の見方と調べ方

1 右の図は，直方体の展開図で，2つの面にそれぞれの対角線 AB と CD がひいてあります。この展開図を組み立てて直方体 をつくるとき，2つの直線 AB と CD の位置の関係を答えなさ い。

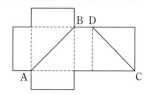

2 右の図は，正四角錐の展開図です。次の辺の長さを求めなさい。

(1) 辺 GH

(2) 辺 FG

(3) 辺 BE

(4) 辺 FB

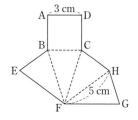

3 右の図は，底面の円の半径が 3 cm の円錐の展開図です。

(1) 側面になるおうぎ形の弧の長さを求めなさい。

(2) 側面になるおうぎ形の中心角が 120° のとき，おうぎ形の半径を 求めなさい。

4 右の図は，底面の半径が 5 cm，母線の長さが 30 cm の円錐です。図の ように，円錐の側面に，ひもの長さがもっとも短くなるようにして，A か らAまで 1 周させてひもをかけました。

(1) このときのひものようすを，展開図をかいてそこにかき入れなさい。

(2) ひもの長さと底面の円の周の長さでは，どちらが長いですか。

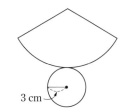

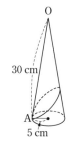

5 右の図は，ある立体の投影図であり，平面図は長方形で立面図 は直角三角形です。この投影図が表す立体は何面体ですか。

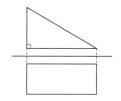

3 (1) 側面になるおうぎ形の弧の長さは，底面の円の円周に等しい。

4 展開図にAと重なる点 A′ をかき入れる（AとA′ は展開図を組み立てたときに重なる）。 ひもがもっとも短いときの長さを表すのは，線分 AA′ である。

6 次の(1)〜(5)の立体の投影図を，下の⑦〜⑦から選び，記号で答えなさい。

(1)   (2)   (3)   (4)   (5)

⑦   ⑦   ⑦ 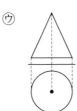 ⑦   ⑦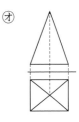

7 右の図は，正四角錐と正四角柱を合わせた立体の投影図です。

(1) この立体の見取図をかきなさい。

(2) この立体の面の数を答えなさい。

(3) 平面図の線分 OQ は立面図ではどの線分になりますか。

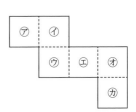

8 右の図は，立方体の展開図です。この展開図を組み立てて立方体をつくるとき，面⑦と垂直になる面をすべて選び，記号で答えなさい。

 入試問題を **やってみよう！** ⋯⋯⋯⋯⋯⋯⋯⋯⋯⋯⋯⋯⋯⋯⋯⋯

1 直方体 ABCD-EFGH があります。右の図1は，この直方体に3つの線分 AC，AF，CF を示したものです。

右の図2は，直方体 ABCD-EFGH の展開図の1つに，3つの頂点 D，G，H を示したものです。図1中に示した，3つの線分 AC，AF，CF を図2にかき入れなさい。　〔京都〕

図1

図2

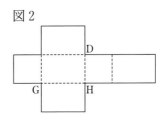

7 (3) 平面図と立面図の対応する点は，破線で結んである。
8 立方体では，向かい合う面は平行で，となり合う面は垂直になる。
1 線分をかき入れるには，展開図に頂点をかき入れるとわかりやすい。

3節　立体の体積と表面積
1 体積

例 1 **角柱や円柱の体積**　教 p.210 → 基本問題 1

右の立体の体積を求めなさい。　(1) 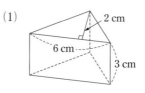　(2)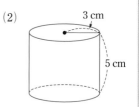

考え方　まず，底面積を求める。

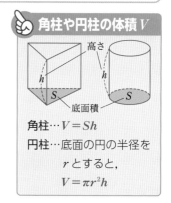

角柱や円柱の体積 V

角柱… $V = Sh$

円柱…底面の円の半径を
　　　r とすると，
　　　$V = \pi r^2 h$

解き方　(1)　底面積　$6 \times 2 \div 2 = $ ①□ (cm²) ← 三角形の面積

　　　　底面は，底辺が6cm，高さが2cmの三角形

　　　体積　①□ $\times 3 = $ ②□ (cm³)

　　　　(体積)＝(底面積)×(高さ)

(2)　底面積　$\pi \times 3^2 = $ ③□ (cm²) ← 円の面積

　　　底面は，半径が3cmの円

　　　体積　③□ $\times 5 = $ ④□ (cm³)

例 2 **角錐や円錐の体積**　教 p.211, 212 → 基本問題 2

次の立体の体積を求めなさい。

(1)　底面積が 9 cm² で，高さが 7 cm の三角錐

(2)　底面が 1 辺 6 cm の正方形で，高さが 6 cm の正四角錐

(3)　底面の半径が 5 cm，高さが 6 cm の円錐

考え方　角錐，円錐の体積は，底面積が等しく高さも等しい角柱，円柱の体積の $\dfrac{1}{3}$ である。

解き方　(1)　体積　⑤□ $\times 9 \times 7 = $ ⑥□ (cm³)

　　　　(体積)＝$\dfrac{1}{3}$×(底面積)×(高さ)

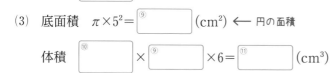

角錐，円錐の体積 V

角錐… $V = \dfrac{1}{3} Sh$

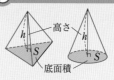

円錐…底面の円の半径を
　　　r とすると，
　　　$V = \dfrac{1}{3} \pi r^2 h$

(2)　底面積　$6 \times 6 = $ ⑦□ (cm²) ← 正方形の面積

　　　体積　⑤□ $\times$ ⑦□ $\times 6 = $ ⑧□ (cm³)

(3)　底面積　$\pi \times 5^2 = $ ⑨□ (cm²) ← 円の面積

　　　体積　⑩□ $\times$ ⑨□ $\times 6 = $ ⑪□ (cm³)

基 本 問 題 ·········· 解答 p.61

1 角柱や円柱の体積　次の立体の体積を求めなさい。　教 p.210問1

(1)
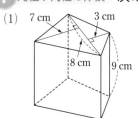
7 cm　3 cm
8 cm　9 cm

(2)
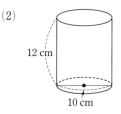
12 cm
10 cm

(3)　底面が 1 辺 3 cm の正方形で，高さが 5 cm の正四角柱

(4)　底辺が 5 cm，高さが 4 cm の平行四辺形を底面とし，高さが 3 cm の四角柱

(5)　底面の半径が 6 cm，高さが 8 cm の円柱

(6)　右の図の長方形を，直線 ℓ を軸として回転させてできる立体

3 cm　ℓ
10 cm
2 cm

2 角錐や円錐の体積　次の立体の体積を求めなさい。　教 p.212問2

(1)
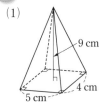
9 cm
4 cm
5 cm

(2)
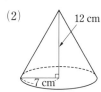
12 cm
7 cm

四角柱，円柱の体積に $\frac{1}{3}$ をかければいいんだね。

(3)　底面積が 12 cm² で，高さが 14 cm の三角錐

(4)　底面が 1 辺 8 cm の正方形で，高さが 6 cm の正四角錐

(5)　底面の半径が 15 cm，高さが 11 cm の円錐

(6)　右の図の直角三角形 ABC を，辺 AC を軸として回転させてできる立体

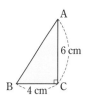
A
6 cm
B　4 cm　C

6 章

左ページの
例 の答え　①6　②18　③9π　④45π　⑤$\frac{1}{3}$　⑥21　⑦36　⑧72　⑨25π　⑩$\frac{1}{3}$　⑪50π

確認のワーク　ステージ1　3節　立体の体積と表面積
❷ 表面積

例1 **円柱の表面積**　教 p.213 →基本問題❶

底面の半径が 4 cm，高さが 6 cm の円柱の表面積（ひょうめんせき）を求めなさい。

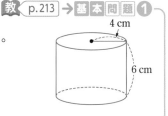

考え方 側面の長方形の縦の長さは円柱の高さに等しく，横の長さは底面の円周に等しい。

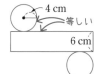

解き方 **側面積（そくめんせき）** $6 \times (2\pi \times \boxed{①}) = \boxed{②}$ (cm²)
└ 側面は長方形

底面積（ていめんせき） $\pi \times 4^2 = \boxed{③}$ (cm²)
└ 底面は円

表面積 $\boxed{②} + \boxed{③} \times 2 = \boxed{④}$ (cm²)
↑
円柱には底面が2つある。

▶ **たいせつ**

表面積…立体のすべての面の面積の和
側面積…側面全体の面積
底面積…1つの底面の面積
角柱や円柱の表面積
（表面積）
＝（側面積）＋（底面積）×2
例 角柱　円柱

例2 **円錐の表面積**　教 p.214 →基本問題❷❸❹

右の図の底面の半径が 2 cm，母線が 6 cm の円錐について，次の問に答えなさい。

(1) この円錐の側面積を求めなさい。

(2) この円錐の表面積を求めなさい。

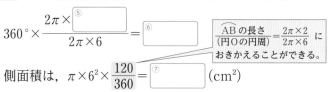

考え方 まず，展開図の側面になるおうぎ形の中心角を求める。

解き方 (1) 展開図の側面になるおうぎ形の中心角は，

$360° \times \dfrac{2\pi \times \boxed{⑤}}{2\pi \times 6} = \boxed{⑥}$

ABの長さ（円Oの円周）$= \dfrac{2\pi \times 2}{2\pi \times 6}$ におきかえることができる。

側面積は，$\pi \times 6^2 \times \dfrac{120}{360} = \boxed{⑦}$ (cm²)

(2) 底面積は，$\pi \times 2^2 = \boxed{⑧}$ (cm²)

よって，表面積は，

$\boxed{⑦} + \boxed{⑧} = \boxed{⑨}$ (cm²)
↑
円錐の底面は1つだけである。

👆 **角錐や円錐の表面積**

（表面積）
＝（側面積）＋（底面積）
例 角錐　円錐

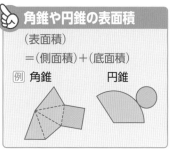

円Oの円周
(2π×6) cm
O　360°
6 cm
A　120°　B
(2π×2) cm
2 cm

基本問題

解答 p.61

1 円柱の表面積　右の長方形 ABCD を，辺 DC を軸として回転させて
できる立体の表面積を求めなさい。　教 p.213問2

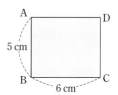

角柱や円柱には底面が2つあ
るから，底面積を2倍するこ
とを忘れないようにしよう。

2 角錐や円錐の表面積　次の立体の表面積を求めなさい。　教 p.214問3

(1)　正四角錐

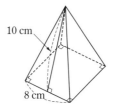

(2)　円錐

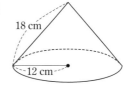

3 円錐の表面積　右の展開図を組み立ててできる円錐の表面積
を求めなさい。　教 p.214問3

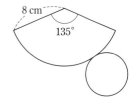

4 円錐の表面積　右の図のように，底面の半径が **6 cm** の円錐を，
頂点Oを中心として平面上で転がしたところ，図の点線で示した
円Oの上を1周してもとの場所にもどるまでに，1回半だけ回転
しました。　教 p.214問3

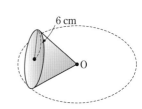

(1)　この円錐の母線の長さを求めなさい。

(2)　この円錐の表面積を求めなさい。

知ってると得

おうぎ形の面積の求め方

半径 r，弧の長さ ℓ のおうぎ形の
面積 S は $S=\dfrac{1}{2}\ell r$ とも表せる。

3節　立体の体積と表面積
❸ 球の体積と表面積

例1 球の体積と表面積 ─────── 教 p.215〜217 → 基本問題 ❶ ❷

半径 **7 cm** の球について，次の問に答えなさい。

(1) 球の体積を求めなさい。

(2) 球の表面積を求めなさい。

考え方 半径 r の球の体積 V，表面積 S を求める式

$V=\dfrac{4}{3}\pi r^3$，$S=4\pi r^2$ の r に 7 を代入する。

球の体積 V と表面積 S

半径 r の球において，

$V=\dfrac{4}{3}\pi r^3$

$S=4\pi r^2$

解き方 (1) $\boxed{①}\pi\times7^3=\boxed{②}$ (cm³)

(2) $\boxed{③}\pi\times7^2=\boxed{④}$ (cm²)

例2 球の体積と表面積 ─────── 教 p.216 → 基本問題 ❸

半径 **6 cm** の球と，その球がちょうど入る円柱があります。

(1) 球の体積は円柱の体積の何倍ですか。

(2) 球の表面積と円柱の側面積との関係を答えなさい。

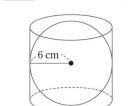

考え方 まず，それぞれの体積や表面積・側面積を求める。

解き方 (1) 球の体積は，$\dfrac{4}{3}\pi\times6^3=\boxed{⑤}$ (cm³)

円柱の体積は，$\pi\times6^2\times(2\times6)=\boxed{⑥}$ (cm³)

<small>円柱の高さは，球の直径に等しい。</small>

球の体積が円柱の体積の何倍かを求めるので，

$\dfrac{\boxed{⑤}}{\boxed{⑥}}=\boxed{⑦}$ (倍)

(2) 球の表面積は，$4\pi\times6^2=\boxed{⑧}$ (cm²)

円柱の側面積は，$(2\times6)\times(2\pi\times6)=\boxed{⑨}$ (cm²)

<small>側面になる長方形の横の長さは，
半径 6 cm の円周に等しい。</small>

よって，球の表面積と円柱の側面積は $\boxed{⑩}$ 。

たいせつ

球の体積は，その球がちょうど入る円柱の体積の $\dfrac{2}{3}$ である。

半径 r の球がちょうど入る円柱は，底面の半径が r で，高さが $2r$ だから，体積は，$\pi r^2\times2r=2\pi r^3$

$2\pi r^3\times\dfrac{2}{3}=\dfrac{4}{3}\pi r^3$ …球の体積

球の表面積は，その球がちょうど入る円柱の側面積に等しい。

円柱の展開図で，側面になる長方形は，縦が $2r$，横が $2\pi r$ だから，側面積は，

$2r\times2\pi r=4\pi r^2$ …球の表面積

解答 p.62

基本問題

1 球の体積と表面積　右の図は，直径が **10 cm** の球です。

(1) 球の体積を求めなさい。

(2) 球の表面積を求めなさい。

2 球の体積と表面積　次の立体の体積と表面積を求めなさい。 教 p.217問 2

(1) 右のおうぎ形を，OA を軸として回転
させてできる立体

> 表面積を求めるとき，
> OB が回転してできる円
> の面積を加えることを忘
> れないようにしよう。

(2) 右の図のような直角三角形とおうぎ形を合わせた図形を，直線 ℓ
を軸として回転させてできる立体

3 円錐と球と円柱の体積　右の図のように，半径 **12 cm** の球がちょうど
入る円柱と，その円柱にちょうど入る円錐があります。 教 p.216

(1) 球の体積を求めなさい。

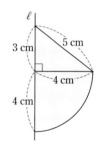

(2) 円柱の体積を求めなさい。

(3) 円錐の体積を求めなさい。

(4) 円錐の体積を 1 として，球，円柱の体積の割合を求めなさい。

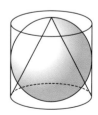

左ページの 例 の答え　① $\frac{4}{3}$　② $\frac{1372}{3}\pi$　③ 4　④ 196π　⑤ 288π　⑥ 432π　⑦ $\frac{2}{3}$　⑧ 144π　⑨ 144π　⑩ 等しい

解答 ▶ p.63

定着のワーク ステージ2　　3節　立体の体積と表面積

1 右の図の二等辺三角形をその面と垂直な方向に **6 cm** 動かしてできる立体について，次の問に答えなさい。

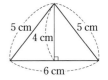

(1) どんな立体ができますか。

(2) 立体の体積を求めなさい。

(3) 立体の表面積を求めなさい。

2 (1)の立体の表面積，(2)の立体の体積と表面積を求めなさい。

(1)　正四角錐

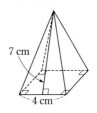

(2)　円錐

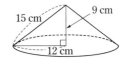

3 右の図の △ABC は，AB＝AC の二等辺三角形です。この二等辺三角形 ABC を，辺 BC を軸として回転させてできる立体の体積を求めなさい。

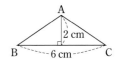

4 右の図の A，B はそれぞれ円錐，円柱の形をした容器です。A の容器いっぱいに水を入れ，その水を B の容器に入れかえたとき，水の深さは何 cm になりますか。

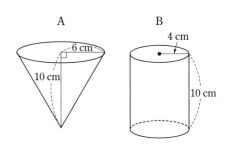

1 角柱や円柱は，底面がそれと垂直な方向に動いてできた立体と考えることができる。底面が動いた距離がその立体の高さになる。

4 まず，容器 A の体積を求める。

UP 5 右の図のような円柱から円錐を切り取ってできる立体の体積を求めなさい。

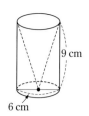

9 cm

6 cm

6 右の図は，1辺が 6 cm の立方体です。

(1) 三角錐 AEFH の体積を求めなさい。

(2) 三角錐 AFGH で，△FGH を底面としたときの高さを求めなさい。

(3) 三角錐 AFGH の体積を求めなさい。

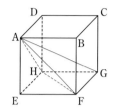

7 半径 8 cm の球の表面積と底面の円の半径が 8 cm の円柱の表面積が等しいとき，この円柱の高さを求めなさい。

入試問題を やってみよう！

1 右の図のように，縦 3 cm，横 9 cm の長方形から，底辺 3 cm，高さ 3 cm の直角三角形を取り除いてできる台形と，半径 3 cm，中心角 90° のおうぎ形が，直線 ℓ 上にあります。この台形とおうぎ形を，直線 ℓ を軸として 1 回転させます。 〔愛媛〕

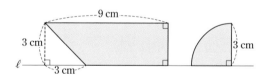

9 cm

3 cm

3 cm

ℓ

3 cm

(1) 台形を 1 回転させてできる立体の体積を求めなさい。

(2) 台形を 1 回転させてできる立体の体積は，おうぎ形を 1 回転させてできる立体の体積の何倍ですか。

2 右の図は，三角錐，円柱，円錐のうち，いずれかの立体の投影図です。この立体の表面積を求めなさい。 〔佐賀改〕

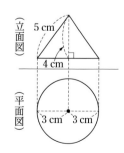

（立面図）

5 cm

4 cm

（平面図）

3 cm 3 cm

6 (2) △FGH と点Aとの距離が求める高さで，立方体の 1 辺の長さに等しい。

7 （円柱の表面積）＝（側面積）＋（底面積）×2
（円柱の側面積）＝（円柱の高さ）×（底面の円の円周）

実力判定テスト ステージ **3** ［空間図形］
立体の見方をひろげよう

40分 　/100

1 次の⑦〜⑦の立体のうち，(1)〜(4)にあてはまるものをすべて選び，記号で答えなさい。

4点×4（16点）

(1) 底面がそれと垂直な方向に動いてできた立体 　　（　　　　　）

(2) 回転体 　　（　　　　　）

(3) 多面体 　　（　　　　　）

(4) 円の面をもつ立体 　　（　　　　　）

2 右の直方体について，次の位置関係にある面や辺を答えなさい。

3点×5（15点）

(1) 面 ABCD と平行な面 　　（　　　　　）

(2) 辺 AD と平行な面 　　（　　　　　）

(3) 辺 AB とねじれの位置にある辺 （　　　　　）

(4) 辺 BC と垂直に交わる辺 　　（　　　　　）

(5) 辺 AE と垂直な面 　　（　　　　　）

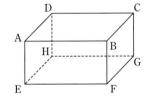

3 次の立体の体積と表面積を求めなさい。

4点×4（16点）

(1) 四角柱

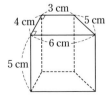

(2) 円柱

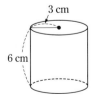

体積 （　　　　　）　　　　　　　　　　体積 （　　　　　）

表面積 （　　　　　）　　　　　　　　　表面積 （　　　　　）

④ 次の立体の体積と表面積を求めなさい。　　4点×4(16点)

(1) 正四角錐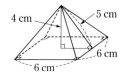

(2) 円錐

体積 (　　　　　)
表面積 (　　　　　)

体積 (　　　　　)
表面積 (　　　　　)

⑤ 右の図の △ABC は，辺 AB の長さが 10 cm で，∠C＝90° の直角三角形です。この三角形を，辺 AC を軸として回転させてできる立体の展開図をかくと，側面は中心角 216° のおうぎ形になりました。この立体の表面積を求めなさい。　(8点)

(　　　　　)

⑥ 右の図は，すべての辺の長さが 6 cm の正三角柱 ABCDEF です。この正三角柱を 3 点 A，E，F を通る平面で切って 2 つの立体に分けるとき，2 つの立体の表面積の差は何 cm² ですか。　(8点)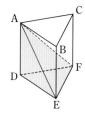

(　　　　　)

⑦ 右の図の半径 2 cm の半円を，直線 ℓ を軸として回転させてできる立体について，次の問に答えなさい。　7点×3(21点)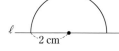

(1) 体積と表面積を求めなさい。

体積 (　　　　　)　　表面積 (　　　　　)

(2) 回転させる半円を，半径 4 cm のものに変えてできる立体の体積は，(1)で求めた体積の何倍ですか。

(　　　　　)

 アプリ【どこでもワーク計算編・図形編】をやって，さらに力をつけよう!

例❶ 度数分布表とヒストグラム ── 数 p.224〜226 → 基本問題❶❷

右の表は，左にある **30** 個のみかんの重さを調べた記録を，度数分布表に整理したものです。

95.4	102.5	98.6	106.5	109.5
110	104.5	114.6	115.4	108.4
106.5	96.4	104	114.6	113.2
103.6	103.7	112.6	109.8	109.5
107.2	118.8	105.8	112.4	108.5
111.9	97.1	94.8	116	120.7

みかんの重さ

重さ(g)	度数(個)
以上　　未満	
90〜 95	1
95〜100	4
100〜105	5
105〜110	9
110〜115	7
115〜120	3
120〜125	1
合計	30

(1) 階級の幅を答えなさい。

(2) 右の表をヒストグラムに表し，その図に度数折れ線をかき入れなさい。

(3) 右の表を，累積度数をふくめた表に整理しなさい。

(4) 重さが 110 g 未満のみかんは，何個ありますか。

考え方 度数分布表から，いろいろなことを読みとる。
　　　　データをいくつかの階級に分けて整理した表

解き方 (1) 90 g 以上 95 g 未満の階級で考えると，階級の幅は，95−90＝[①　　] (g)
　　　　　　データを整理するための区間　　　　　区間の幅

(2) 階級の幅の[①　　] g を横の長さ，度数を縦の長さ
　　　　　　　　　　　　　　　　柱状グラフともいう。

とする長方形をすき間なく並べて，**ヒストグラム**をかき，
　　　　　　　　　　　　　　　それぞれの長方形の面積は
　　　　　　　　　　　　　　　階級の度数に比例している。

そのおのおのの長方形の上の辺の[②　　]を線分で結

んで**度数折れ線**をかく。
　　　左端は1つ手前の階級の度数を0とし，
　　　右端は1つ先の階級の度数を0としてかく。

答

(3) 各階級について，最初の階級からその階級までの度数を合計したものを書いていく。

最後の階級の累積度数は，総度数に一致するか
　　　各階級について，最初の階級から
　　　その階級までの度数を合計したもの

ら，[③　　] (個) である。

(4) 重さが 110 g 未満のみかんの個数は，
105 g 以上 110 g 未満の階級の累積度数より，

[④　　] (個) である。

答 みかんの重さ

重さ(g)	度数(個)	累積度数(個)
以上　　未満		
90〜 95	1	1
95〜100	4	5
100〜105	5	10
105〜110	9	19
110〜115	7	26
115〜120	3	29
120〜125	1	[③　　]
合計	30	

基本問題 .... 解答 p.66

1 累積度数をふくめた度数分布表　右の表は，下にあるゲームの得点を，度数分布表に整理したものです。表の⑦〜⑦にあてはまる数を答えなさい。

教 p.224, 225

3	5	2	6	10	15	18
3	8	10	17	15	9	11
7	13	16	6	12	13	14

ゲームの得点

得点（点）	度数（人）	累積度数（人）
以上　　未満		
0〜 5	3	3
5〜10	⑦	⑦
10〜15	⑦	⑦
15〜20	⑦	⑦
合計	21	

2 度数分布表とヒストグラム　右の表は，40名の生徒の身長を調べた記録を，度数分布表に整理したものです。　教 p.225, 226

(1)　階級の幅を答えなさい。

(2)　身長が147.8 cm の人はどの階級に入りますか。

(3)　表の □ にあてはまる数を答えなさい。

(4)　身長が高いほうから数えて，10番目の人は，どの階級に入っていますか。

生徒の身長

身長（cm）	度数（人）
以上　　未満	
140〜145	6
145〜150	10
150〜155	□
155〜160	8
160〜165	4
合計	40

(5)　ヒストグラムと度数折れ線を下の図にかき入れなさい。

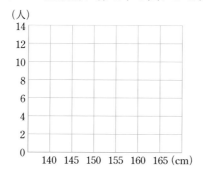

度数折れ線

ヒストグラムでおのおのの長方形の上の辺の中点を結んだグラフで，左端は1つ手前の階級の度数を0とし，右端は1つ先の階級の度数を0としてかく折れ線のこと。

(6)　身長が155 cm 未満の生徒は何人いますか。

(7)　身長が155 cm 以上の生徒は何人いますか。

(8)　(5)のヒストグラムについて，分布の特徴を説明しなさい。

思い出そう

●以上…●と等しいか，それより大きい数を表す。

●未満…●より小さい数（●は入らない）を表す。

7章

確認のワーク　ステージ **1**　**1節　データの整理と分析**　**❶ データの分布の見方(2)**
❷ データの分布の特徴の表し方　2節　データの活用

例 **1** 相対度数と累積相対度数　　　　　教 p.227〜229 → 基本問題 **1**

右の表は，40名の生徒の体重を調べた記録を，度数分布表に整理したものです。

(1) 右の表の⑦〜㋔にあてはまる数を答えなさい。

(2) 体重が 50 kg 以上の人は，全体の何 % ですか。

生徒の体重

体重（kg）	度数（人）	相対度数	累積相対度数
以上　未満			
35 〜 40	2	0.05	0.05
40 〜 45	12	⑦	㋛
45 〜 50	14	0.35	0.70
50 〜 55	㋐	㋒	㋔
55 〜 60	4	0.10	1.00
合計	40	1.00	

解き方 (1) ㋐　$40-(2+12+14+4)=$ ①□

㋑　$\dfrac{(40\,\text{kg 以上 }45\,\text{kg 未満の階級の度数})}{(度数の合計)}=\dfrac{12}{40}=$ ②□

　　　　　　　　　　　　　　　　　　相対度数は小数で表す。

㋒　$\dfrac{(50\,\text{kg 以上 }55\,\text{kg 未満の階級の度数})}{(度数の合計)}=\dfrac{㋐}{40}=$ ③□

㋓　$0.05+㋑=$ ④□　← 最初とその次の階級の相対度数をたす。

㋔　$0.05+㋑+0.35+㋒=$ ⑤□　← 0.70+㋒ としてもよい。

(2) 累積相対度数より，$1.00-0.70=$ ⑥□

答 ⑦□ %

相対度数，累積相対度数

相対度数…その階級の度数の，度数の合計に対する割合

$$（相対度数）=\dfrac{（その階級の度数）}{（度数の合計）}$$

累積相対度数…各階級について，最初の階級からその階級までの相対度数を合計したもの

例 **2** 代表値と範囲　　　　　教 p.230, 231 → 基本問題 **2❸**

右の得点の，分布の範囲と平均値，中央値を求めなさい。

58, 67, 81, 45, 73, 61, 90, 94

考え方 データの総数が 8 で偶数だから，中央値は 4 番目と 5 番目の値の平均値を求める。

解き方 データを小さい順に並べると，

45, 58, 61, 67, 73, 81, 90, 94 より，
最小値　　4番目 5番目　　　　最大値

分布の範囲は，⑧□$-45=$ ⑨□ (点)
最大値−最小値

平均値は，（得点の合計）÷（総人数）だから，

⑩□ $÷8≒$ ⑪□　← 「ほぼ等しい」ことを記号「≒」で表す。

中央値は，$(67+73)÷2=$ ⑫□ (点)

たいせつ

範囲（レンジ）…（最大値）−（最小値）

平均値…個々のデータの値の合計をデータの総数でわった値

中央値（メジアン）…調べようとするデータの値を大きさの順に並べたときの中央の値

注 データの総数が偶数の場合は，中央にある 2 つの値の平均値

最頻値（モード）…データの中で，もっとも多く出てくる値

基本問題

解答 ▶ p.67

① 相対度数と累積相対度数　右の表は，25人の数学と英語のテストの得点を度数分布表に表したものです。

数 p.227〜229

(1) 表の㋐〜㋕にあてはまる数を答えなさい。

(2) 数学と英語の，75点以上80点未満の階級の累積相対度数をそれぞれ求めなさい。

テストの得点

得点（点）	数学のテスト 度数（人）	数学のテスト 相対度数	英語のテスト 度数（人）	英語のテスト 相対度数
以上　　未満				
65 〜 70	1	0.04	0	0.00
70 〜 75	3	0.12	2	0.08
75 〜 80	9	㋑	4	0.16
80 〜 85	㋐	㋒	11	㋓
85 〜 90	4	0.16	㋔	㋕
90 〜 95	1	0.04	2	0.08
合計	25	1.00	25	1.00

(3) 数学と英語のテストについて，得点が80点以上の人は，それぞれ全体の何％ですか。

(4) 数学と英語のテストの得点を比較して，わかることを説明しなさい。

② 範囲と中央値　次のデータは，30名の生徒が1学期間に読んだ本の冊数を調べたものです。

数 p.230, 231

0,	8,	9,	5,	4,	6,	7,	2,	1,	0,	2,	2,	1,	4,	3,
2,	5,	1,	2,	7,	3,	3,	2,	3,	0,	1,	1,	2,	5,	4

(1) 冊数の分布の範囲を求めなさい。　　(2) 中央値を求めなさい。

③ 平均値，最頻値　右の図は，あるクラスの男子の握力を測定した記録を，ヒストグラムに表したものです。　数 p.230, 231

(1) 次の式は，「(階級値)×(度数)の総和」を求める式です。下の㋐〜㋓にあてはまる数を答えなさい。

$15 \times 2 + 25 \times \boxed{㋐} + 35 \times \boxed{㋑} + 45 \times \boxed{㋒} + 55 \times 1 = \boxed{㋓}$

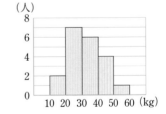
(人)

(2) このクラスの男子の握力の測定値の平均値を求めなさい。

(3) このクラスの男子の握力の測定値の最頻値を求めなさい。

ここが ポイント

ヒストグラムから平均値を求める手順
1 ヒストグラムから度数分布表をつくる。
2 階級値を求め，(階級値)×(度数) を計算する。
3 2で求めた値をすべて加える。
4 3で求めた結果を度数の合計でわる。

7章

確認のワーク　ステージ1

3節　ことがらの起こりやすさ
1 起こりやすさの表し方

例1 ことがらの起こりやすさ　教 p.236, 237 → 基本問題 1 2

下の表は，1つのびんのふたをくり返し1000回投げたときの結果を表したものです。

投げた回数	表向きになった回数	相対度数	それ以外になった回数	相対度数
200	55	0.275	145	0.725
400	166	0.415	234	0.585
600	239	⑦	361	0.602
800	313	0.391	487	④
1000	392	0.392	608	0.608

(1)　⑦，④にあてはまる数を，四捨五入して小数第3位まで求めなさい。

(2)　表向きになる確率は，どの程度であると考えられますか。

(3)　表向きになる場合と，それ以外になる場合では，どちらが起こりやすいといえますか。

考え方 (1)　「表向きになる相対度数」とは，「表向きになる割合」のことである。

$$（表向きになる相対度数）＝\frac{（表向きになった回数）}{（びんのふたを投げた回数）}$$

で求める。

(2)　投げる回数が多くなるにつれて，表向きになる相対度数がどんな値に近づいていくかに注目する。

解き方 (1)　⑦　600回投げたとき，表向きになる回数は

239回だから，$\frac{239}{600}=0.3983\cdots →$ ①▢

④　800回投げたとき，それ以外になる回数は ②▢

回だから，$\frac{②▢}{800}=0.6087\cdots →$ ③▢

(2)　投げた回数が少ないうちは，表向きになる相対度数のばらつきが大きいが，投げた回数が多くなるにつれて，表向きになる相対度数は，0.392に近づいていく。

このことから，表向きになる確率は ④▢ 程度であると考えることができる。

(3)　(2)と同じように考えると，それ以外になる確率は0.608 ←
程度であると考えられるから，⑤▢ になる場合
のほうが起こりやすいと考えることができる。

たいせつ

$$（相対度数）＝\frac{（その階級の度数）}{（度数の合計）}$$

確率

結果が偶然に左右される実験や観察を行うとき，あることがらが起こると期待される程度を数で表したものを，そのことがらの起こる確率という。

正確な確率の値を求めるには，回数を多くしないといけないんだね。

1000回投げたときの「それ以外になる相対度数」

基本問題 ‥‥‥‥‥‥‥‥‥‥‥‥‥‥‥‥‥‥‥‥‥‥‥‥‥ 解答 p.68

1 ことがらの起こりやすさ　右の表は，画びょうを
くり返し 1000 回投げたときの結果を表したもの
です。　　　　　　　　　　　　　　　教 p.236, 237

(1) ⑦〜⑨にあてはまる数を，四捨五入して小数
第 2 位まで求めなさい。

投げた回数	針が下を向いた回数	相対度数
200	80	0.40
400	187	0.47
600	266	⑦
800	357	⑦
1000	447	⑦

(2) (1)の結果を使って，右のグラフを完成させなさい。

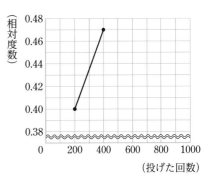

(3) 針が下を向く確率は，どの程度であると考えられ
ますか。

2 ことがらの起こりやすさ　あるびんのふたを 1500 回投げて表向きになった回数を調べると
900 回でした。このびんのふたを投げたとき，表向きになる確率はどの程度であると考えら
れますか。　　　　　　　　　　　　　　　　　　　　　　　　　　　　教 p.236, 237

3 起こりやすさの傾向　右の表は，ある市の過去 30
年間の 4 月 1 日〜10 日の天候をまとめたもので
す。　　　　　　　　　　　　　　　教 p.238, 239

(1) 4 月 1 日が雨である確率はどの程度であると
考えられますか。

(2) 4 月 1 日〜10 日の 10 日間で，いちばん晴れ
やすい日はいつですか。また，その日が晴れる
確率はどの程度であると考えられますか。

月日	晴れ	くもり	雨
4 月 1 日	6 日	3 日	21 日
4 月 2 日	9 日	6 日	15 日
4 月 3 日	21 日	0 日	9 日
4 月 4 日	24 日	0 日	6 日
4 月 5 日	18 日	0 日	12 日
4 月 6 日	21 日	3 日	6 日
4 月 7 日	6 日	6 日	18 日
4 月 8 日	12 日	6 日	12 日
4 月 9 日	15 日	6 日	9 日
4 月 10 日	6 日	12 日	12 日

7 章

左ページの 例 の答え　① 0.398　② 487　③ 0.609　④ 0.392　⑤ それ以外

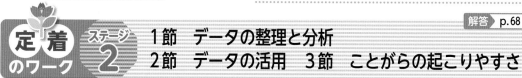

解答 p.68

定着のワーク ステージ2
1節　データの整理と分析
2節　データの活用　3節　ことがらの起こりやすさ

1 右の表は，50名の生徒の体重を調べた記録を，度数分布表に整理したものです。

(1) 40 kg 以上 45 kg 未満の階級の相対度数を求めなさい。

(2) 表の㋐～㋔にあてはまる数を答えなさい。

(3) 最頻値を求めなさい。

(4) 平均値を求めなさい。

生徒の体重

体重 (kg)	階級値 (kg)	度数 (人)	(階級値) ×(度数)
以上　未満			
35～40	㋐	4	㋒
40～45	42.5	15	637.5
45～50	47.5	16	760.0
50～55	52.5	㋑	㋓
55～60	57.5	5	287.5
合計		50	㋔

2 右の表は，1年生140名と，あるグループ20名の生徒の垂直跳びの記録を，相対度数の分布表に整理したものです。

(1) 1年生とグループのそれぞれについて，各階級の相対度数を折れ線グラフに表し，下の図にかき入れなさい。

相対度数
0.35
0.30
0.25
0.20
0.15
0.10
0.05
0
40　45　50　55　60　65　70 (cm)

(2) 記録が 55 cm 以上の生徒の割合を，1年生とグループで比べなさい。

垂直跳びの記録

記録 (cm)	相対度数	
	1年生	グループ
以上　未満		
40～45	0.05	0.15
45～50	0.15	0.20
50～55	0.20	0.05
55～60	0.30	0.10
60～65	0.20	0.35
65～70	0.10	0.15
合計	1.00	1.00

3 右の表は，数学の小テスト(10点満点)の結果を，相対度数の分布表にまとめたものです。表の中の度数 x の値を求めなさい。

数学の小テスト

得点 (点)	度数 (人)	相対度数
10	x	0.50
9	18	0.30
⋮	⋮	⋮

2 相対度数を折れ線に表すと，特徴がはっきりする。

3 度数の合計を a とすると，$18÷a=0.30$ より，$a=18÷0.30=60$
度数と相対度数が比例の関係にあることを利用してもよい。

4 右の表は，25名の生徒のハンドボール投げの記録を，度数分布表に整理したものです。

(1) 中央値はどの階級に入りますか。

(2) 最頻値を求めなさい。

(3) 平均値を求めなさい。

ハンドボール投げの記録

記録（m）	度数（人）
以上　　未満	
8～12	1
12～16	3
16～20	8
20～24	7
24～28	5
28～32	1
合計	25

5 下の表は，実際に画びょうを投げて針が下を向いた回数を調べたものです。

投げた回数	200	400	600	800	1000
針が下を向いた回数	81	183	265	345	431
相対度数	0.41	0.46	㋐	㋑	㋒

上向き　　下向き

(1) 表の㋐～㋒にあてはまる数を求めなさい。

(2) 画びょうを投げる実験を多数回くり返すとき，針が下を向く相対度数はどんな値に近づくと考えられますか。

入試問題を やってみよう！

1 ある中学校の体育の授業で，2kmの持久走を行いました。右の図は，1組の男子16人と2組の男子15人の記録を，それぞれヒストグラムに表したものです。〔和歌山〕

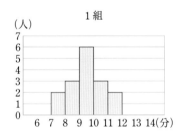

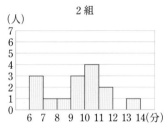

(1) 1組と2組のヒストグラムを比較した内容として適当なものを，次の㋐～㋔の中からすべて選びなさい。

㋐ 範囲が大きいのは2組である。　㋑ 11分以上12分未満の階級の相対度数は同じである。

㋒ 平均値，中央値，最頻値の3つの値が，ほぼ同じ値になるのは，2組である。

㋓ 中央値がふくまれる階級は，1組も2組も同じである。　㋔ 最頻値が大きいのは1組である。

(2) 市の駅伝大会に出場するために，1組と2組を合わせた31人の記録をよい順に並べ，上位6人を代表選手に選びました。この6人のうち，1組の選手の記録の平均値が7分10秒，2組の選手の記録の平均値が6分40秒のとき，代表選手6人の記録の平均値は何分何秒ですか。

① (1) 1組では，中央値がふくまれる階級は，8番目と9番目の人が入っている階級である。
最頻値は，ヒストグラムでは度数がもっとも多い階級の階級値である。

(2) まず，上位6人の代表選手は，1組と2組からそれぞれ何人選ばれたかを考える。

解答 p.69

実力判定テスト　ステージ 3　［データの分析と活用］データを活用して判断しよう

40分　　/100

1 右の表は，あるクラスの走り幅跳びの記録を，度数分布表に整理したものです。　5点×4（20点）

(1) 階級の幅を答えなさい。

(　　　　　)

(2) 度数がもっとも多いのは，どの階級ですか。

(　　　　　)

(3) 350 cm 以上 400 cm 未満の階級の累積度数を求めなさい。

(　　　　　)

(4) ヒストグラムを右の図にかき入れなさい。

走り幅跳びの記録

記録（cm）	度数（人）
以上　　未満	
250〜300	2
300〜350	4
350〜400	6
400〜450	10
450〜500	5
500〜550	3
合計	30

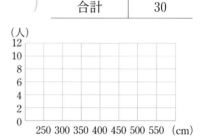

2 右の図は，あるクラスの生徒の身長を調べて，ヒストグラムに表したものです。　5点×4（20点）

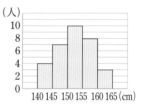

(1) このクラスの生徒の数を求めなさい。

(　　　　　)

(2) 低いほうから数えて，15番目の生徒は，どの階級に入りますか。

(　　　　　)

(3) 155 cm 以上 160 cm 未満の階級の相対度数を求めなさい。

(　　　　　)

(4) 最頻値を求めなさい。

(　　　　　)

3 下の表は，28人のゲームの得点の記録です。次の値を求めなさい。　5点×3（15点）

得点（点）	0	1	2	3	4	5	6	7	8	9	10
度数（人）	2	5	3	2	0	1	2	2	8	2	1

(1) 平均値　　　　(2) 中央値　　　　(3) 最頻値

(　　　)　　　(　　　)　　　(　　　)

目標　データを表やグラフに整理して考えよう。また，相対度数や平均値，中央値，最頻値などの数値を求められるようにしよう。

自分の得点まで色をぬろう!

😫 がんばろう!　😥 もう一歩　😊 合格!

0　　　　　　　　　　　60　　80　100点

4 右の表は，身長について，学年全体とあきなさんのクラスのそれぞれでまとめたものです。　　5点×4（20点）

(1) 学年で，身長が 150 cm 未満の人の割合を求めなさい。

（　　　　　　　　　）

(2) あきなさんのクラスは，身長が 150 cm 未満の人の割合が学年と比べて大きいといえますか。

（　　　　　　　　　）

(3) あきなさんのクラスで，150 cm 以上 160 cm 未満の階級の累積相対度数を求めなさい。

（　　　　　　　　　）

(4) あきなさんのクラスの平均値を求めなさい。

（　　　　　　　　　）

学年全体とクラスの身長

身長 (cm)	度数（人）	
	学年	クラス
以上　　未満 130～140	12	2
140～150	30	6
150～160	69	24
160～170	39	8
合計	150	40

5 100 円硬貨を投げたときの表，裏の出方について，Aさんは次のように予想しました。この予想は正しいといえますか。　　（5点）

> 表の出る確率は 0.5 と考えられるから，100 円硬貨を 2 回投げれば，そのうち 1 回はかならず表が出る。

（　　　　　　　　　）

6 つばささんが，ねんどでさいころをつくったところ，形が少しゆがんだものになりました。このさいころを 2000 回投げたところ，1 の目は 420 回出ました。このさいころの 1 の目が出る確率はどの程度であると考えられますか。　　（5点）

（　　　　　　　　　）

7 右の表は，1 つのさいころを投げて，5 の目が出た回数を調べたものです。　　5点×3（15点）

(1) ㋐，㋑にあてはまる数を答えなさい。

㋐（　　　　　　）　㋑（　　　　　　）

(2) 右の表から，さいころを投げたとき，5 の目が出る確率はどの程度であると考えられますか。

（　　　　　　　　　）

投げた 回数	5 の目が 出た回数	相対度数
200	31	0.155
400	55	0.138
600	103	0.172
800	128	㋐
1000	166	㋑

7章

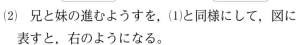

発展 **例1 グラフを使って考えよう** 教 p.257 → 基本 問題 ①

妹は家を出発して運動公園に向かいました。その6分後に，姉は家を出発して妹を追いかけました。妹は分速50 m，姉は分速80 mで歩くとします。

(1) 姉は家を出発してから何分後に妹に追いつきますか。姉と妹が歩いたようすを図に表して，その図を利用して求めなさい。

(2) 兄は，妹が家を出発してから12分後に家を出発し，自転車で妹を追いかけました。家から800 mはなれた地点で追いつくには，兄は分速何mで進めばよいですか。

考え方 (1) 姉と妹が歩いたようすを図に表して，姉のかかった時間を調べる。

(2) 兄と妹の進むようすを図に表して，兄の進む速さを調べる。

解き方 (1) 姉と妹が歩いたようすを，右のように，

横軸は，妹が出発してからの時間

縦軸は，歩いた道のり

として，図に表すことができる。

図より，姉が妹に追いつくまでにかかった時間は，

$16-6=$ ① ☐ （分）　答 ① ☐ 分後

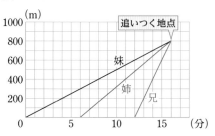

(2) 兄と妹の進むようすを，(1)と同様にして，図に表すと，右のようになる。

図より，兄が自転車で進む速さは，分速

$800÷(16-12)=$ ② ☐ （m）　答 分速 ② ☐ m

追いつく時間や地点は，グラフから読みとることができるね。

基本問題 .... 解答 p.71

発展 **①** グラフを使って考えよう 弟は家を出発して，家から5 kmはなれた体育館に向かいました。その20分後に，兄は家を出発して弟を追いかけました。弟は分速50 m，兄は分速75 mで歩くとします。 教 p.257

(1) 兄は家を出発してから何分後に弟に追いつきますか。兄と弟が歩いたようすを図に表して，その図を利用して求めなさい。

(2) 姉は，弟が家を出発してから55分後に家を出発し，自転車で弟を追いかけました。家から4 kmはなれた地点で追いつくには，姉は分速何mで進めばよいですか。

(3) 姉が，弟が家を出発してから80分後に家を出発し，自転車で分速200 mの速さで弟を追いかけたとすると，姉は途中で弟に追いつくことができますか。

このページの 例 の答え　① 10　② 200

正の数・負の数

正の数・負の数

・数の大小 ➡ (負の数) < 0 < (正の数)

・ある数の絶対値 ➡ 数直線上で，その数に
対応する点と原点との距離。

正の数・負の数の加法

$(+●)+(+■)=+(●+■)$

$(-●)+(-■)=-(●+■)$

$(+大)+(-小)=+(大-小)$

$(+小)+(-大)=-(大-小)$

正の数・負の数の減法

$(+●)-(+■)=(+●)+(-■)$

$(+●)-(-■)=(+●)+(+■)$

正の数・負の数の乗法

$(+)×(+)→(+)$　　　$(-)×(-)→(+)$

$(+)×(-)→(-)$　　　$(-)×(+)→(-)$

$(-)×(-)×(-)→(-)$

累乗 → $●×●=●^2$, $■×■×■=■^3$

$(-●)^2=●^2$, $(-■)^3=-■^3$ ← 指数

正の数・負の数の除法

$(+)÷(+)→(+)$　　　$(-)÷(-)→(+)$

$(+)÷(-)→(-)$　　　$(-)÷(+)→(-)$

$●÷■=●×\dfrac{1}{■}$ ← 逆数をかける

四則の混じった計算の順序

$\boxed{1}\begin{cases}累乗 \\ かっこの中\end{cases} ⇒ \boxed{2}\begin{cases}乗法 \\ 除法\end{cases} ⇒ \boxed{3}\begin{cases}加法 \\ 減法\end{cases}$

文字と式

文字を使った式の表し方

・文字の混じった乗法は，記号×をはぶく。

例　$2×a=2a$　　　　$(-3)×b=-3b$

・文字と数の積は，数を文字の前に書く。

例　$x×3=3x$　　　　$y×(-4)=-4y$

・同じ文字の積は，累乗の指数を使って表す。

例　$a×a=a^2$　　　　$x×x×x=x^3$

・文字の混じった除法は，記号÷を使わずに，
分数の形で書く。

例　$a÷5=\dfrac{a}{5}$　　　　$x÷(-7)=-\dfrac{x}{7}$

方程式

方程式の解き方

・解く手順

例　$6x-5=4x-1$

$\boxed{1}$ x の項を左辺に，数の
項を右辺に移項する。

$6x-4x=-1+5$

$\boxed{2}$ $ax=b$ の形にする。　　　$2x=4$

$\boxed{3}$ 両辺を x の係数 a でわる。　　　$x=2$

・( )をふくむ方程式 ➡ ( )をはずす。

例　$3(x+2)=4x-5 ⟶ 3x+6=4x-5$

・係数に小数をふくむ方程式

➡ 10, 100 などを両辺にかける。

例　$0.3x-2=0.2x+3 \xrightarrow{×10} 3x-20=2x+30$

・係数に分数をふくむ方程式

➡ 分母の公倍数を両辺にかける。

例　$\dfrac{1}{3}x+2=\dfrac{1}{4}x+3 \xrightarrow{×12} 4x+24=3x+36$

比例式の性質

$a:b=m:n$ ならば $an=bm$

比例と反比例

比例のグラフ

y が x に比例 ⇔ $y=ax$ (a は比例定数)

$y=ax$ のグラフ ⇔ 原点を通る直線

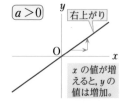

$\boxed{a>0}$　右上がり　x の値が増えると，y の値は増加。

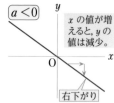

$\boxed{a<0}$　x の値が増えると，y の値は減少。　右下がり

比例の式の求め方

$y=ax$ に x と y の値を代入して a を求める。

反比例のグラフ

y が x に反比例 ⇔ $y=\dfrac{a}{x}$ (a は比例定数)

$y=\dfrac{a}{x}$ のグラフ ⇔ 双曲線 (2つの曲線)

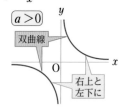

$\boxed{a>0}$　双曲線　右上と左下に

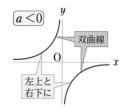

$\boxed{a<0}$　双曲線　左上と右下に

反比例の式の求め方

$y=\dfrac{a}{x}$ に x と y の値を代入して a を求める。

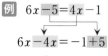

平面図形

図形の移動

平行移動

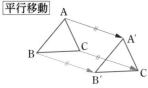

$AA' \parallel BB' \parallel CC'$
$AA' = BB' = CC'$

回転移動

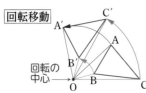

回転の中心

$\angle AOA' = \angle BOB'$
$= \angle COC'$
$AO = A'O$
$BO = B'O$
$CO = C'O$

対称移動

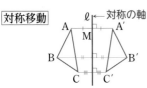

対称の軸

$AM = A'M$
$= \frac{1}{2} AA'$
$AA' \parallel BB' \parallel CC'$

弧，弦，おうぎ形

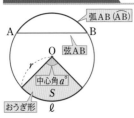

弧AB（⌒AB）
弦AB
中心角 $a°$
おうぎ形

弧の長さ $\ell = 2\pi r \times \dfrac{a}{360}$
面積 $S = \pi r^2 \times \dfrac{a}{360} = \dfrac{1}{2} \ell r$

円の接線

円の接線は，その接点を通る半径に垂直である。

接線　半径　接点

作図

垂直二等分線

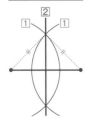

角の二等分線

点Pを通る垂線

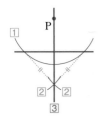

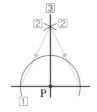

空間図形

正多面体

正四面体　正六面体　正八面体　正十二面体　正二十面体

直線や平面の位置関係

ねじれの位置…2直線が平行でなく交わらない。
2平面が平行…2平面が交わらない。
2平面が垂直…2平面のつくる角が直角。

回転体（円錐，球）

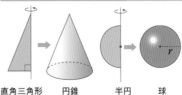

直角三角形　円錐　半円　球

球の表面積
$S = 4\pi r^2$

球の体積
$V = \dfrac{4}{3}\pi r^3$

立体の表面積

角柱の表面積＝（側面積）＋（底面積）×2

円柱の表面積
　＝（側面になる長方形の面積）
　　＋（底面の円の面積）×2

等しい

角錐の表面積＝（側面積）＋（底面積）

円錐の表面積
　＝（側面になるおうぎ形の面積）
　　＋（底面の円の面積）

等しい

立体の体積

角柱　$V = Sh$

円柱　$V = \pi r^2 h$

角錐　$V = \dfrac{1}{3} Sh$

円錐　$V = \dfrac{1}{3} \pi r^2 h$

データの活用

相対度数，範囲

$$\left(\begin{array}{c}\text{ある階級の}\\ \text{相対度数}\end{array}\right) = \dfrac{(\text{その階級の度数})}{(\text{度数の合計})}$$

$(\text{範囲}) = (\text{最大値}) - (\text{最小値})$

得点アップ！ 予想問題

1
この「予想問題」で
実力を確かめよう！

時間も
はかろう

2
「解答と解説」で
答え合わせをしよう！

3
わからなかった問題は
戻って復習しよう！

この本での
学習ページ

スキマ時間でポイントを確認！
別冊「スピードチェック」も使おう

●予想問題の構成

回数	教科書ページ	教科書の内容	この本での学習ページ
第1回	9〜16	0章　算数から数学へ	2〜3
	17〜60	1章　[正負の数] 数の世界をひろげよう	4〜33
第2回	61〜88	2章　[文字と式]　数学のことばを身につけよう	34〜51
第3回	89〜112	3章　[方程式]　未知の数の求め方を考えよう	52〜69
第4回	113〜152	4章　[比例と反比例]　数量の関係を調べて問題を解決しよう	70〜91
第5回	153〜186	5章　[平面図形]　平面図形の見方をひろげよう	92〜109
第6回	187〜220	6章　[空間図形]　立体の見方をひろげよう	110〜133
第7回	221〜244	7章　[データの分析と活用]　データを活用して判断しよう	134〜143
第8回	264〜270	基本を身につけよう　補充の問題（計算分野）	—

第1回 予想問題

0章 算数から数学へ
1章 [正負の数] 数の世界をひろげよう

40分 /100

1 次の問に答えなさい。 2点×6(12点)

(1) 252 を素因数分解しなさい。

(2) 0 より 8 大きい数を +8 と表すことにすれば，0 より 6.5 小さい数はどう表されますか。

(3) 地点Aから東へ 6 m 移動することを +6 m と表すことにすれば，−23 m はどんな移動を表していますか。

(4) 絶対値が 11 である数をすべて答えなさい。

(5) $-\dfrac{9}{4}$ と 1.8 の間にある整数をすべて答えなさい。

(6) 7，−8，−1 の大小を，不等号を使って表しなさい。

(1)		(2)	
(3)			
(4)	(5)		(6)

2 下の数直線で，点 A，B，C に対応する数を答えなさい。 3点×3(9点)

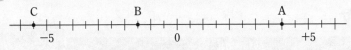

A		B		C	

3 次の計算をしなさい。 3点×12(36点)

(1) $(+4)-(+8)$

(2) $1.6-(-2.6)$

(3) $\left(+\dfrac{3}{5}\right)+\left(-\dfrac{1}{5}\right)$

(4) $-6-9+15$

(5) $(-7)\times(-6)$

(6) $(-3)\times0$

(7) $(-5)\times(-19)\times(-2)$

(8) $24\div(-4)$

(9) $\left(-\dfrac{5}{6}\right)\div\left(-\dfrac{4}{9}\right)$

(10) $12\div(-3)\times2$

(11) $2-(-4)^2$

(12) $\left(\dfrac{1}{3}-\dfrac{5}{6}\right)\div\left(-\dfrac{1}{6}\right)^2$

(1)		(2)		(3)		(4)	
(5)		(6)		(7)		(8)	
(9)		(10)		(11)		(12)	

4 $(-3)^2$ を正しく計算しているのはどれですか。 （5点）
　㋐　$(-3) \times 2$　　　　　　　　　㋑　$-(3 \times 3)$
　㋒　$(-3) + (-3)$　　　　　　　　㋓　$(-3) \times (-3)$

5 分配法則を利用して，次の計算をしなさい。 4点×2（8点）
　(1)　$(-0.3) \times 16 - (-0.3) \times 6$　　　(2)　-54×97

(1)		(2)	

6 次の数について，下の問に答えなさい。 5点×2（10点）

$$-\frac{1}{2}, \ 0.8, \ -10.5, \ -3, \ \frac{9}{4}, \ 0, \ 18, \ 0.03, \ -25, \ -\frac{5}{6}$$

　(1)　自然数はどれですか。　　　　　　(2)　整数はどれですか。

(1)		(2)	

7 数直線上の 0 に対応する点に碁石があります。さいころを投げて，偶数の目が出たらその目の数だけ正の方向へ，奇数の目が出たらその目の数だけ負の方向へ，碁石を移動させます。
5点×2（10点）

　(1)　1回目に 4 の目，2回目に 1 の目が出たとき，碁石はどちらの方向にいくつ移動しますか。

　(2)　さいころを 2 回投げて，碁石が -10 に対応する点に移動するのは，どのような目が出たときですか。

(1)		(2)	

8 右の表は，A，B，C，D，E の 5 人の身長を，C を基準にして，それより高い場合を正の数，低い場合を負の数で表したものです。 5点×2（10点）

	A	B	C	D	E
	+11.3	−5.8	0	+6.9	−2.4

　(1)　いちばん高い人と，いちばん低い人との身長の差は何 cm ですか。

　(2)　C の身長が 156.2 cm のとき，5 人の身長の平均を求めなさい。

(1)		(2)	

解答 p.73

第2回 予想問題 2章 [文字と式] 数学のことばを身につけよう

40分 /100

1 次の式を，×や÷の記号を使って表しなさい。 2点×6（12点）

(1) $-4p$ (2) $-a+3b$ (3) $8x^3$

(4) $\dfrac{a}{5}$ (5) $\dfrac{y+7}{2}$ (6) $\dfrac{3}{a}-\dfrac{2}{b}$

(1)		(2)		(3)	
(4)		(5)		(6)	

2 次の数量を，文字を使った式で表しなさい。 2点×6（12点）

(1) 1個350円のケーキx個と，120円のジュースを1本買ったときの代金の合計

(2) 1冊y円のノートを3冊買い，500円出したときのおつり

(3) 半径$a$cmの半円の面積 （円周率はπとする。）

(4) xmの道のりを，秒速2mで歩くときにかかる時間

(5) x円のa% (6) b円の品物を，15%引きで買ったときの代金

(1)		(2)		(3)	
(4)		(5)		(6)	

3 次の計算をしなさい。 2点×14（28点）

(1) $7x+5x$ (2) $4b-3b$

(3) $3y-y$ (4) $\dfrac{5}{6}a-\dfrac{2}{3}a-\dfrac{1}{2}a$

(5) $x-9-\dfrac{1}{3}x+3$ (6) $4x\times(-8)$

(7) $6(2a-1)$ (8) $-18\times\dfrac{3x-1}{6}$

(9) $(-12a)\div(-3)$ (10) $(5y-10)\div(-5)$

(11) $3(a-6)-2(2a-3)$ (12) $4(x-4)-3(x+7)$

(13) $2(3y-2)-3(y-2)$ (14) $\dfrac{1}{5}(10m-5)-\dfrac{2}{3}(6m-3)$

(1)		(2)		(3)		(4)	
(5)		(6)		(7)		(8)	
(9)		(10)		(11)		(12)	
(13)		(14)					

4　次の式の値を求めなさい。　3点×2（6点）

(1)　$x=-6$ のとき，$-5x-10$ の値　(2)　$a=\dfrac{1}{3}$ のとき，$a^2-\dfrac{1}{3}$ の値

(1)		(2)	

5　次の2つの式の和を求めなさい。また，左の式から右の式をひいたときの差を求めなさい。

$8x-7$，$-8x+1$　3点×2（6点）

和		差	

6　$A=-3x+5$，$B=9-x$ として，次の式を計算しなさい。　3点×2（6点）

(1)　$3A-2B$　(2)　$-A+\dfrac{B}{3}$

(1)		(2)	

7　次の数量の間の関係を，等式または不等式で表しなさい。　3点×4（12点）

(1)　整数 a を整数 b でわったら，商が c で余りは3だった。

(2)　180 km の道のりを時速 x km で y 時間走ったとき，残りの道のりは10 km 以上だった。

(3)　x 個のなしを，y 人の子どもに3個ずつ配ろうとすると，たりなくなった。

(4)　x 人の参加者を予定していたが，実際は p 割増えて300人になった。

(1)		(2)		(3)		(4)	

8　りんご1個の値段を x 円，みかん1個の値段を y 円とするとき，次の式はどんなことを表していますか。　3点×2（6点）

(1)　$x=2y-15$　(2)　$500-3x>400-6y$

(1)	
(2)	

9　底辺が a cm，高さが b cm の三角形⑦があります。三角形④は，三角形⑦の底辺を2倍，高さを $\dfrac{1}{3}$ 倍にした三角形です。三角形⑨は，三角形④の底辺を $\dfrac{1}{3}$ 倍，高さを4倍にした三角形です。　4点×3（12点）

(1)　底辺がいちばん短い三角形はどれですか。また，その長さは何 cm ですか。

(2)　高さがいちばん低い三角形はどれですか。また，その長さは何 cm ですか。

(3)　$a=6$，$b=3$ のとき，三角形⑨の面積を求めなさい。

(1) 三角形		(2) 三角形		(3)	

第**3**回
予想問題

3章 ［方程式］
未知の数の求め方を考えよう

解答 p.75

40分

/100

1 次の方程式を下のように解きました。(1)〜(3)の変形では，等式の性質㋐〜㋓のどれを使っていますか。それぞれ記号で答えなさい。また，そのときの C にあたる数を答えなさい。

4点×3（12点）

$$\frac{-2x+3}{9}=-1$$
$$-2x+3=-9$$
$$-2x=-12$$
$$x=6$$

(1)
(2)
(3)

等式の性質

㋐　$A=B$ ならば $A+C=B+C$

㋑　$A=B$ ならば $A-C=B-C$

㋒　$A=B$ ならば $AC=BC$

㋓　$A=B$ ならば $\dfrac{A}{C}=\dfrac{B}{C}$　$(C\neq0)$

(1)	$C=$	(2)	$C=$	(3)	$C=$

2 次の方程式を解きなさい。

3点×6（18点）

(1)　$7-x=-4$

(2)　$\dfrac{x}{2}=8$

(3)　$-6x-11=-5x+3$

(4)　$9x+2=-x+3$

(5)　$-4(2+3x)+1=-7$

(6)　$5(x+3)=2(x-3)$

(1)		(2)		(3)	
(4)		(5)		(6)	

3 次の方程式を解きなさい。

4点×4（16点）

(1)　$3.7x+1.2=-6.2$

(2)　$0.05x+4.8=0.19x+2$

(3)　$\dfrac{1}{5}+\dfrac{x}{3}=1+\dfrac{x}{5}$

(4)　$\dfrac{2x-1}{2}=\dfrac{x-2}{3}$

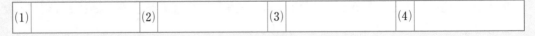

(1)		(2)		(3)		(4)	

4 x についての方程式 $5x-4a=10(x-a)$ の解が $x=-4$ であるとき，a の値を求めなさい。

（6点）

5　1個230円のももと1個120円のオレンジを合わせて6個買うと，代金の合計は940円でした。　5点×2（10点）

(1)　ももをx個買うとして，オレンジの個数をxを使って表し，方程式をつくりなさい。

(2)　ももとオレンジは，それぞれ何個買いましたか。

(1)		
(2)	もも	オレンジ

6　画用紙を何人かの子どもに配るのに，1人に6枚ずつ配ると13枚たりません。また，1人に4枚ずつ配ると9枚余ります。画用紙の枚数を求めなさい。　（6点）

7　家から学校まで，兄は毎分80mで歩き，弟は毎分60mで歩いていくと，弟は兄より3分15秒多くかかります。家から学校までの道のりを求めなさい。　（6点）

8　A中学校とB中学校の生徒数の合計は1015人で，A中学校の生徒数はB中学校の生徒数の9割より30人少ないです。A中学校の生徒は何人ですか。　（6点）

9　次の比例式で，xの値を求めなさい。　4点×2（8点）

(1)　$x:8=2:64$

(2)　$10:12=5:(2-x)$

(1)		(2)	

10　次の問に答えなさい。　6点×2（12点）

(1)　同じ重さのビー玉8個の重さをはかったら，20gでした。このビー玉150個の重さは何gですか。

(2)　クッキーが63個あります。いま，A，B2つの箱に個数の比が4:5になるように分けて入れます。Aの箱は何個にすればよいですか。

(1)		(2)	

第**4**回 予想問題

4章

[比例と反比例]
数量の関係を調べて問題を解決しよう

解答 ▶ p.76

40分

/100

1 次の(1)〜(6)について，y を x の式で表しなさい。また，y が x に比例するものと，反比例するものについては，その比例定数を答えなさい。

3点×6(18点)

(1) 1辺の長さが x cm の正八角形の周の長さは y cm である。

(2) 縦が x cm，横が y cm の長方形の面積は 20 cm² である。

(3) 長さ 80 cm のリボンから x cm のリボンを切り取ったときの残りの長さは y cm である。

(4) 2000 m の道のりを毎分 x m の速さで歩くと，y 分かかる。

(5) 容器に毎分 5 L ずつ水を入れていくとき，水は x 分間に y L たまる。

(6) 1本 70 円の鉛筆 x 本と 1 冊 120 円のノート 1 冊を買ったときの代金は y 円である。

(1)		比例定数	(2)		比例定数	(3)		比例定数
(4)		比例定数	(5)		比例定数	(6)		比例定数

2 y は x に比例し，$x=2$ のとき $y=-6$ です。

4点×2(8点)

(1) y を x の式で表しなさい。

(2) $x=-5$ のときの y の値を求めなさい。

(1)		(2)	

3 y は x に反比例し，$x=-4$ のとき $y=2$ です。

4点×2(8点)

(1) y を x の式で表しなさい。

(2) $x=8$ のときの y の値を求めなさい。

(1)		(2)	

4 右の図で，点 A，B，C，D の座標を答えなさい。

3点×4(12点)

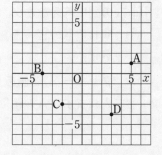

A		B	
C		D	

5 次の比例や反比例のグラフをかきなさい。　　　　　　　　　5点×3(15点)

(1)　$y = \dfrac{5}{3}x$　　　　　　(2)　$y = -\dfrac{1}{3}x$　　　　　　(3)　$y = -\dfrac{16}{x}$

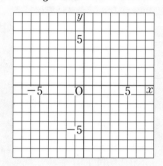 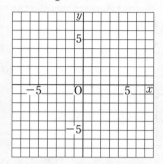 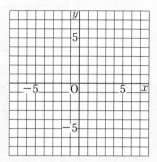

6 右のグラフについて，次の問に答えなさい。　　3点×6(18点)

(1)　①〜③について，y を x の式で表しなさい。

(2)　点 $(-9, a)$ は②の直線上にあります。a の値を求めなさい。

(3)　点 $(b, 15)$ は③の直線上にあります。b の値を求めなさい。

(4)　x の値が増加すると y の値が減少するグラフは，①〜③のうちのどれか，番号で答えなさい。

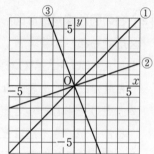

(1)	①		②		③	
(2)			(3)		(4)	

7 $y = \dfrac{a}{x}$ のグラフが点 $(3, -4)$ を通るとき，このグラフ上の点で x 座標，y 座標の値がともに整数である点は何個ありますか。

(6点)

8 右の図のような長方形 ABCD で，点 P は辺 BC 上を B から C まで動きます。BP を x cm，三角形 ABP の面積を y cm² として，次の問に答えなさい。ただし，点 P が頂点 B の位置にあるときの y の値は 0 とします。　　5点×3(15点)

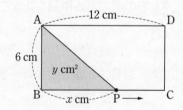

(1)　y を x の式で表しなさい。

(2)　x の変域を求めなさい。

(3)　三角形 ABP の面積が，長方形 ABCD の面積の $\dfrac{1}{3}$ になるのは，P が B から何 cm 動いたときですか。

(1)		(2)		(3)	

5章　[平面図形]
平面図形の見方をひろげよう

解答 ▶ p.77

40分

/100

1 次の□にあてはまることばを答えなさい。

4点×4（16点）

(1)　2点 A，B を通る直線のうち，A から B までの部分を□ AB という。

(2)　2直線が垂直であるとき，一方の直線を他方の直線の□という。

(3)　線分を2等分する点を，その線分の□という。

(4)　円の接線は，接点を通る半径に□である。

(1)		(2)		(3)		(4)	

2 右の図は線対称な図形であり，点 O を対称の中心とする点対称な
図形でもあります。

5点×3（15点）

(1)　△ABO を，点 O を中心として反時計回りに 90°だけ回転移動
させた三角形を答えなさい。

(2)　点 O を中心として点対称移動させたとき，辺 BC と重ね合わせ
ることができる辺はどれですか。

(3)　線分 AE を対称の軸として対称移動させたとき，辺 AB と重ね
合わせることができる辺はどれですか。

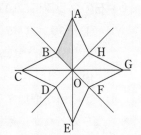

(1)		(2)		(3)	

3 右の図で，直線 ℓ が線分 AB の垂直二等分線であることを，記号を
使って2つの式で表しなさい。

3点×2（6点）

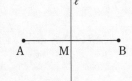

4 右の図の△ABC について，次の問に答えなさい。

5点×3（15点）

(1)　∠BAC は，⑦，④，⑨のどこですか。

(2)　辺 BC を底辺とするときの高さにあたる線分を
作図しなさい。

(3)　∠ABC の二等分線を作図しなさい。

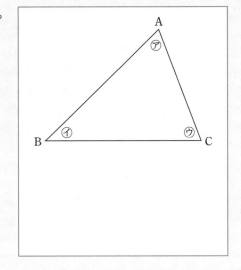

(1)		(2)，(3)	右の図に記入

155

定期テスト対策 予想問題

5 直線 ℓ 上にあって，2点 A，B からの距離が等しい点 P を作図しなさい。 （7点）

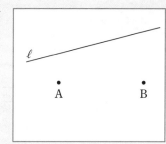

6 ∠AOP＝135° となる半直線 OP を作図しなさい。 （7点）

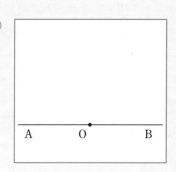

7 右の図で，直線 ℓ，m までの距離が等しく，線分 AB 上にある点 P を作図しなさい。 （7点）

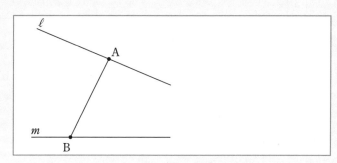

8 右の図で，直線 ℓ 上の点Aで直線 ℓ に接し，点Bを通る円を作図しなさい。 （7点）

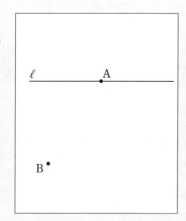

9 次のようなおうぎ形の弧の長さと面積を求めなさい。 5点×4（20点）

(1) 半径が 4 cm，中心角が 45° 　　(2) 半径が 18 cm，中心角が 80°

(1)	弧の長さ	面積	(2)	弧の長さ	面積

解答 ▶ p.78

第6回 予想問題 6章 ［空間図形］ 立体の見方をひろげよう

40分 /100

1 右の図は，底面が直角三角形の三角柱です。(1)～(8)のそれぞれ
にあてはまるものをすべて答えなさい。 3点×8(24点)

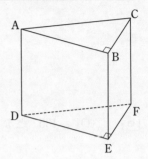

(1) 辺 AD と平行な面　　(2) 辺 BE と平行な辺

(3) 辺 CF がふくまれる面

(4) 辺 EF とねじれの位置にある辺

(5) 辺 AB と垂直に交わる辺　　(6) 辺 BC と垂直な面

(7) 面 DEF と垂直な辺　　(8) 面 BEFC と垂直な面

(1)		(2)	
(3)		(4)	
(5)		(6)	
(7)		(8)	

2 次の(1)～(10)について，それぞれの条件にあてはまる立体を⑦～⑦のなかからすべて選び，
記号で答えなさい。 2点×10(20点)

(1) 平面だけで囲まれている。

(2) 曲面だけで囲まれている。

(3) 平面と曲面で囲まれている。

(4) 6つの面で囲まれている。

(5) 回転体である。

(6) 底面がそれと垂直な方向に動いてできる。

(7) どの面もすべて合同な多角形である。

(8) 三角形の面をもつ。

(9) 正方形の面をもつ。

(10) 平面図と立面図がともに円である。

⑦	正四面体
⑦	円柱
⑦	正六面体
⑦	五角錐
⑦	正四角柱
⑦	正八面体
⑦	円錐
⑦	球

(1)		(2)		(3)	
(4)		(5)		(6)	
(7)		(8)		(9)	
(10)					

3 　2つの直線 ℓ, m と，2つの平面 P，Q があります。次の(1)～(5)の関係が正しければ○，正しくなければ × をつけなさい。

4点×5(20点)

(1) 　$\ell \perp m$，$\ell /\!/ P$ ならば，$m \perp P$　　　(2) 　$\ell /\!/ m$，$\ell \perp P$ ならば，$m \perp P$

(3) 　$\ell /\!/ P$，$m /\!/ P$ ならば，$\ell /\!/ m$　　　(4) 　$\ell \perp P$，$\ell \perp Q$ ならば，P$/\!/$Q

(5) 　$\ell /\!/ P$，P$\perp$Q ならば，$\ell \perp Q$

(1)		(2)		(3)		(4)		(5)	

4 　右の図の長方形 ABCD を，辺 DC を軸として回転させてできる立体について，次の問に答えなさい。

3点×4(12点)

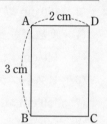

(1) 　できる立体の見取図をかきなさい。

(2) 　下の解答らんに立面図をかき加えて，投影図を完成させなさい。

(3) 　体積を求めなさい。

(4) 　表面積を求めなさい。

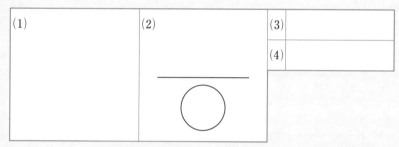

5 　右の図の直角三角形 ABC を，辺 AC を軸として回転させてできる立体について，次の問に答えなさい。

4点×3(12点)

(1) 　側面になるおうぎ形の中心角を求めなさい。

(2) 　体積を求めなさい。

(3) 　表面積を求めなさい。

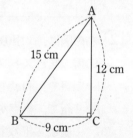

(1)		(2)		(3)	

6 　直径 20 cm の球について，次の問に答えなさい。

4点×3(12点)

(1) 　体積と表面積を求めなさい。

(2) 　球の体積が，底面の直径が 20 cm の円柱の体積の $\frac{2}{3}$ であるとき，この円柱の高さを求めなさい。

(1)	体積		表面積		(2)	

解答 ▶ p.80

第**7**回
予想問題

7章　［データの分析と活用］
データを活用して判断しよう

40分　/100

1 右の表は，ある学年の生徒の身長を調べて度数分布表に整理したものです。

3点×8（24点）

(1) 階級の幅を答えなさい。

(2) 身長が 147.9 cm の生徒は，どの階級に入りますか。

(3) 160 cm 以上 170 cm 未満の階級の度数を答えなさい。

(4) 度数がもっとも多い階級を答えなさい。

(5) 140 cm 以上 150 cm 未満の階級の累積度数を求めなさい。

(6) ヒストグラムをかきなさい。

(7) 150 cm 以上 160 cm 未満の階級の相対度数を求めなさい。

(8) 160 cm 以上 170 cm 未満の階級の累積相対度数を求めなさい。

生徒の身長

身長（cm）	度数（人）
以上　未満	
130～140	3
140～150	18
150～160	21
160～170	12
170～180	6
合計	60

(1)	
(2)	
(3)	
(4)	
(5)	(6)　右の図に記入
(7)	(8)

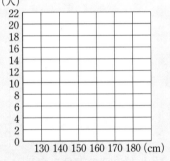

2 右の図は，1組の生徒と2組の生徒があるゲームをして，その得点をヒストグラムに表したものです。

2点×9（18点）

(1) 1組で，40点以上 45点未満の階級の度数を答えなさい。

(2) 2組で，得点が 55点以上の生徒は何人いますか。

(3) 1組と2組の生徒の人数をそれぞれ求めなさい。

(4) 1組と2組での最頻値をそれぞれ求めなさい。

(5) 1組と2組のヒストグラムを利用して，それぞれの度数折れ線をかきなさい。

(6) 1組と2組での中央値が入る階級を比べて，わかることを答えなさい。

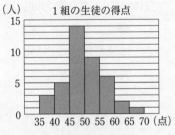

1組の生徒の得点

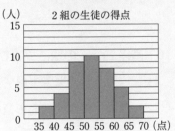

2組の生徒の得点

(1)		(2)		(3)	1組		2組
(4)	1組		2組		(5)	上の図に記入	
(6)							

3 下のデータは，12名の数学の小テストの得点を示したものです。 3点×3（9点）

　　　18，25，28，13，9，30，10，16，21，23，20，15

(1) 得点の分布の範囲を求めなさい。

(2) 平均値を求めなさい。

(3) 中央値を求めなさい。

(1)		(2)		(3)	

4 右の表は，ある中学校の1年生女子50名の走り幅跳びの記録を度数分布表に整理したものです。 3点×11（33点）

(1) 260 cm 以上 300 cm 未満の階級の相対度数を求めなさい。

(2) 300 cm 以上の度数は，全体の何 % ですか。

(3) 右の表の㋐〜㋖にあてはまる数を答えなさい。

(4) 最頻値を求めなさい。

(5) 平均値を求めなさい。

走り幅跳びの記録

記録 (cm)	階級値 (cm)	度数 (人)	(階級値) ×(度数)
以上　未満 220～260	240	3	720
260～300	㋐	14	㋓
300～340	320	㋒	㋔
340～380	㋑	7	㋕
380～420	400	5	2000
合計		50	㋖

(1)		(2)			
(3)	㋐	㋑	㋒	㋓	
	㋔	㋕	㋖		
(4)		(5)			

5 下の表は，1つのびんのふたをくり返し 1000 回投げたときの結果を表したものです。

4点×4（16点）

投げた回数	100	200	300	400	500	600	700	800	900	1000
裏が出た回数	59	122	182	243	312	381	440	502	569	630
相対度数	0.590	0.610	0.607	0.608	0.624	㋐	0.629	㋑	0.632	0.630

(1) 上の表の㋐，㋑にあてはまる数を，四捨五入して小数第3位まで求めなさい。

(2) 裏が出る確率は，どの程度であると考えられますか。

(3) 裏が出る以外の確率は，どの程度であると考えられますか。

(1)	㋐		㋑	
(2)		(3)		

第**8**回
予想問題

基本を身につけよう
補充の問題（計算分野）

解答▶p.80

20分

/100

1　次の計算をしなさい。　3点×10（30点）

(1)　$(+8)+(-4)$

(2)　$5.6-10.3$

(3)　$\left(-\dfrac{3}{4}\right)-\left(-\dfrac{1}{6}\right)$

(4)　$-7-(-10)+(-3)$

(5)　$\dfrac{5}{6}+\left(-\dfrac{2}{3}\right)-\left(-\dfrac{1}{9}\right)$

(6)　$(-5)\times(+3)$

(7)　$\left(-\dfrac{4}{7}\right)\div\left(-\dfrac{8}{21}\right)$

(8)　$0.4\times(-8)\times25$

(9)　$(-12)\div\left(-\dfrac{9}{5}\right)\times\dfrac{15}{8}$

(10)　$2-(+16)\div(-4)^3+\left(-\dfrac{3}{2}\right)$

(1)		(2)		(3)		(4)	
(5)		(6)		(7)		(8)	
(9)		(10)					

2　次の計算をしなさい。　5点×8（40点）

(1)　$3x-16x$

(2)　$-9+12a-2a+8$

(3)　$(-6y+5)\times(-2)$

(4)　$24x\div\left(-\dfrac{3}{4}\right)$

(5)　$(35a-28)\div(-7)$

(6)　$3(-2x+10)-2(7+2x)$

(7)　$-7(a-3)+4(3a-5)$

(8)　$\dfrac{1}{6}(12x-18)-\dfrac{2}{3}(-6x+9)$

(1)		(2)		(3)		(4)	
(5)		(6)		(7)		(8)	

3　次の方程式を解きなさい。　5点×4（20点）

(1)　$8x-3(6x+5)=15$

(2)　$1.8x-2=1.5x+0.4$

(3)　$\dfrac{3}{8}(x-1)=\dfrac{1}{4}(x-7)$

(4)　$\dfrac{2x+3}{4}=\dfrac{-x+9}{6}$

(1)		(2)		(3)		(4)	

4　次の比例式で，x の値を求めなさい。　5点×2（10点）

(1)　$9:x=15:10$

(2)　$(x-4):8=9:6$

(1)		(2)	

教科書ワーク 数学

特別ふろく ①

無料アプリ 数1 数2 数3 図形1 図形2 図形3

どこでもワーク

こちらにアクセスして，ご利用ください。
https://portal.bunri.jp/app.html

1 計算編 テンキー入力形式で学習できる！ 重要公式つき！

解き方を穴埋め
形式で確認！

テンキー入力で，
計算しながら
解ける！

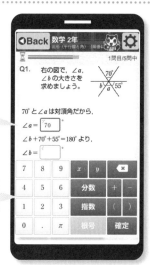

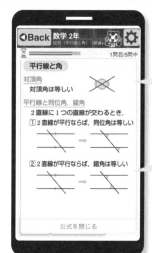

重要公式を
その場で確認
できる！

カラーだから
見やすく，
わかりやすい！

2 図形編 グラフや図形を自分で動かして，学習理解をサポート！

自分で数値を
決められるから，
いろいろな
グラフの確認が
できる！

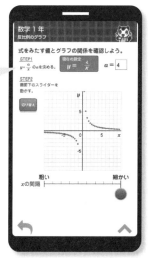

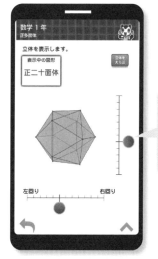

上下左右に回転
させて，様々な
角度から立体を
みることが
できる！

注意 ●アプリは無料ですが，別途各通信会社からの通信料がかかります。
● iPhone の方は Apple ID，Android の方は Google アカウントが必要です。対応 OS や対応機種については，各ストアでご確認ください。
●お客様のネット環境および携帯端末により，アプリをご利用いただけない場合，当社は責任を負いかねます。ご理解，ご了承いただきますよう，お願いいたします。
●正誤判定は，計算編のみの機能となります。
●テンキーの使い方は，アプリでご確認ください。

中学教科書ワーク

解答と解説

東京書籍版

数学**1**年

この「解答と解説」は，取りはずして 使えます。

※ステージ1の例の答えは本冊右ページ下にあります。

0章　算数から数学へ

p.2〜3　ステージ1

❶ 41, 43, 47

❷ 5, 11, 23, 71

❸ ㋐ 45　　㋑ 15　　㋒ 5
　　㋓ 30　　㋔ 6　　㋕ 3
　　㋖ 3　　㋗ 10　　㋘ 5　　㋙ 同じ

❹ (1) $2\times3\times3$　　　　(2) $2\times2\times2\times7$
　　(3) $2\times3\times13$　　　(4) $2\times2\times2\times3\times5$
　　(5) $2\times3\times3\times7$　　(6) $5\times5\times5\times5$

❺ (1) 5 の段の数
　　(2) 4 すみの数 6, 12, 12, 24 を,
　　　それぞれもとの九九にもどすと,
　　　$6\times24=3\times2\times6\times4$,
　　　$12\times12=3\times4\times6\times2$ となるから,
　　　$6\times24=2\times3\times4\times6$,
　　　$12\times12=2\times3\times4\times6$ と表せる。
　　　よって, 長方形のなかの 4 すみの数につい
　　　て, 斜めの数どうしの積は等しくなる。
　　(3) 真ん中以外の 4 つの数の和は,
　　　　$35+36+48+49$
　　　$=(42-7)+(42-6)+(42+6)+(42+7)$
　　　と変形できるから,
　　　$35+36+48+49=42\times4$ と表せる。
　　　よって, 真ん中以外の 4 つの数の和は,
　　　真ん中の数の 4 倍に等しくなる。

解説

❶ 2 以外の偶数は素数でないから除く。残りの
　41, 43, 45, 47, 49 のうち, 45 と 49 は, $45=3\times3\times5$,
　$49=7\times7$ となるので, 素数ではない。

❷ 1 は素数にふくめない。4, 9, 14, 51, 95 は,
　$4=2\times2$, $9=3\times3$, $14=2\times7$, $51=3\times17$,
　$95=5\times19$ となるので, 素数ではない。

❹ (1) $\begin{array}{r}2\,\overline{)18}\\[-2pt]3\,\overline{)\;9}\\[-2pt]3\end{array}$　(2) $\begin{array}{r}2\,\overline{)56}\\[-2pt]2\,\overline{)28}\\[-2pt]2\,\overline{)14}\\[-2pt]7\end{array}$　(3) $\begin{array}{r}2\,\overline{)78}\\[-2pt]3\,\overline{)39}\\[-2pt]13\end{array}$

　　(4) $\begin{array}{r}2\,\overline{)120}\\[-2pt]2\,\overline{)\;60}\\[-2pt]2\,\overline{)\;30}\\[-2pt]3\,\overline{)\;15}\\[-2pt]5\end{array}$　(5) $\begin{array}{r}2\,\overline{)126}\\[-2pt]3\,\overline{)\;63}\\[-2pt]3\,\overline{)\;21}\\[-2pt]7\end{array}$　(6) $\begin{array}{r}5\,\overline{)625}\\[-2pt]5\,\overline{)125}\\[-2pt]5\,\overline{)\;25}\\[-2pt]5\end{array}$

❺ (1) たとえば, かける数が 2 のとき, 8 の段の
　　数から 3 の段の数をひくと, $16-6=\boxed{10}$ とな
　　り, 5 の段の数になる。
　　　一般に, 九九表で, かける数が同じ数のとき,
　　　・■の段の数に●の段の数を加えると,
　　　　(■+●) の段の数になる。
　　　・■の段の数から●の段の数をひくと,
　　　　(■-●) の段の数になる。
　　(2) 囲む長方形の大きさを変えても, 4 すみの数
　　について, 斜めの数どうしの積は等しくなる。
　　　例 4 すみの数が 9, 21, 24, 56 のとき,
　　　$9\times56=3\times3\times7\times8$,
　　　$21\times24=3\times7\times8\times3=3\times3\times7\times8$
　　　となり, 斜めの数どうしの積は等しくなる。
　　　参考 九九表で, 縦 2 ます横 2 ますの正方形で
　　　囲むとき, 斜めの数どうしの和を比べると,
　　　その差は 1 になる。
　　　例 正方形のなかの 4 つの数が 14, 16, 21,
　　　24 のとき, 斜めの数どうしの和は,
　　　$14+24=38$, $16+21=37$ となり, その差は,
　　　$(14+24)-(16+21)=38-37=1$ になる。
　　(3) 囲む 5 つの数を変えても, 真ん中以外の 4 つ
　　の数の和が真ん中の数の 4 倍に等しくなる。
　　　例 5 つの数が 35, 32, 40, 48, 45 のとき,
　　　$35+32+48+45$　真ん中の数 40 とのちがいを考える。
　　　$=(\boxed{40}-5)+(\boxed{40}-8)+(\boxed{40}+8)+(\boxed{40}+5)$
　　　$=40\times4$ と表せる。

1章 数の世界をひろげよう

❶ (1)　+200m　　　　(2)　−35m

❷ ⑦, ⑰

❸ (1)　−8　　　　(2)　1時間前

　(3)　800円の収入

❹ 2組… +2人　　3組… −3人

━━━━━ 解説 ━━━━━

❶ (1)　標高200mは海面より200m高いので,
　正の符号を使って, +200mと表す。

　(2)　海面下35mの海底は海面より35m低いの
　で, 負の符号を使って, −35mと表す。

❷ ⑦　正の符号は「プラス」と読むので, 正の数
　としての +5は「プラス5」と読むのが正しい。
　同様に, 負の数としての −5は「マイナス5」
　と読む。

　⑦　0より小さい数は負の数で, 負の符号−を使
　って表す。

　⑦　負の小数もある。

　⑦　「自然数」とは正の整数のことだから, 0は自
　然数ではない。

　⑦　整数には0もふくまれる。

　⑰　小学校で学習した数2を +2と表したときに
　は,「プラス2」と読む。

❸ (1)　「重い」を+で表すと,「軽い」は−で表す
　ことができる。

　(2)　現在から「後」のことを+で表すと, −は
　「前」を表す。

　(3)　「支出」を−で表すと, +は「収入」を表す。

> **ポイント**
>
> 反対の性質をもつ量は,
> 正の数, 負の数を使って表すことができる。
> たとえば,「高い」を+で表すと,「低い」は−で表
> すことができる。

❹ 1組の人数を基準にして, 基準との人数のちが
　いを, 正の数, 負の数を使って表す。
　2組は, 1組より 40−38=2 (人) 多いので,
　正の符号+をつけて +2人と表す。
　また, 3組は, 1組より 38−35=3 (人) 少ない
　ので, 負の符号−をつけて −3人と表す。

❶ A … +2　　　　　　B … +12
　C … −8　　　　　　D … −13

❷
```
        (2)    (4)              (3)   (1)
    +----+----+----+----+----+----+----+----+
   −4   −3   −2   −1    0   +1   +2   +3   +4
```

❸ (1)　−9<−3　　　　(2)　−7<+5

　(3)　−8<0<+7　　(4)　−6<−3<+4

❹ (1)　100　　　　　(2)　12

　(3)　5.7　　　　　(4)　$\dfrac{1}{6}$

❺ (1)　−63<−47　　(2)　−0.6<−0.21

　(3)　$−\dfrac{8}{5}<−1$

━━━━━ 解説 ━━━━━

❶❷　数直線は, 直線上に基準の点0をとり, その
　点から左右に一定の間隔で目もりをつけた直線で
　ある。目もりを, 正確に読みとることが大切。

❸　数の大小は, 数直線を使って考えるとよい。

　(1)　数直線上で, −3は −9より右にあるから,
　−3のほうが大きい。

　(2)　(負の数)<(正の数) だから,
　−7<+5

　(3)　(負の数)<0<(正の数) だから,
　−8<0<+7
　また, +7>0>−8 と表すこともできる。

　(4)　−6<−3 であり, −3<+4 であるから,
　−6<−3<+4
　また, +4>−3>−6 と表すこともできる。

❹　絶対値は, 数直線上で, ある数に対応する点と
　原点との距離のことだから, その数から, +, −
　の符号をとった数と考えてよい。

❺　負の数は, 絶対値が大きい数ほど小さいことを
　利用して, 数の大小を考えることもできる。

　(1)　63>47 より, −63<−47

　(2)　0.6>0.21 より, −0.6<−0.21

　(3)　$\dfrac{8}{5}>1$ より, $−\dfrac{8}{5}<−1$

> 負の数の大きさをく
> らべるときは, 絶対
> 値の大きさで考える
> こともできるよ。

p.8〜9 ステージ**2**

❶ (1) 地点Aから南へ8 m 移動すること。
　　(2) 地点Aから北へ10.5 m 移動すること。

❷ (1) 1000 円の支出　　(2) 75 m 低い
　　(3) 60 kg 軽い　　(4) 2℃ 高い
　　(5) 10 減少　　(6) 3分後

❸ A … $+0.5$　　　　B … $+3.5$
　　C … -1.5　　　　D … -2.5

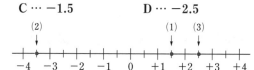

❹ (1) $-\dfrac{1}{3}<-\dfrac{1}{6}<+\dfrac{1}{10}$

　　(2) $-\dfrac{9}{2}<-4<-3.5$

❺ $-100,\ -\dfrac{1}{10},\ -0.01,\ 0$

❻ (1) $+9,\ -9$　　　(2) 9 個
　　(3) $+11,\ +12,\ +13,\ -11,\ -12,\ -13$
　　(4) 8 個

❼ (1) $+\dfrac{1}{2}$ と -0.5　　(2) $-\dfrac{1}{6}$

　　(3) $-\dfrac{1}{6},\ +\dfrac{1}{5}$　　(4) $+\dfrac{1}{2}$

❽ (1) 75 個　　(2) 84 個　　(3) -12 個

・　・　・　・　・　・

① エ
② 5 個

━━━━━━ 解 説 ━━━━━━

❶「北へ移動すること」を正の数を使って表すと，負の数は「南へ移動すること」を表す。

❷ 正の数，負の数を使うと，反対の性質をもつ量を表すことができる。
　(1) 収入 ↔ 支出　　(2) 高い ↔ 低い
　(3) 重い ↔ 軽い　　(4) 低い ↔ 高い
　(5) 増加 ↔ 減少　　(6) 前 ↔ 後

❸ 数直線の目もりは，$\dfrac{1}{2}$(0.5) 間隔になっている。

　(1) $+\dfrac{3}{2}=+1.5$ だから，$+1$ と $+2$ の真ん中の点になる。

　(2) $-\dfrac{7}{2}=-3.5$ だから，0 より左側の -3 と -4 の真ん中の点になる。-3 より小さく -4 より大きい数であることに注意する。

(3)　0 より 2.5 大きい数は，$+2.5$ である。

❹ 数の大小は，絶対値を利用して考えることもできる。負の数は，絶対値が大きいほど小さくなる。

(1) $\dfrac{1}{3}=\dfrac{2}{6}$ より，$\dfrac{1}{6}<\dfrac{1}{3}$ だから，$-\dfrac{1}{3}<-\dfrac{1}{6}$

　よって，$-\dfrac{1}{3}<-\dfrac{1}{6}<+\dfrac{1}{10}$

　または，$+\dfrac{1}{10}>-\dfrac{1}{6}>-\dfrac{1}{3}$

(2) $\dfrac{9}{2}=4.5$ より，$3.5<4<4.5$ だから，

　$-\dfrac{9}{2}<-4<-3.5$　または，$-3.5>-4>-\dfrac{9}{2}$

ポイント

3つ以上の数の大小を表すときは，
不等号の向きをすべて同じにする。
小 < 中 < 大　　または　　大 > 中 > 小

❺ $\dfrac{1}{10}=0.1$ より，$0.01<\dfrac{1}{10}<100$ だから，

$-100<-\dfrac{1}{10}<-0.01$

また，(負の数)<0 だから，0 がもっとも大きい。

❻ (1) 絶対値が9だから，原点から9の距離にある点を考える。
　　$+9$ と -9 の2つある。

　ミス注意！ 0を除いて，絶対値が●である数は$+$●と$-$●の2つある。

　(2) 絶対値が5より小さい整数は，$-4,\ -3,\ -2,$ $-1,\ 0,\ +1,\ +2,\ +3,\ +4$ の9個ある。

　(3) 絶対値が10より大きく14より小さい整数だから，絶対値が11, 12, 13である整数を考える。

　(4) $\dfrac{17}{4}=4\dfrac{1}{4}$，$\dfrac{41}{5}=8\dfrac{1}{5}$ より，絶対値が5以上8以下の整数を考える。
　　絶対値が5, 6, 7, 8である整数は，$-8,\ -7,$ $-6,\ -5,\ +5,\ +6,\ +7,\ +8$ の8個ある。

❼ (1) $+\dfrac{1}{2}=+0.5$ である。$+$，$-$の符号をとった数が同じであれば，絶対値は等しい。

　(2) 絶対値が小さい数ほど0に近い。

　$\dfrac{1}{6}=\dfrac{5}{30}$，$\dfrac{1}{2}=\dfrac{15}{30}$，$\dfrac{2}{3}=\dfrac{20}{30}$，$\dfrac{1}{5}=\dfrac{6}{30}$ より，

　$\dfrac{1}{6}<\dfrac{1}{5}<\dfrac{1}{2}<\dfrac{2}{3}$ だから，$-\dfrac{1}{6}$ の絶対値がもっとも小さい。

(3)　数直線上に，5つの数に対応する点をしるすと，

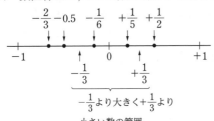

$$-\frac{1}{3}より大きく+\frac{1}{3}より$$
$$小さい数の範囲$$

(4)　符号を変えて負の数になるものについて考える。

$$+\frac{1}{2} \rightarrow -\frac{1}{2}, \quad +\frac{1}{5} \rightarrow -\frac{1}{5}$$

負の数は，絶対値が大きいほど小さいので，

$$-\frac{1}{2} < -\frac{1}{5}$$

❽ (1)　今週の木曜日の売り上げ個数は，先週より13個少ない。つまり，先週の木曜日の個数は，今週より13個多いので，
62＋13＝75（個）

(2)　今週の土曜日の売り上げ個数は，先週より8個多い。つまり，先週の土曜日の個数は，今週より8個少ないので，
92－8＝84（個）

(3)　今週の火曜日の売り上げ個数は，先週より1個多い，つまり，先週の火曜日の個数は今週より1個少ないので，
76－1＝75（個）
この75個は，今週の月曜日の売り上げ個数を基準にすると，87－75＝12（個）少ない数なので，－の符号を使って「－12個」と表すことができる。

ポイント

基準とのちがいを，正の数，負の数を使って表せるようにしよう。

① ㋐～㋓の数の絶対値は，それぞれの数から＋，－の符号をとって考える。

㋐　－4の絶対値は4

㋑　0の絶対値は0

㋒　3の絶対値は3

㋓　$-\frac{9}{2}$ の絶対値は $\frac{9}{2}$（＝4.5）

② 絶対値が2.5より小さい整数は，
－2.5より大きく＋2.5より小さい整数だから，
－2，－1，0，＋1，＋2の5個ある。

p.10~11 ステージ**1**

❶ (1)　＋13　　(2)　－8　　(3)　－3

(4)　＋12　　(5)　0　　(6)　0

❷ (1)　－9　　(2)　－10

❸ (1)　＋1.9　　(2)　－17.7　　(3)　＋10.4

(4)　＋1　　(5)　0　　(6)　$-\frac{1}{12}$

❹ (1)　0　　(2)　$-\frac{5}{16}$

●解説●

❶ (1)(2)　同符号の2つの数の和は，絶対値の和に共通の符号をつける。

(3)(4)　異符号の2つの数の和は，絶対値の大きいほうから小さいほうをひき，絶対値の大きいほうの符号をつける。

(5)(6)　絶対値の等しい異符号の2つの数の和は，0である。

❷ 0との加法　　$a+0=a$　　$0+a=a$

❸ 小数や分数の加法も，整数のときと同じように考えて計算すればよい。

(1)　$(+0.6)+(+1.3)=+(0.6+1.3)=+1.9$

(2)　$(-9.5)+(-8.2)=-(9.5+8.2)=-17.7$

(3)　$\underline{(+10.4)}+0=+10.4$ ← はじめの数になる。

(4)　$\left(+\frac{3}{2}\right)+\left(-\frac{1}{2}\right)=+\left(\frac{3}{2}-\frac{1}{2}\right)=+\frac{2}{2}=+1$

(5)　$\left(-\frac{7}{5}\right)+\left(+\frac{7}{5}\right)=0$ ← 絶対値の等しい異符号の2つの数の和

(6)　$\left(-\frac{3}{4}\right)+\left(+\frac{2}{3}\right)=\underline{\left(-\frac{9}{12}\right)+\left(+\frac{8}{12}\right)}$

通分

$$=-\left(\frac{9}{12}-\frac{8}{12}\right)=-\frac{1}{12}$$

❹ 加法の交換法則・結合法則を使う。

(1)　$(+2)+(-11)+(+14)+(-5)$

$$=\underbrace{\{(+2)+(+14)\}}_{正の数の和}+\underbrace{\{(-11)+(-5)\}}_{負の数の和}$$

$$=\underline{(+16)}+\underline{(-16)}=0$$

(2)　$\left(-\frac{1}{2}\right)+\left(+\frac{1}{4}\right)+\left(-\frac{1}{8}\right)+\left(+\frac{1}{16}\right)$　　通分

$$=\left(-\frac{8}{16}\right)+\left(+\frac{4}{16}\right)+\left(-\frac{2}{16}\right)+\left(+\frac{1}{16}\right)$$

$$=\left\{\left(+\frac{4}{16}\right)+\left(+\frac{1}{16}\right)\right\}+\left\{\left(-\frac{8}{16}\right)+\left(-\frac{2}{16}\right)\right\}$$

$$=\left(+\frac{5}{16}\right)+\left(-\frac{10}{16}\right)$$

$$=-\frac{5}{16}$$

p.12~13　ステージ1

❶ (1) $(+7)+(-8)$　　(2) $(+1)+(+5)$
　(3) $(-2)+(-10)$　(4) $(-4)+(+9)$

❷ (1) -2　　(2) $+8$　　(3) -4
　(4) $+2$　　(5) $+9$　　(6) $+19$
　(7) $+5$　　(8) -13

❸ (1) -1.6　(2) -6.5　(3) $+3$
　(4) $-\dfrac{13}{12}$　(5) 0　　(6) $+2$

❹ 例 ひく整数を -2 としたとき，
　　-5 から -2 をひくと，$-5-(-2)=-3$
　　$-3>-5$ であるから，いつでも -5 より
　　小さくなるとはいえない。

解説

❶ 正の数，負の数をひくことは，その数の符号を
変えて加えることと同じである。
(1) ひく数の $+8$ を -8 に変えて加える。
(2) ひく数の -5 を $+5$ に変えて加える。

❷ 加法になおしてから計算する。
(1) $(+2)-(+4)=(+2)+(-4)=-2$
(2) $(+5)-(-3)=(+5)+(+3)=+8$
(3) $(-3)-(+1)=(-3)+(-1)=-4$
(4) $(-7)-(-9)=(-7)+(+9)=+2$
(5) $(-6)-(-15)=(-6)+(+15)=+9$
(6) $(+8)-(-11)=(+8)+(+11)=+19$
(7) 0 からある数をひくことは，その数の符号を
変えることと同じ。$0-(-5)=0+(+5)=+5$
(8) どんな数から 0 をひいても，差ははじめの数
になる。$(-13)-0=-13$

❸ (1) $(+2.3)-(+3.9)=(+2.3)+(-3.9)=-1.6$
(2) $(-5.3)-(+1.2)=(-5.3)+(-1.2)=-6.5$
(3) $\left(+\dfrac{1}{2}\right)-\left(-\dfrac{5}{2}\right)=\left(+\dfrac{1}{2}\right)+\left(+\dfrac{5}{2}\right)=+\dfrac{6}{2}=+3$
(4) $\left(-\dfrac{3}{4}\right)-\left(+\dfrac{1}{3}\right)=\left(-\dfrac{3}{4}\right)+\left(-\dfrac{1}{3}\right)$
　　$=\left(-\dfrac{9}{12}\right)+\left(-\dfrac{4}{12}\right)=-\dfrac{13}{12}$

(5)(6)は，小数か分数のどちらかにそろえる。
(5) $(-0.3)-\left(-\dfrac{3}{10}\right)=(-0.3)+(+0.3)=0$
(6) $\left(+\dfrac{3}{2}\right)-(-0.5)=(+1.5)+(+0.5)=+2$

❹ ある数から負の数をひくと，差はもとの数より
大きくなる。$-5-(-2)=-3$

p.14~15　ステージ1

❶ (1) $-9, -6, +4$
　(2) $-1, -4, +6, +10$
　(3) $-\dfrac{1}{2}, +\dfrac{5}{3}, -\dfrac{3}{4}$

❷ (1) $-4+9-1$　　(2) $-17+3-5-8$

❸ (1) 12　　(2) 6　　(3) -16
　(4) 1

❹ (1) 21　　(2) 6　　(3) -18
　(4) -12　(5) -2.7　(6) 6.4
　(7) $-\dfrac{7}{4}$　(8) $\dfrac{5}{6}$

解説

❶ (1) $(-9)-(+6)-(-4)=(-9)+(-6)+(+4)$
(2) $(-1)-(+4)-(-6)+(+10)$
　$=(-1)+(-4)+(+6)+(+10)$
(3) $-\dfrac{1}{2}+\dfrac{5}{3}-\dfrac{3}{4}=\left(-\dfrac{1}{2}\right)+\left(+\dfrac{5}{3}\right)+\left(-\dfrac{3}{4}\right)$

❷ 項だけを書き並べた式にするには，加法だけの
式から，かっこと加法の記号＋をはぶくとよい。

❸ 加法の交換法則を使って項を入れかえ，結合法
則を使って正の数の和，負の数の和をそれぞれ求
めたり，和が 0 になる 2 つの数を見つけると計算
しやすい。
(1) $17-8+3=17+3-8=20-8=12$
(2) $-1+4-2+5=4+5-1-2=9-3=6$
(3) $-9-16+9=-9+9-16=0-16=-16$
(4) $-10+6-2+10-3=-10+10+6-2-3$
　　　$=0+6-5=1$

❹ (1) $14+(-3)-(-10)$
　　$=14-3+10=14+10-3=24-3=21$
(2) $-12-(-13)+(+5)$
　$=-12+13+5=13+5-12=18-12=6$
(3) $-10-(-12)-20=-10+12-20$
　$=12-10-20=12-30=-18$
(4) $-26-(-21)+0-7$
　$=-26+21-7=21-26-7=21-33=-12$
(5) $2.7-3.8-1.6=2.7-5.4=-2.7$
(6) $5.6+(-0.2)-(-1)$
　$=5.6-0.2+1=5.6+1-0.2=6.6-0.2=6.4$
(7) $\dfrac{1}{4}-\dfrac{5}{4}-\dfrac{3}{4}=-\dfrac{7}{4}$
(8) $1-\dfrac{2}{3}+\dfrac{1}{2}=\dfrac{6}{6}-\dfrac{4}{6}+\dfrac{3}{6}=\dfrac{5}{6}$

p.16~17 ステージ**2**

❶ (1) -7　(2) -55　(3) 0.9

(4) -1　(5) -33　(6) -3

(7) 6　(8) -2　(9) 5.6

(10) $-\dfrac{5}{12}$　(11) $\dfrac{1}{72}$　(12) 1.1

❷ (1) 20 冊　(2) 5 冊

(3)

月	火	水	木	金
-8	-17	-2	-11	0

(4) 87 冊

❸ 例 交換法則

$(+2)+(-7)=-5$,　$(-7)+(+2)=-5$

これより, $(+2)+(-7)=(-7)+(+2)$

例 結合法則

$\{(-3)+(+8)\}+(+2)=(+5)+(+2)=+7$,

$(-3)+\{(+8)+(+2)\}=(-3)+(+10)=+7$

これより, $\{(-3)+(+8)\}+(+2)$

$=(-3)+\{(+8)+(+2)\}$

❹ 7

❺ 20, 36

❻ (1) ㋐ -9　㋑ $+19$　(2) C　(3) 24 点

•　•　•　•　•　•

① (1) -5　(2) 9　(3) -8

(4) 6　(5) $-\dfrac{7}{20}$　(6) $\dfrac{1}{18}$

◀━━━ 解説 ━━━▶

❶ (1) $(-42)+(+35)=-42+35=-7$

(2) $(-16)-(+39)=-16-39=-55$

(3) $(+2.8)-(+1.9)=2.8-1.9=0.9$

(4) $-0.6+\left(-\dfrac{2}{5}\right)=-0.6-\dfrac{2}{5}=-0.6-0.4=-1$

(5) $-12-27+29-23=29-12-27-23=-33$

(6) $1-2+3-4+5-6=1+3+5-2-4-6=-3$

(7) $18+(-26)-15-(-29)=18-26-15+29$

　$=18+29-26-15=47-41=6$

(8) $2-\{3-(-1)\}=2-(3+1)=2-4=-2$

(9) $-1.8-(-5.5)+3.2-(+1.3)$

　$=-1.8+5.5+3.2-1.3=8.7-3.1=5.6$

(10) $\dfrac{1}{6}+\left(-\dfrac{2}{3}\right)-\dfrac{1}{2}-\left(-\dfrac{7}{12}\right)=\dfrac{1}{6}-\dfrac{2}{3}-\dfrac{1}{2}+\dfrac{7}{12}$

　$=\dfrac{2}{12}+\dfrac{7}{12}-\dfrac{8}{12}-\dfrac{6}{12}=\dfrac{9}{12}-\dfrac{14}{12}=-\dfrac{5}{12}$

(11) $-\dfrac{1}{4}+\dfrac{3}{8}+\left(-\dfrac{2}{3}\right)-\left(-\dfrac{5}{9}\right)$

　$=-\dfrac{1}{4}+\dfrac{3}{8}-\dfrac{2}{3}+\dfrac{5}{9}=-\dfrac{2}{8}+\dfrac{3}{8}-\dfrac{6}{9}+\dfrac{5}{9}=\dfrac{1}{72}$

(12) $\dfrac{1}{5}+(-1.8)-(-0.9)-\left(-\dfrac{9}{5}\right)$

　$=\dfrac{1}{5}-1.8+0.9+\dfrac{9}{5}=0.2-1.8+0.9+1.8=1.1$

❷ (1) もっとも多い日は, 基準とのちがいが $+8$ の金曜日だから, $12+(+8)=20$（冊）

(2) もっとも少ない日は, 基準とのちがいが -9 の火曜日である。水曜日と火曜日の冊数の差は $(+6)-(-9)=15$（冊）だから, $20-15=5$（冊）

(3) 金曜日を基準の 0 にすると,

　月曜日は $0-(+8)=-8$,

　火曜日は $(-9)-(+8)=-17$,

　水曜日は $(+6)-(+8)=-2$,

　木曜日は $(-3)-(+8)=-11$

(4) (3)の表より, 貸し出し冊数の合計は,

　$25\times5+(-8)+(-17)+(-2)+(-11)=87$（冊）

❸ 具体的な数をあてはめて確かめる。

❹ 4 の目 → -4, 5 の目 → $+5$, 2 の目 → -2,

3 の目 → $+3$ となるので,

$(-4)+(+5)+(-2)+(+3)+(+5)=7$

❺ 48 の約数は, 1, 2, 3, 4, 6, 8, 12, 16, 24, 48 である。このうち, ○−△$=-12$ となる数は,

$4-16=-12$ より, ○…4, △…16

$12-24=-12$ より, ○…12, △…24

よって, ○＋△ は, $4+16=20$ と $12+24=36$

❻ (1) 2 回目の B, C, D の得点の合計は,

　$(+15)+(-12)+(+6)=+9$（点）

　また, 3 回目の A, B, D の得点の合計は,

　$(-11)+(-9)+(+1)=-19$（点）

(2) 2 回目までの 4 人のそれぞれの合計点は,

　A…-2, B…$+7$, C…-8, D…$+3$

(3) 3 回すべての 4 人の合計点は, それぞれ

　A…-13, B…-2, C…$+11$, D…$+4$

　となるから, $(+11)-(-13)=24$（点）

① (1) $-16+11=-5$

(2) $2-(-7)=2+7=9$

(3) $-7+3-4=3-7-4=3-11=-8$

(4) $-3-(-8)+1=-3+8+1=-3+9=6$

(5) $\left(-\dfrac{3}{4}\right)+\dfrac{2}{5}=-\dfrac{15}{20}+\dfrac{8}{20}=-\dfrac{7}{20}$

(6) $\dfrac{8}{9}+\left(-\dfrac{3}{2}\right)-\left(-\dfrac{2}{3}\right)=\dfrac{8}{9}-\dfrac{3}{2}+\dfrac{2}{3}$

　$=\dfrac{16}{18}+\dfrac{12}{18}-\dfrac{27}{18}=\dfrac{28}{18}-\dfrac{27}{18}=\dfrac{1}{18}$

❶ (1) 36　　(2) 180　　(3) −18

　(4) −3.6　(5) $\dfrac{3}{2}$　(6) $-\dfrac{2}{3}$

　(7) −6　　(8) 0

❷ (1) 8　　(2) −7

❸ (1) 9000　(2) −49　(3) −5.6

　(4) −4

❹ (1) −135　(2) 308　(3) 72

　(4) −100　(5) 81　(6) −10

━━━━━━━　解 説　━━━━━━━

❶ 同符号の2つの数の積は，絶対値の積に正の符号をつける。

異符号の2つの数の積は，絶対値の積に負の符号をつける。

(1) $(+12)\times(+3)=+(12\times3)=36$

(2) $(-9)\times(-20)=+(9\times20)=180$

(3) $(+10)\times(-1.8)=-(10\times1.8)=-18$

(4) $(-2.4)\times(+1.5)=-(2.4\times1.5)=-3.6$

(5) $\left(-\dfrac{2}{5}\right)\times\left(-\dfrac{15}{4}\right)=+\left(\dfrac{\overset{1}{\cancel{2}}}{\cancel{5}}\times\dfrac{\overset{3}{\cancel{15}}}{\cancel{4}_{2}}\right)=\dfrac{3}{2}$

(6) $(+0.5)\times\left(-\dfrac{4}{3}\right)=\left(+\dfrac{1}{2}\right)\times\left(-\dfrac{4}{3}\right)$

　　　$=-\left(\dfrac{1}{\cancel{2}}\times\dfrac{\overset{2}{\cancel{4}}}{3}\right)=-\dfrac{2}{3}$

(7) どんな数に1をかけても，積ははじめの数になる。$(-6)\times1=-(6\times1)=-6$

(8) どんな数に0をかけても，積は0になる。$(-12)\times0=0$

ポイント

分数のかけ算では，できるだけ途中で約分をしていくとよい。

❷ ある数と−1との積を求めることは，その数の符号を変えることと同じである。

(1) $-(-8)=(-1)\times(-8)=8$

(2) $-(+7)=(-1)\times(+7)=-7$

❸ 乗法では，交換法則や結合法則が成り立つので，いくつかの正負の数をかけるとき，数の順序や組み合わせを変えて計算することができる。

(1) $(-125)\times(+9)\times(-8)$

　　$=(+9)\times\{(-125)\times(-8)\}$　$\}$125×8=1000 を利用して，先に計算する。

　　$=(+9)\times(+1000)$

　　$=9000$

(2) $(+7)\times(-3.5)\times(+2)$

　　$=(+7)\times\underset{\text{先に計算する}}{\underline{\{(-3.5)\times(+2)\}}}$

　　$=(+7)\times(-7)=-49$

(3) $\left(-\dfrac{1}{6}\right)\times(-5.6)\times(-6)$

　　$=(-5.6)\times\underset{\text{先に計算する}}{\underline{\left\{\left(-\dfrac{1}{6}\right)\times(-6)\right\}}}$

　　$=(-5.6)\times\left(+\dfrac{1}{\cancel{6}}\times\overset{1}{\cancel{6}}\right)=(-5.6)\times1=-5.6$

(4) $\left(+\dfrac{1}{5}\right)\times(+12)\times\left(-\dfrac{5}{3}\right)$

　　$=(+12)\times\underset{\text{先に計算する}}{\underline{\left\{\left(+\dfrac{1}{5}\right)\times\left(-\dfrac{5}{3}\right)\right\}}}$

　　$=(+12)\times\left(-\dfrac{1}{\cancel{5}}\times\dfrac{\overset{1}{\cancel{5}}}{3}\right)$

　　$=(+12)\times\left(-\dfrac{1}{3}\right)=-\left(\overset{4}{\cancel{12}}\times\dfrac{1}{\cancel{3}_{1}}\right)=-4$

ポイント

計算が簡単になる数の組み合わせを見つけられるようにする。

❹ 3つ以上の数の積は，

① 符号を決める。負の数が奇数個あれば「−」，偶数個あれば「＋」になる。

② 絶対値の積の計算をする。

(1) $5\times(-9)\times(+3)$　←負の数が1個

　　$=-(5\times9\times3)=-135$

(2) $(-4)\times11\times(-7)$　←負の数が2個

　　$=+(4\times11\times7)=308$

(3) $(-4.5)\times(-2)\times8$　←負の数が2個

　　$=+(4.5\times2\times8)=9\times8=72$

(4) $(-10)\times(-4)\times(-2.5)$　←負の数が3個

　　$=-(10\times4\times2.5)=-(10\times10)=-100$

(5) $1.5\times(-3)\times(-9)\times2$　←負の数が2個

　　$=+(1.5\times3\times9\times2)$

　　$=1.5\times2\times3\times9=3\times3\times9=81$

(6) $\left(-\dfrac{1}{4}\right)\times(-12)\times\left(-\dfrac{5}{3}\right)\times2$　←負の数が3個

　　$=-\left(\dfrac{1}{\cancel{4}_{1}}\times\overset{\overset{3}{\cancel{12}}}{}\times\dfrac{5}{\cancel{3}_{1}}\times2\right)=-10$

ポイント

いくつかの数の積を求めるときは，まず，積の符号を決める。

❶ (1) 3^5　　(2) $(-2)^3$　　(3) 0.4^2

　 (4) $(-0.7)^2$　(5) $\left(-\dfrac{1}{3}\right)^2$　(6) $\left(\dfrac{2}{5}\right)^3$

❷ (1) 36　　(2) -36　　(3) $\dfrac{4}{25}$

　 (4) 0.49　　(5) 144　　(6) 25

❸ (1) $32=2^5$　　　(2) $675=3^3\times5^2$

❹ (1) 4　　(2) 3　　(3) -10

　 (4) -2　　(5) 0　　(6) 0

　 (7) $-\dfrac{1}{6}$　　(8) $-\dfrac{4}{7}$

■ 解 説 ■

❶ (1)　3を5個かけているので，3^5

　 (2)　-2を3個かけているので，$(-2)^3$

　 (3)　0.4を2個かけているので，0.4^2

　 (4)　-0.7を2個かけているので，$(-0.7)^2$

　 (5)　$-\dfrac{1}{3}$を2個かけているので，$\left(-\dfrac{1}{3}\right)^2$

　 (6)　$\dfrac{2}{5}$を3個かけているので，$\left(\dfrac{2}{5}\right)^3$

❷ (1)　$\underline{(-6)^2}=(-6)\times(-6)=36$
　　　　　-6を2個かける。

　 (2)　$-\underline{6^2}=-(\underline{6\times6})=-36$
　　　　　6を2個かける。

　 (3)　$\underline{\left(-\dfrac{2}{5}\right)^2}=\left(-\dfrac{2}{5}\right)\times\left(-\dfrac{2}{5}\right)=\dfrac{4}{25}$

　 (4)　$\underline{0.7^2}=0.7\times0.7=0.49$

　 (5)　$(3\times4)^2=\underline{12^2}=\underline{12\times12}=144$

　 (6)　$(-1)\times(-5^2)=(-1)\times\{-(\underline{5\times5})\}$
　　　　　　　$=(-1)\times(-\underline{25})=25$

❸ 素因数分解した結果を表すとき，同じ数の積は，累乗の形で表すことができる。

❹ 同符号の2つの数の商は，絶対値の商に正の符号をつける。異符号の2つの数の商は，絶対値の商に負の符号をつける。

　 (1)　$(+24)\div(+6)=+(24\div6)=4$

　 (2)　$(-15)\div(-5)=+(15\div5)=3$

　 (3)　$(+30)\div(-3)=-(30\div3)=-10$

　 (4)　$(-16)\div(+8)=-(16\div8)=-2$

　 (5)　$0\div(+3)=0$

　 (6)　$0\div(-4)=0$

　　　| 0を正の数でわっても，負の数でわっても，商は0になる。 |

　 (7)　$(-7)\div42=-(7\div42)=-\dfrac{7}{42}=-\dfrac{1}{6}$

　 (8)　$12\div(-21)=-(12\div21)=-\dfrac{12}{21}=-\dfrac{4}{7}$

❶ (1) $-\dfrac{3}{5}$　　(2) -9　　(3) $-\dfrac{1}{10}$

　 (4) -1

❷ (1) $-\dfrac{9}{16}$　　(2) $\dfrac{1}{9}$　　(3) $-\dfrac{2}{3}$

　 (4) $-\dfrac{21}{4}$　　(5) -16　　(6) 10

　 (7) $\dfrac{1}{25}$　　(8) -4

❸ (1) 9　　(2) 6　　(3) $\dfrac{8}{5}$

　 (4) $-\dfrac{1}{15}$　　(5) -3　　(6) -7

■ 解 説 ■

❶ 2つの数の積が1のとき，一方の数を他方の数の逆数という。

　 (1)　$\left(-\dfrac{5}{3}\right)\times\left(-\dfrac{3}{5}\right)=1$ より，

　　　$-\dfrac{5}{3}$ の逆数は $-\dfrac{3}{5}$

　 (2)　$\left(-\dfrac{1}{9}\right)\times(-9)=1$ より，

　　　$-\dfrac{1}{9}$ の逆数は -9

　 (3)　$(-10)\times\left(-\dfrac{1}{10}\right)=1$ より，

　　　-10 の逆数は $-\dfrac{1}{10}$

　 (4)　$(-1)\times(-1)=1$ より，
　　　-1 の逆数は -1

ポイント

正負の数の逆数は，
その数の絶対値の逆数にもとの符号をつけた数である。

❷ (1)　$\left(+\dfrac{3}{8}\right)\div\left(-\dfrac{2}{3}\right)=\left(+\dfrac{3}{8}\right)\times\left(-\dfrac{3}{2}\right)=-\dfrac{9}{16}$

　 (2)　$\left(-\dfrac{4}{21}\right)\div\left(-\dfrac{12}{7}\right)=\left(-\dfrac{4}{21}\right)\times\left(-\dfrac{7}{12}\right)=\dfrac{1}{9}$

　 (3)　$\dfrac{3}{4}\div\left(-\dfrac{9}{8}\right)=\dfrac{3}{4}\times\left(-\dfrac{8}{9}\right)=-\dfrac{2}{3}$

　 (4)　$\left(-\dfrac{7}{3}\right)\div\dfrac{4}{9}=\left(-\dfrac{7}{3}\right)\times\dfrac{9}{4}=-\dfrac{21}{4}$

　 (5)　$12\div\left(-\dfrac{3}{4}\right)=12\times\left(-\dfrac{4}{3}\right)=-16$

　 (6)　$(-2)\div\left(-\dfrac{1}{5}\right)=(-2)\times(-5)=10$

(7) $\left(-\dfrac{2}{5}\right)\div(-10)=\left(-\dfrac{2}{5}\right)\times\left(-\dfrac{1}{10}\right)=\dfrac{1}{25}$

(8) 0.3 を分数になおしてから，逆数を考える。

$0.3=\dfrac{3}{10}$ より，-0.3 の逆数は $-\dfrac{10}{3}$

$\dfrac{6}{5}\div(-0.3)=\dfrac{6}{5}\times\left(-\dfrac{10}{3}\right)=-4$

ポイント

正負の数でわることは，
その数の逆数をかけることと同じである。

❸ 乗法と除法が混じった式は，乗法だけの式になおして計算する。

(1) $18\div(-8)\times(-4)=18\times\left(-\dfrac{1}{8}\right)\times(-4)$
$\qquad\qquad=+\left(\overset{9}{\cancel{18}}\times\dfrac{1}{\cancel{8}}\times\overset{1}{\cancel{4}}\right)=9$

(2) $(-4)\div\dfrac{3}{8}\times\left(-\dfrac{9}{16}\right)=(-4)\times\dfrac{8}{3}\times\left(-\dfrac{9}{16}\right)$
$\qquad\qquad=+\left(\overset{1}{\cancel{4}}\times\dfrac{\overset{2}{\cancel{8}}}{3}\times\dfrac{\overset{3}{\cancel{9}}}{\cancel{16}}\right)=6$

(3) $(-20)\times\dfrac{3}{5}\div\left(-\dfrac{15}{2}\right)=(-20)\times\dfrac{3}{5}\times\left(-\dfrac{2}{15}\right)$
$\qquad\qquad=+\left(\overset{4}{\cancel{20}}\times\dfrac{3}{5}\times\dfrac{2}{\underset{5}{\cancel{15}}}\right)=\dfrac{8}{5}$

(4) $\left(-\dfrac{2}{3}\right)\div12\times\dfrac{6}{5}=\left(-\dfrac{2}{3}\right)\times\dfrac{1}{12}\times\dfrac{6}{5}$
$\qquad\qquad=-\left(\dfrac{\overset{1}{\cancel{2}}}{3}\times\dfrac{1}{\underset{6}{\cancel{12}}}\times\dfrac{\overset{1}{\cancel{6}}}{5}\right)=-\dfrac{1}{15}$

(5) $\left(-\dfrac{3}{7}\right)\div\left(-\dfrac{4}{3}\right)\div\left(-\dfrac{3}{28}\right)$
$=\left(-\dfrac{3}{7}\right)\times\left(-\dfrac{3}{4}\right)\times\left(-\dfrac{28}{3}\right)$
$=-\left(\dfrac{\overset{1}{\cancel{3}}}{\cancel{7}}\times\dfrac{3}{\cancel{4}}\times\dfrac{\overset{4}{\cancel{28}}}{\underset{1}{\cancel{3}}}\right)$
$=-3$

(6) $(-7)^2\div14\times(-2)$
$=49\times\dfrac{1}{14}\times(-2)$
$=-\left(\overset{7}{\cancel{49}}\times\dfrac{1}{\underset{2}{\cancel{14}}}\times\overset{1}{\cancel{2}}\right)$
$=-7$

---

p.24〜25　■■■ ステージ**1**

❶ (1) **25**　　(2) **−20**　　(3) **−16**
　(4) **−3**　　(5) **9**　　(6) **6**
　(7) **12**　　(8) **−19**　　(9) **9**
　(10) **−17**　　(11) **18**　　(12) **−1**

❷ (1) **−22**　　(2) **19**　　(3) **3**
　(4) **−180**　　(5) **−160**　　(6) **−5247**

❸ (1) 〔まちがいの説明〕　累乗を計算するとき，6 ではなく −6 を 2 個かけている。
　〔正しい計算〕　$5-(-6^2)\div(-4)$
　$=5-\{-(6\times6)\}\div(-4)$
　$=5-(-36)\div(-4)=5-9=-4$

　(2) 〔まちがいの説明〕　分配法則を利用して計算するとき，−5 に −3 をかけていない。
　〔正しい計算〕　$(-3)\times\left(-\dfrac{7}{3}-5\right)$
　$=(-3)\times\left(-\dfrac{7}{3}\right)+(-3)\times(-5)=7+15=22$

■■■ 解説 ◀■■■

❶ (1) $7-\underline{6\times(-3)}=7-(-18)=7+18=25$

　(2) $-18+\underline{8\div(-4)}=-18+(\underline{-2})=-18-2=-20$

　(3) $-8-\underline{4\times2}=-8-\underline{8}=-16$

　(4) $15\div(-7+2)=15\div(-5)=-3$

　(5) $9-\underline{(-5)\times2}+(-10)=9-(\underline{-10})-10=9$

　(6) $(-3)\times(-4+2)=(-3)\times(-2)=6$

　(7) $24\div\underline{(-9-3)}+14=24\div(\underline{-12})+14=12$

　(8) $-16-\underline{(6-18)}\div(-4)$
　$=-16-(\underline{-12})\div(-4)=-16-3=-19$

　(9) $81\div(-3)^2=81\div9=9$

　(10) $\underline{(-2)^3}+(\underline{-3^2})=\underline{-8}+(\underline{-9})=-8-9=-17$

　(11) $-2+(-5)\times(\underline{-2^2})=-2+(-5)\times(-4)=18$

　(12) $-32\div(1-3)^2-(-7)=-32\div4+7=-1$

❷ (1) $\left(\dfrac{2}{9}-\dfrac{5}{6}\right)\times\underline{36}=\dfrac{2}{9}\times\underline{36}-\dfrac{5}{6}\times\underline{36}=-22$

　(2) $\left(-\dfrac{5}{8}-\dfrac{1}{6}\right)\times(\underline{-24})$
　$=-\dfrac{5}{8}\times(\underline{-24})+\left(-\dfrac{1}{6}\right)\times(\underline{-24})=15+4=19$

　(3) $(\underline{-10})\times\left(-\dfrac{3}{5}+0.3\right)$
　$=(\underline{-10})\times\left(-\dfrac{3}{5}\right)+(\underline{-10})\times0.3=6-3=3$

　(4) $4\times\underline{15}-16\times\underline{15}=(4-16)\times\underline{15}=-180$

　(5) $13\times(\underline{-16})-3\times(\underline{-16})=10\times(\underline{-16})=-160$

　(6) $99\times(-53)=(\underset{\sim}{100}-1)\times(-53)$
　$=100\times(-53)-1\times(-53)=-5300+53=-5247$

❶ (1) $7, +\dfrac{8}{2}, 72$

(2) $-27, 0, 7, +\dfrac{8}{2}, 72$

❷ (1) ⑦ 数　　⑦ 整数　　⑦ 自然数

(2) ① ⑦　　　② ⑦　　　③ ⑦

④ ⑦　　　⑤ ⑦　　　⑥ ⑦

❸

	加法	減法	乗法	除法
自然数	○	×	○	×
整　数	○	○	○	×
数	○	○	○	○

───── 解 説 ─────

❶ (1) 自然数は正の整数のことだから，

$7, +\dfrac{8}{2}=+4, 72$ である。

(2) 0は整数にふくまれることに注意しよう。

ミス注意 $+\dfrac{8}{2}$ は $+4$ のことだから，自然数で

ある。自然数や整数は，すべて分数の形で表す

ことができるので，整数の集合は分数の集合に

ふくまれる。

❷ (1) 自然数は正の整数だから，自然数はすべて

整数である。また，数全体の集合には，整数，

分数，小数がすべてふくまれる。

(2) ① $-3-5=-8$

負の整数だから，⑦に入る。

② $4.1-(-5)=9.1$　小数だから，⑦に入る。

③ $2×7-6=8$　自然数だから，⑦に入る。

④ $6×(-3)÷2=-9$

負の整数だから，⑦に入る。

⑤ $\dfrac{1}{3}÷\dfrac{1}{2}=\dfrac{2}{3}$　分数だから，⑦に入る。

⑥ $2.5×\dfrac{3}{4}=1.875$　小数だから，⑦に入る。

❸ 〔自然数の集合で計算できない例〕

$2-5=-3$　　$2÷5=0.4$

〔整数の集合で計算できない例〕　$-3÷7=-\dfrac{3}{7}$

ポイント

数の範囲を自然数の集合から整数の集合にひろげる

と，減法の結果はいつでも求められるようになる。

さらに，数の範囲を数全体の集合までひろげると，

除法の結果もいつでも求められるようになる。

❶ (1) ⑦ 135　　　　　⑦ 146

⑦ 190　　　　　⑦ +32

(2) 156.6 g

❷ (1) B…158 cm　　　C…147 cm

D…151 cm　　　E…165 cm

(2) 18 cm　　　(3) 149 cm

❸ (1)

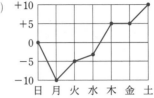

(2) 土曜日　42個

───── 解 説 ─────

❶ (1) ⑦　$150+(-15)=135$

⑦　$150+(-4)=146$

⑦　$150+(+40)=190$

⑦　$182-150=+32$

（それぞれの重さ）
＝（基準の重さ）
＋（基準とのちがい）

(2) 基準の重さとのちがいの平均は，

$\{(-20)+(-15)+(+32)+(-4)+(+40)\}÷5$

$=+6.6$ (g) だから，

缶の重さの平均は，$150+(+6.6)=156.6$ (g)

別解 $(130+135+182+146+190)÷5$

$=156.6$ (g)

❷ (1) B　$154+(+4)=158$ (cm)

C　$154+(-7)=147$ (cm)

D　$154+(-3)=151$ (cm)

E　$154+(+11)=165$ (cm)

(2) もっとも身長が高い人はE，もっとも身長の

低い人はCだから，$(+11)-(-7)=18$ (cm)

(3) 基準とのちがいの平均は，

$\{0+(+4)+(-7)+(-3)+(+11)\}÷5$

$=+1$ (cm) で，Aの身長に基準とのちがいの平

均をたした値が，5人の身長の平均 157 cm に

なるから，Aの身長は，$157-(+1)=156$ (cm)

よって，Cの身長は，$156+(-7)=149$ (cm)

❸ (1) 日曜日を基準の0とすると，

月…$0-10=-10$，　火…$-10+5=-5$，

水…$-5+2=-3$，　木…$-3+8=5$，

金…$5+0=5$，　　　土…$5+5=10$

(2) グラフより，売り上げ個数は土曜日がもっと

も多く，日曜日より10個多いことがわかるの

で，$32+10=42$ (個)

p.30~31 ステージ2

❶ (1) -6　(2) $\dfrac{2}{3}$　(3) $\dfrac{4}{5}$

　(4) $-\dfrac{15}{8}$　(5) $\dfrac{3}{16}$　(6) $-\dfrac{3}{32}$

❷ (1) -2　(2) 30　(3) -64

　(4) 7　(5) 4　(6) 0

❸ (1) 48　　(2) -1900

❹ □…÷　　○…＋

❺ (1) 西へ 3 m 移動する。

　(2) 10 m

❻ (1) ①, ③　(2) ①

● ● ● ● ● ● ●

① (1) -2　　(2) 28

② ④

③ 156 cm

━━━━━━━ 解 説 ━━━━━━━

❶ (1) $(+1.2)\times(-5)=-(1.2\times5)=-6$

(2) $\left(-\dfrac{4}{5}\right)\times\left(-\dfrac{5}{6}\right)=+\left(\dfrac{4}{5}\times\dfrac{5}{6}\right)=\dfrac{2}{3}$

(3) $(-8)\div(-10)=+(8\div10)=\dfrac{8}{10}=\dfrac{4}{5}$

(4) $\dfrac{5}{12}\div\left(-\dfrac{2}{9}\right)=\dfrac{5}{12}\times\left(-\dfrac{9}{2}\right)$

　$=-\left(\dfrac{5}{12}\times\dfrac{9}{2}\right)=-\dfrac{15}{8}$

(5) $\dfrac{1}{6}\div\left(-\dfrac{4}{15}\right)\times\left(-\dfrac{3}{10}\right)$

　$=\dfrac{1}{6}\times\left(-\dfrac{15}{4}\right)\times\left(-\dfrac{3}{10}\right)$

　$=+\left(\dfrac{1}{6}\times\dfrac{15}{4}\times\dfrac{3}{10}\right)=\dfrac{3}{16}$

(6) $(-6)\div\left(-\dfrac{8}{3}\right)\div(-24)$

　$=(-6)\times\left(-\dfrac{3}{8}\right)\times\left(-\dfrac{1}{24}\right)$

　$=-\left(6\times\dfrac{3}{8}\times\dfrac{1}{24}\right)=-\dfrac{3}{32}$

ポイント

正負の数でわることは，その数の逆数をかけることと同じだから，乗法だけの式になおして計算する。

❷ (1) $10-\underline{4\times3}=10-\underline{12}$ ←乗法が先
　　　　　　$=-2$

(2) $35-\underline{(-15)\div(-3)}=35-\underline{5}$ ←除法が先
　　　　　　$=30$

(3) $-4\times\{\underline{13-(-3)}\}$ ←{ }の中が先
　$=-4\times\underline{(13+3)}$
　$=-4\times\underline{16}=-64$

(4) $4-9\div\underline{(2-5)}$ ←( )の中が先
　$=4-9\div\underline{(-3)}$
　$=4+3=7$

(5) $5-25\div\underline{(-5)^2}$ ←累乗が先
　$=5-25\div\underline{25}$
　$=5-1=4$

(6) $-\dfrac{8}{9}-\underline{\left(-\dfrac{2}{3}\right)^2}\times(-2)$ ←累乗が先

　$=-\dfrac{8}{9}-\underline{\dfrac{4}{9}}\times(-2)$

　$=-\dfrac{8}{9}+\dfrac{8}{9}=0$

❸ (1) $\left(\dfrac{5}{6}-\dfrac{7}{2}\right)\times\underline{(-18)}$ ←分配法則を使う。

　$=\dfrac{5}{6}\times\underline{(-18)}-\dfrac{7}{2}\times\underline{(-18)}=-15+63=48$

(2) $\underline{(-19)}\times63+\underline{(-19)}\times37$ ←分配法則を使う。
　$=\underline{(-19)}\times(63+37)=(-19)\times100=-1900$

ポイント

分配法則
$(a+b)\times c=a\times c+b\times c$
$c\times(a+b)=c\times a+c\times b$

❹ まず，計算の結果が負の数になるときの□と○にあてはまる記号や符号を考える。

㋐ □が＋のときは，○は－にする。
　$\left(-\dfrac{1}{4}\right)\boxplus\left(\ominus\dfrac{1}{3}\right)=-\dfrac{7}{12}$

㋑ □が×のときは，○は＋にする。
　$\left(-\dfrac{1}{4}\right)\boxtimes\left(\oplus\dfrac{1}{3}\right)=-\dfrac{1}{12}$

㋒ □が÷のときは，○は＋にする。
　$\left(-\dfrac{1}{4}\right)\boxdiv\left(\oplus\dfrac{1}{3}\right)=-\dfrac{3}{4}=-\dfrac{9}{12}$

もっとも小さい数は，㋒である。

ポイント

負の数は，絶対値が大きいほど小さい。

❺ 勝って東へ 3 m 移動することを $+3$ m，負けて西へ 2 m 移動することを -2 m と表すことにする。

(1) 4 回のうち 1 回勝ち，3 回負けることになるので，$(+3)\times1+(-2)\times3=-3$ (m)
　よって，西へ 3 m 移動する。

(2) 10回のうちBが6回勝つということは，
Aが4回勝つことになる。

Aは4回勝ち，6回負けることになるから，
$(+3)×4+(-2)×6=0$ (m)

Bは6回勝ち，4回負けることになるから，
$(+3)×6+(-2)×4=+10$ (m)

A，Bのはなれている距離は，
$+10-0=10$ (m) になる。

6 (1) たとえば，■が2，●が6とすると，

② $2-6=-4$

④ $2÷6=\dfrac{2}{6}=\dfrac{1}{3}$

②，④は，計算の結果がいつでも正の偶数の集合の数になるとはいえない。

(2) たとえば，■が -2，●が -6 とすると，

② $(-2)-(-6)=4$

③ $(-2)×(-6)=12$

④ $(-2)÷(-6)=\dfrac{2}{6}=\dfrac{1}{3}$

②～④は，計算の結果がいつでも負の偶数の集合の数になるとはいえない。

① (1) $\dfrac{1}{2}+2÷\left(-\dfrac{4}{5}\right)=\dfrac{1}{2}+2×\left(-\dfrac{5}{4}\right)$

$\qquad =\dfrac{1}{2}-\dfrac{5}{2}=-\dfrac{4}{2}=-2$

(2) $(-6)^2-4^2÷2=36-16÷2$

$\qquad =36-8=28$

② a，b は負の数だから，$(-)+(-)→(-)$ より，
⑦が負の数になる。

別解 $a=-2$，$b=-3$ として，それぞれの値を
調べる。

⑦ $(-2)×(-3)=6$ …正の数

⑦ $(-2)+(-3)=-5$ …負の数

⑦ $-\{(-2)+(-3)\}=5$ …正の数

⑦ $\{(-2)-(-3)\}^2=1$ …正の数

③ A～E5人分の「160 cmをひいた値」の合計は，
$(+8)+(-2)+(+5)+0+(+2)=+13$ (cm) で，
この値に見えなくなっているFの値をたした値が
$(161.5-160)×6=+9$ (cm) ← 6人分の基準とのちがいの合計
に等しいことから，

Fの値は，$(+9)-(+13)=-4$ (cm) とわかる。

よって，Fの身長は，$\underline{160+(-4)=156}$ (cm)
　　　　　　　　　(基準の身長)+(基準の身長とのちがい)

---

p.32~33 ステージ **3**

❶ (1) 9個　　　(2) -0.4

(3) ① $-2<-0.2$　② $-\dfrac{1}{3}<-0.3<\dfrac{3}{10}$

❷ (1) 5　　　(2) -5　　　(3) 0

(4) 0　　　(5) 0　　　(6) 0

(7) 1　　　(8) 1

❸ (1) -8　　(2) 26　　　(3) -10.7

(4) $-\dfrac{11}{12}$　(5) 72　　　(6) $-\dfrac{1}{7}$

(7) -2　　(8) $-\dfrac{9}{32}$　(9) -1

(10) -130　(11) $\dfrac{1}{3}$　　(12) $-\dfrac{7}{12}$

❹ (1) -2　　(2) -1236

❺ (1) ① 6時　　② 13時

　　③ 19時　　④ 23時

(2) 22時　　(3) -10時間

❻ (1) 17個　　(2) 501個

❼ ③，⑤

解説

❶ (1) 絶対値が4以下の整数は，
-4，-3，-2，-1，0，1，2，3，4の9個ある。
「4以下」だから，絶対値が4である -4 と4
がふくまれることに注意する。

ミス注意! 数直線で考えると，次のようになる。

絶対値が4　　絶対値が4

$-4\ -3\ -2\ -1\ \ 0\ \ +1\ +2\ +3\ +4$

絶対値が4以下の数の範囲

(2) 負の数は，絶対値が大きいほど小さいことを
使って考える。

$\dfrac{1}{5}<0.4<0.9$ だから，$-0.9<-0.4<-\dfrac{1}{5}$

よって，小さいほうから並べると，
-6，-0.9，-0.4，…となるので，
小さいほうから3番目の数は -0.4

(3) ① $0.2<2$ より，$-2<-0.2$

② $0.3<\dfrac{1}{3}$ だから，$-\dfrac{1}{3}<-0.3$

$(負の数)<(正の数)$ より，$-\dfrac{1}{3}<-0.3<\dfrac{3}{10}$

❷ (1) 絶対値の等しい異符号の2つの数の和は，
0だから，□には5があてはまる。

(2) 同じ数の差は0だから，□には -5 があては
まる。

(3) どんな数に 0 を加えても，和ははじめの数に なるから，□には 0 があてはまる。

(4) どんな数から 0 をひいても，差ははじめの数に なるから，□には 0 があてはまる。

(5) どんな数に 0 をかけても，積は 0 になるから， □には 0 があてはまる。

(6) 0 を負の数でわっても，商は 0 になるから， □には 0 があてはまる。

(7) どんな数に 1 をかけても，積ははじめの数に なるから，□には 1 があてはまる。

(8) どんな数を 1 でわっても，商ははじめの数に なるから，□には 1 があてはまる。

❸ (1) $6+(-14)=6-14=-8$

(2) $2-(-9)+15=2+9+15=26$

(3) $10-(+7.2)+(-13.5)=10-7.2-13.5$
$=10-20.7=-10.7$

(4) $\dfrac{1}{3}-1+\dfrac{1}{2}-\dfrac{3}{4}=\dfrac{1}{3}+\dfrac{1}{2}-1-\dfrac{3}{4}$
$=\dfrac{4}{12}+\dfrac{6}{12}-\dfrac{12}{12}-\dfrac{9}{12}=\dfrac{10}{12}-\dfrac{21}{12}=-\dfrac{11}{12}$

(5) $(-8)\times(-9)=+(8\times9)=72$

(6) $1\div(-7)=-(1\div7)=-\dfrac{1}{7}$ ← 分数の形で答える。

(7) $5-(-42)\div(-6)=5-(+7)=5-7=-2$

(8) $\dfrac{(-3)^3\div(-4^2)\div(-6)}{}$ ⟩ 累乗が先
$=(-27)\div(-16)\div(-6)$ ⟩ 乗法になおす。
$=(-27)\times\left(-\dfrac{1}{16}\right)\times\left(-\dfrac{1}{6}\right)$
$=-\left(27\times\dfrac{1}{16}\times\dfrac{1}{6}\right)=-\dfrac{9}{32}$ ← 負の数が 3 個だから，積の符号は−

(9) $13-2\times\{4-(-3)\}=13-2\times(4+3)$ ← ( )の中が先
$=13-2\times7=13-14=-1$

(10) $(-5)^3-(-5^2)\div(-5)$
$=-125-(-25)\div(-5)=-125-5=-130$

(11) $\left(-\dfrac{5}{2}-\dfrac{1}{2}\right)\times\left(-\dfrac{1}{9}\right)=\left(-\dfrac{6}{2}\right)\times\left(-\dfrac{1}{9}\right)=\dfrac{1}{3}$

(12) $\dfrac{3}{4}\times\left(-\dfrac{2}{3}\right)-\left(\dfrac{5}{6}-\dfrac{3}{4}\right)$
$=-\left(\dfrac{3}{4}\times\dfrac{2}{3}\right)-\left(\dfrac{10}{12}-\dfrac{9}{12}\right)=-\dfrac{1}{2}-\dfrac{1}{12}=-\dfrac{7}{12}$

❹ (1) $\left(\dfrac{4}{7}-\dfrac{2}{3}\right)\times21=\dfrac{4}{7}\times21-\dfrac{2}{3}\times21$
$=12-14=-2$

(2) $103\times(-12)=(100+3)\times(-12)$
$=100\times(-12)+3\times(-12)=-1200-36=-1236$

❺ (1) 東京を基準にしているので，東京の時刻に 時差を加えると，その都市の時刻が求められる。
① $20+(-14)=6$（時）
② $20+(-7)=13$（時）
③ $20+(-1)=19$（時）
④ $20+(+3)=23$（時）

(2) 東京とホノルルの時差は −19 時間だから， ホノルルから考えると，東京の時刻はホノルル の時刻より 19 時間進んでいることになる。

ホノルル $\overset{-19時間}{\underset{+19時間}{\rightleftarrows}}$ 東京

したがって，ホノルルが 3 時のとき，東京の時 刻は，$3+(+19)=22$（時）

(3) シドニーを基準にして，ロンドンとの時差を 求めるから，$(-9)-(+1)=-10$（時間）
基準にするほうをひく。

❻ (1) 曜日ごとの生産個数を比べるときは，基準 とのちがいを考えればよいから，
$(+4)-(-13)=17$（個）

(2) まず，基準とのちがいの平均を求める。
$\{(+4)+0+(-13)+(+9)+(+5)\}\div5=+1$（個）
よって，生産個数の平均は，$500+(+1)=501$（個）
（基準の個数）+（基準の個数との ちがいの平均）

別解 それぞれの曜日の生産個数を求める。
月…$500+(+4)=504$，水…$500+(-13)=487$，
木…$500+(+9)=509$，金…$500+(+5)=505$
生産個数の合計は，
$504+500+487+509+505=2505$（個）
よって，平均は，$2505\div5=501$（個）

❼ □に負の数をあてはめて考える。
$(□+5)\rightarrow$ 正の数 または 負の数 または 0
$(□+2)\rightarrow$ 正の数 または 負の数 または 0
$(□-2)\rightarrow$ いつでも負の数
$(□-5)\rightarrow$ いつでも負の数
$(□-5)^2\rightarrow$ 負の数の 2 乗だから，いつでも正の数
$(□+5)^2\rightarrow$ 正の数 または 0
① 正の数 または 負の数 または 0
② 正の数 または 負の数 または 0
③ （負の数）×（負の数）より，正の数
④ 正の数 または 負の数 または 0
⑤ （正の数）+1 より，正の数
⑥ 正の数 または 負の数 または 0

2章 数学のことばを身につけよう

❶ (1) m　　　(2) t

(3) ① 1000　② a

❷ (1) $7y$　　(2) $3ab$　　(3) $\dfrac{5}{8}x$

(4) $13(x-y)$　(5) c　　(6) $-y$

(7) $a+3b$　(8) $4-0.1x$　(9) $-3y^3$

(10) a^2bx^2

❸ (1) $(150-3x)$ cm　(2) $(5a+100b)$ 円

(3) $4x$ cm^2　　　(4) $3(a+b)$

(5) $5xy$　　　　　(6) $5x^2$ cm^3

───────── 解説 ─────────

❶ (1) （必要なあめの個数）

＝（1人に配る個数）×（人数）

(2) （今日の最高気温）

＝（昨日の最高気温）＋（変化した気温）

(3) （おつり）＝（出した金額）－（ケーキの代金）

❷ (1) 記号×をはぶき，数を文字の前に書く。

(2) 数を文字の前に書き，文字をアルファベット

順に並べる。$b×3×a=3ab$

(3) 分数も文字の前に書く。

(4) $(x-y)$ を1つの文字として考える。

$13×(x-y)=13(x-y)$

(5) 1と文字の積は，1を書かない。

(6) -1と文字の積は，1を書かない。

$y×(-1)=-1×y=-y$

(7) 乗法の記号×ははぶくが，加法の記号＋は

はぶかない。$a×1+3×b=a+3b$

(8) 乗法の記号×ははぶくが，減法の記号－は

はぶかない。$0.1×x$ は $0.x$ とは書かずに，

$0.1x$ と書く。

(9) 同じ文字の積は，累乗の指数を使って表す。

$y×y×y×(-3)=-3×y×y×y=-3y^3$

(10) $x×a×b×a×x=a×a×b×x×x=a^2bx^2$

❸ (1) （残りの針金の長さ）

＝（もとの針金の長さ）－（切り取った長さ）

(2) （代金の合計）＝（鉛筆の代金）＋（ノートの代金）

(3) （平行四辺形の面積）＝（底辺）×（高さ）

(4) $(a+b)×3=3(a+b)$

(5) $(x×y)×5=5xy$

(6) （直方体の体積）＝（縦）×（横）×（高さ）

❶ (1) $\dfrac{7a}{3}$ $\left(\dfrac{7}{3}a\right)$　　(2) $\dfrac{m+n}{4}$

(3) $-\dfrac{x}{8}$ $\left(-\dfrac{1}{8}x\right)$

❷ (1) $\dfrac{x}{3}$ m $\left(\dfrac{1}{3}x\ \text{m}\right)$

(2) $\dfrac{x}{30}$ m $\left(\dfrac{1}{30}x\ \text{m}\right)$

❸ (1) $8×x×y$　　(2) $3×b×b$

(3) $(a+1)÷3$　(4) $\dfrac{1}{4}×(x-y)$

❹ (1) $(100x-50)$ cm　(2) $\left(\dfrac{x}{1000}+y\right)$ kg

❺ (1) $\dfrac{7}{10}b$ 人　　(2) 時速 $\dfrac{x}{3}$ km

(3) $\dfrac{900}{x}$ 分　　(4) $\dfrac{3}{4}y$ km

───────── 解説 ─────────

❶ 文字の混じった除法では，記号÷を使わずに，

分数の形で書く。

(1) $7a÷3=\dfrac{7a}{3}$ ← $\dfrac{7a}{3}$ は $\dfrac{7}{3}a$ と書いてもよい。

(2) $(m+n)÷4=\dfrac{m+n}{4}$

$\dfrac{(m+n)}{4}$ の分子のかっこはとって答える。

(3) $x÷(-8)=\dfrac{x}{-8}=-\dfrac{x}{8}$ ← －の符号は分数の前に書く。

$-\dfrac{x}{8}$ は $-\dfrac{1}{8}x$ と書いてもよい。

❷ 数量を文字式で表すとき，具体的な数を使って

式をつくるとわかりやすい。

(1) （1人分の長さ）＝（全体の長さ）÷（人数）

だから，$x÷3=\dfrac{x}{3}$ (m) ← 分数の形で書く。

別解 $x÷3=x×\dfrac{1}{3}$ ← わる数の逆数をかける。

$=\dfrac{1}{3}x$ (m)

(2) くさり x g の長さは，

（全体の重さ）÷（1 m あたりの重さ）

で求めるから，$x÷30=\dfrac{x}{30}$ (m)

別解 $x÷30=x×\dfrac{1}{30}=\dfrac{1}{30}x$ (m)

③ (1) $8xy=8×x×y$ ← ×がはぶかれている。

(2) $3\underline{b^2}=3×\underline{b×b}$ ← b を2個かけている。

(3) $\dfrac{a+1}{3}=(a+1)÷3$

ミス注意！ 分子の $a+1$ はひとまとまりと考えるので，$a+1$ に（　）をつけ忘れないようにする。

(4) $\dfrac{1}{4}(x-y)=\dfrac{1}{4}×(x-y)$

ポイント

×や÷の記号を使って式を表すことは，式の値を求めるときに役立つ。

④ (1) 1 m＝100 cm より，

x m は $100×x=100x$ (cm)

残ったリボンの長さは，

（もとの長さ）－（切り取った長さ）

で求めるから，$(100x-50)$ cm

(2) 1 g＝$\dfrac{1}{1000}$ kg より，

x g は $\dfrac{1}{1000}×x=\dfrac{x}{1000}$ (kg)

全体の重さは，

（かごの重さ）＋（みかんの重さ）

で求めるから，$\left(\dfrac{x}{1000}+y\right)$ kg

⑤ (1) 7割＝$\dfrac{7}{10}$ だから，$b×\dfrac{7}{10}=\dfrac{7}{10}b$ (人)

(2) $x÷3=\dfrac{x}{3}$ (km/h) ← （速さ）＝（道のり）÷（時間）

参考 時速●km を ●km/h と書くことがある。

(3) $900÷x=\dfrac{900}{x}$ (分) ← （時間）＝（道のり）÷（速さ）

(4) 45分＝$\dfrac{45}{60}$ 時間だから，

$y×\dfrac{45}{60}=\dfrac{3}{4}y$ (km) ← （道のり）＝（速さ）×（時間）

ポイント

文字を使った式の表し方

・記号×をはぶく。
・数を文字の前に書く。
・累乗の指数を使って表す。
・記号÷を使わずに，分数の形で書く。

---

p.38〜39 ≡ ステージ1

❶ (1) 鉛筆5本の代金

(2) 鉛筆10本と消しゴム3個の代金の合計

❷ (1) $10x+8$　　(2) $5a+2$

❸ (1) 8　(2) 23　(3) $-\dfrac{4}{9}$

(4) -5　(5) 4　(6) -11

❹ (1) -7　(2) -34　(3) -5

(4) 6　(5) 18　(6) -12

≡ 解説 ≡

❶ (1) $5x=$（鉛筆1本の値段）×5

(2) $10x+3y=$（鉛筆1本の値段）×10
　　　　　＋（消しゴム1個の値段）×3

❷ (1) 十の位が x，一の位が y の2けたの数は $10x+y$ と表すことができるから，一の位が8のときは $10x+8$ となる。

(2) 5でわると商が a になる数は $5a$ と表せる。5でわると商が a で余りが2になる自然数は，$5a+2$ となる。

❸ (1) $-2x=-2×x=-2×\underline{(-4)}=8$
　　　（　）をつけて代入する。

(2) $7-4x=7-4×x=7-4×(-4)=7+16=23$

(3) $\dfrac{x}{9}=\dfrac{1}{9}×x=\dfrac{1}{9}×(-4)=-\dfrac{4}{9}$

(4) $\dfrac{20}{x}=20÷x=20÷(-4)=-5$

(5) $-x=-(-4)=4$

(6) $5-x^2=5-(-4)^2=5-(-4)×(-4)=-11$

❹ x，y に，それぞれの数を代入する。

(1) $3x+4y=3×x+4×y$
　$=3×(-3)+4×\dfrac{1}{2}=-9+2=-7$

(2) $10x-8y=10×x-8×y$
　$=10×(-3)-8×\dfrac{1}{2}=-30-4=-34$

(3) $\dfrac{x}{3}-\dfrac{2}{y}=\dfrac{1}{3}×x-2÷y$
　$=\dfrac{1}{3}×(-3)-2÷\dfrac{1}{2}=-1-2×2=-5$

(4) $x^2-6y=x×x-6×y$
　$=(-3)×(-3)-6×\dfrac{1}{2}=9-3=6$

(5) $-5x+12y^2=-5×x+12×y×y$
　$=-5×(-3)+12×\dfrac{1}{2}×\dfrac{1}{2}=15+3=18$

(6) $-\dfrac{2}{3}x^2-\dfrac{3}{y}=-\dfrac{2}{3}×x×x-3÷y$
　$=-\dfrac{2}{3}×(-3)×(-3)-3÷\dfrac{1}{2}=-6-3×2=-12$

❶ (1) $7ax$ (2) $-c$

(3) $-3xy$ (4) $4(m-9)$

(5) $2ab^2c$ (6) $0.5-0.4x$

(7) $-\dfrac{a-b}{5}$ (8) $\dfrac{3a}{4}$

(9) $\dfrac{x^2y}{2}$ (10) $m^2n(x-y)$

(11) $\dfrac{a+7}{14}$ (12) $\dfrac{3x^2}{y}$

❷ (1) $(-10)\times x$ (2) $a\times b\times b\times b$

(3) $\dfrac{2}{9}\times x$ $(2\div9\times x)$ (4) $3\times a\times a+5\div x$

(5) $(a-b)\div4$ (6) $9\div x-y\div6$

❸ (1) $(8a+3b)$ g   (2) $\dfrac{x}{10}$ 円 $\left(\dfrac{1}{10}x\,\text{円}\right)$

(3) $6x+y$ (4) $10(a-b)$

(5) $a\left(1-\dfrac{b}{100}\right)$ 円

❹ (1) おとな 1 人と中学生 4 人の入館料の合計

(2) おとな 2 人と中学生 5 人の入館料の合計をはらうのに，10000 円を出したときのおつり

❺ ㋐, ㋓

❻ (1) 21   (2) $-\dfrac{1}{3}$ (3) 4

(4) -16 (5) 2   (6) 0.2

(7) $-\dfrac{1}{2}$ (8) $-\dfrac{9}{4}$

❼ ㋑

• • • • •

① $5(4n+1)$ cm^2

② (1) -15 (2) -8

■■■■■ 解 説 ■■■■■

❶ (1) $x\times7\times a=7\times a\times x=7ax$

(2) $1\times(-c)=-c$

(3) $y\times(-3)\times x=(-3)\times x\times y=-3xy$

(4) $(m-9)\times4=4\times(m-9)=4(m-9)$

(5) $b\times b\times c\times a\times2=2\times a\times b\times b\times c=2ab^2c$

(6) $0.5-0.4\times x=0.5-0.4x$

(7) $(a-b)\div(-5)=\dfrac{a-b}{-5}=-\dfrac{a-b}{5}$

(8) $a\times3\div4=3a\div4=\dfrac{3a}{4}$

(9) $x\times y\times x\div2=x\times x\times y\div2=x^2y\div2=\dfrac{x^2y}{2}$

(10) $n\times m\times(x-y)\times m$
$=m\times m\times n\times(x-y)=m^2n(x-y)$

(11) $(a+7)\div14=\dfrac{a+7}{14}$

(12) $3\times x\times x\div y=3x^2\div y=\dfrac{3x^2}{y}$

❷ (1) $-10x=(-10)\times x$ ⟵ ×の記号がはぶかれている。

(2) $ab^3=a\times b^3=a\times \underline{b\times b\times b}$
同じ文字の積

(3) $\dfrac{2}{9}x=\dfrac{2}{9}\times x$

別解 $\dfrac{2}{9}$ も÷の記号を使って，

$\dfrac{2}{9}x=\dfrac{2}{9}\times x=2\div9\times x$ と答えてもよい。

(4) $3a^2+\dfrac{5}{x}=3\times a\times a+\underline{5\div x}$
分数の形はわり算になる。

❸ (1) （重さの合計）
＝（みかん 8 個の重さ）＋（りんご 3 個の重さ）
より，$a\times8+b\times3=8a+3b$ (g)

ミス注意！ 単位を忘れずにつけよう。

(2) （1 kg あたりの代金）＝（10 kg の代金）÷10
より，$x\div10=\dfrac{x}{10}$ (円)

(3) $x\times6+y=6x+y$

(4) a から b をひいた差は $a-b$ だから，
$(a-b)\times10=10(a-b)$

(5) $b\,\%$ は $\dfrac{b}{100}$ より，$a\times\left(1-\dfrac{b}{100}\right)=a\left(1-\dfrac{b}{100}\right)$

ポイント

数量を，文字を使った式で表すときは，文字式の表し方にしたがって，×や÷のない式にして答えよう。

❹ (1) $4y=4\times y\to$（中学生 1 人の入館料）×4

(2) $2x=2\times x\to$（おとな 1 人の入館料）×2
$5y=5\times y\to$（中学生 1 人の入館料）×5
（はらった金額）−（入館料の合計）＝（おつり）

❺ a 円と 200 円の品物を 2 個ずつ買うときの代金の合計は，a 円と 200 円の品物を 1 組にして，それを 2 組買うと考えると，
$(a+200)\times2=2(a+200)$ (円)
と表せるので，1000 円札を出したときのおつりは，
$\{1000-2(a+200)\}$ 円
または，1000 円からそれぞれの代金を順番にひくと，おつりになると考えて，
$1000-a\times2-200\times2=1000-2a-400$ (円)

6 (1) $1-10x=1-10\times(-2)=1+20=21$

(2) $\dfrac{2}{3}x+1=\dfrac{2}{3}\times(-2)+1=-\dfrac{4}{3}+1=-\dfrac{1}{3}$

(3) $(-x)^2=\{-(-2)\}^2=2^2=4$

(4) $-x^4=(-1)\times(-2)^4$
$=(-1)\times(-2)\times(-2)\times(-2)\times(-2)=-16$

(5) x^3-5x
$=(-2)^3-5\times(-2)$
$=(-2)\times(-2)\times(-2)-5\times(-2)$
$=-8+10=2$

(6) $-0.1x=-0.1\times(-2)=0.2$

(7) $\dfrac{1}{x}=1\div x=1\div(-2)=-\dfrac{1}{2}$

(8) $-\dfrac{x^2}{2}+\dfrac{2}{x^3}=-\dfrac{(-2)^2}{2}+\dfrac{2}{(-2)^3}$
$=-\dfrac{(-2)\times(-2)}{2}+\dfrac{2}{(-2)\times(-2)\times(-2)}$
$=-\dfrac{4}{2}+\dfrac{2}{-8}=-2-\dfrac{1}{4}=-\dfrac{9}{4}$

7 $2a-b=2\times(-1)-(-3)=-2+3=1$
　　　　負の数を代入するときは，（　）をつける。
より，⑦

① 2枚目からは，
のりしろの分をひ
いた4 cmずつ長
くなるから，1枚
目の正方形の紙を
のりしろの分を分
けて考えると，つ
ないでできる長方
形の横の長さは，

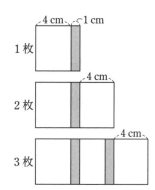

1枚のとき，$(4\times1+1)$ cm
2枚のとき，$(4+1)+4=4\times2+1$ (cm)
3枚のとき，$(4+1)+4+4=4\times3+1$ (cm)
のように表すことができる。これより，n枚の正
方形の紙をつなげてできる長方形の横の長さを表
す式は $4\times n+1=4n+1$ (cm) となるから，
面積は，$5\times(4n+1)=5(4n+1)$ (cm²)

② (1) $-\dfrac{12}{a}-b^2=-\dfrac{12}{2}-(-3)^2$
$=-6-9=-15$

(2) $x^3+2xy=(-1)^3+2\times(-1)\times\dfrac{7}{2}$
$=-1-7=-8$

---

p.42〜43 ■ステージ**1**

① (1) 項 $\cdots 3x,\ -5y$
　　　xの係数 $\cdots 3$　　　yの係数 $\cdots -5$

(2) 項 $\cdots x,\ -\dfrac{1}{2}y,\ 3$
　　　xの係数 $\cdots 1$　　　yの係数 $\cdots -\dfrac{1}{2}$

(3) 項 $\cdots 9a,\ -\dfrac{b}{5},\ -\dfrac{2}{3}$
　　　aの係数 $\cdots 9$　　　bの係数 $\cdots -\dfrac{1}{5}$

② (1) $11x$　　(2) $-8x$　　(3) $4a$

(4) $-7x$　　(5) $1.3x$　　(6) $\dfrac{1}{4}a$

③ (1) $8x+7$　　　　　(2) $-6a-2$

(3) $-2x-10$　　　　(4) $-\dfrac{5}{2}a+15$

(5) $0.4x+1$　　　　(6) $-x+3$

④ (1) $12x+2$　　　　(2) $y+1$

(3) $7a+2$　　　　　(4) $-3x-3$

(5) $-8m+14$　　　(6) $-\dfrac{1}{3}y-1$

(7) $5x-3$　　　　　(8) $-4a+11$

■ 解 説 ■

① 和の形になおしてから項を考える。

(1) $3x-5y=\underline{3x}+\underline{(-5y)}$ ← $3x,\ -5y$ が項

(2) $x-\dfrac{1}{2}y+3=\underline{x}+\underline{\left(-\dfrac{1}{2}y\right)}+\underline{3}$

(3) $9a-\dfrac{b}{5}-\dfrac{2}{3}=\underline{9a}+\underline{\left(-\dfrac{b}{5}\right)}+\underline{\left(-\dfrac{2}{3}\right)}$

$-\dfrac{b}{5}=-\dfrac{1}{5}\times b$ だから，bの係数は $-\dfrac{1}{5}$

② 文字の部分が同じ項（同類項）を1つの項にま
とめ，簡単にすることができる。

(1) $4x+7x=(4+7)x=11x$

(2) $-10x+2x=(-10+2)x=-8x$

(3) $10a-6a=(10-6)a=4a$

(4) $2x-9x=(2-9)x=-7x$

(5) $0.9x+0.4x=(0.9+0.4)x=1.3x$

(6) $\dfrac{5}{8}a-\dfrac{3}{8}a=\left(\dfrac{5}{8}-\dfrac{3}{8}\right)a=\dfrac{2}{8}a=\dfrac{1}{4}a$

③ 文字の部分が同じ項を集める。

(1) $\underline{5x}-1+\underline{3x}+8=\underline{5x+3x}-1+8$
$=(5+3)x-1+8=\underline{8x+7}$

(2) $\underline{12a}+6\underline{-18a}-8=\underline{12a-18a}+6-8$
$=(12-18)a+6-8=\underline{-6a-2}$

(3) $\underline{-7x-8}\underline{+5x-2}=\underline{-7x+5x}-8-2$
$=(-7+5)x-8-2=-2x-10$

(4) $\underline{\dfrac{a}{2}+9}\underline{-3a+6}=\dfrac{a}{2}-3a+9+6$
$=\left(\dfrac{1}{2}-\dfrac{6}{2}\right)a+9+6=-\dfrac{5}{2}a+15$

(5) $\underline{-0.3x+4}\underline{+0.7x-3}$
$=\underline{-0.3x+0.7x}+4-3$
$=(-0.3+0.7)x+4-3=0.4x+1$

(6) $\underline{-\dfrac{7}{10}x+2}\underline{-\dfrac{3}{10}x+1}$
$=\underline{-\dfrac{7}{10}x-\dfrac{3}{10}x}+2+1$
$=\left(-\dfrac{7}{10}-\dfrac{3}{10}\right)x+2+1=-\dfrac{10}{10}x+3=-x+3$

4 (1) $(10x+3)+(2x-1)$ ← そのまま（ ）を はずす。
$=10x+3+2x-1$
$=10x+2x+3-1=12x+2$

(2) $(-y-7)+(2y+8)$
$=-y-7+2y+8$
$=-y+2y-7+8=y+1$

(3) $(a+4)+(6a-2)$
$=a+4+6a-2$
$=a+6a+4-2=7a+2$

(4) $(3x-8)\underline{-(6x-5)}$ ← ひくほうの式の各 項の符号を変えて 加える。
$=3x-8\underline{-6x+5}$
$=3x-6x-8+5=-3x-3$

(5) $(5-m)\underline{-(7m-9)}$
$=5-m\underline{-7m+9}$
$=-m-7m+5+9=-8m+14$

(6) $\left(\dfrac{1}{3}y-\dfrac{1}{4}\right)\underline{-\left(\dfrac{2}{3}y+\dfrac{3}{4}\right)}$
$=\dfrac{1}{3}y-\dfrac{1}{4}\underline{-\dfrac{2}{3}y-\dfrac{3}{4}}$
$=\dfrac{1}{3}y-\dfrac{2}{3}y-\dfrac{1}{4}-\dfrac{3}{4}=-\dfrac{1}{3}y-1$

(7)
$$\begin{array}{r}8x\ -5\\ +)\ -3x\ +2\\ \hline 5x\ -3\end{array}$$
$8x+(-3x)=5x$

(8)
$$\begin{array}{r}2a+10\\ -)\ 6a-\ 1\end{array}\ \Rightarrow\ \begin{array}{r}2a\ +10\\ +)\ -6a\ +1\\ \hline -4a\ +11\end{array}$$
$2a+(-6a)=-4a$

---

1 (1) $20x$ (2) $-24y$
(3) $2m$ (4) $5x$
(5) $\dfrac{1}{7}x$ (6) $-\dfrac{9}{5}y$

2 (1) $10x-8$ (2) $-7a+3$
(3) $6x-9$ (4) $6x+5$

3 (1) $3x+2$ (2) $4a-2$
(3) $50x+10$ (4) $4x-18$
(5) $5-5x$ (6) $-6a+14$

4 (1) $6x-2$ (2) $-9x+17$
(3) $3a$ (4) $4x+21$
(5) $-5a+4$ (6) $-4x+18$

5 (1) 〔まちがいの説明〕　分配法則を使って計算するとき，-4 に $\dfrac{1}{4}$ をかけていない。
〔正しい計算〕　$\dfrac{1}{4}(12a-4)$
$=\dfrac{1}{4}\times12a+\dfrac{1}{4}\times(-4)=3a-1$

(2) 〔まちがいの説明〕　$-3(2x-3)$ を計算するとき，-3 に $2x$ ではなく x をかけ，-3 に -3 ではなく 3 をかけている。
〔正しい計算〕　$2(4x-3)-3(2x-3)$
$=2\times4x+2\times(-3)+(-3)\times2x+(-3)\times(-3)$
$=8x-6-6x+9=2x+3$

━━ 解　説 ━━

1 (1) $5x\times4=5\times x\times4=5\times4\times x=20x$
(2) $(-3)\times8y=(-3)\times8\times y=-24y$
(3) $\left(-\dfrac{1}{5}m\right)\times(-10)=\left(-\dfrac{1}{5}\right)\times m\times(-10)$
$=\left(-\dfrac{1}{5}\right)\times(-10)\times m=2m$
(4) $15x\div3=15x\times\dfrac{1}{3}=5x$ ← わる数の逆数を かける。
別解 $15x\div3=\dfrac{15x}{3}=5x$ ← 分数の形になおして 約分する。
(5) $\dfrac{2}{7}x\div2=\dfrac{2}{7}x\times\dfrac{1}{2}=\dfrac{1}{7}x$
(6) $\dfrac{3}{4}y\div\left(-\dfrac{5}{12}\right)=\dfrac{3}{4}y\times\left(-\dfrac{12}{5}\right)=-\dfrac{9}{5}y$

2 (1) $2(5x-4)=2\times5x+2\times(-4)$
$=10x-8$
(2) $-(7a-3)=(-1)\times(7a-3)$
$=(-1)\times7a+(-1)\times(-3)$
$=-7a+3$

(3) $\dfrac{3}{4}(8x-12)=\dfrac{3}{4}\times8x+\dfrac{3}{4}\times(-12)=6x-9$

(4) $\left(\dfrac{2}{5}x+\dfrac{1}{3}\right)\times15=\dfrac{2}{5}x\times15+\dfrac{1}{3}\times15=6x+5$

ポイント

分配法則　$a(b+c)=ab+ac$

❸ (1) $(15x+10)\div5=(15x+10)\times\dfrac{1}{5}$　←逆数をかける。

$\qquad=15x\times\dfrac{1}{5}+10\times\dfrac{1}{5}$

$\qquad=3x+2$

別解 $(15x+10)\div5=\dfrac{15x+10}{5}$　←分数の形

$\qquad=\dfrac{15x}{5}+\dfrac{10}{5}$

$\qquad=3x+2$

ミス注意! 約分のしかたに注意する。

(2) $(-28a+14)\div(-7)=(-28a+14)\times\left(-\dfrac{1}{7}\right)$

$\qquad=(-28a)\times\left(-\dfrac{1}{7}\right)+14\times\left(-\dfrac{1}{7}\right)=4a-2$

(3) $(40x+8)\div\dfrac{4}{5}=(40x+8)\times\dfrac{5}{4}$

$\qquad=40x\times\dfrac{5}{4}+8\times\dfrac{5}{4}=50x+10$

(4) $\dfrac{2x-9}{8}\times16=(2x-9)\times2=4x-18$

(5) $10\times\dfrac{1-x}{2}=5\times(1-x)=5-5x$

(6) $\dfrac{3a-7}{3}\times(-6)=(3a-7)\times(-2)=-6a+14$

❹ かっこをはずし，文字の部分が同じ項を1つの項にまとめる。

(1) $2(x+3)+4(x-2)=2x+6+4x-8$

$\qquad=2x+4x+6-8=6x-2$

(2) $4(-x+3)-5(x-1)=-4x+12-5x+5$

$\qquad=-4x-5x+12+5=-9x+17$

(3) $3(7a-4)-2(9a-6)=21a-12-18a+12$

$\qquad=21a-18a-12+12=3a$

(4) $3(3x+2)-5(x-3)=9x+6-5x+15$

$\qquad=9x-5x+6+15=4x+21$

(5) $-(a-2)+2(-2a+1)=-a+2-4a+2$

$\qquad=-a-4a+2+2=-5a+4$

(6) $-6(2x-5)-4(3-2x)=-12x+30-12+8x$

$\qquad=-12x+8x+30-12=-4x+18$

---

p.46〜47　ステージ1

❶ (1)　4の倍数　(2)　7の倍数　(3)　奇数

❷ (1) $7x-6=8$　　(2) $a=b-4$

(3) $x-8\geqq5$　　(4) $4a+5b=12$

(5) $x-5<2$　　(6) $a-800\leqq300$

(7) $-3x=y-5$　　(8) $\dfrac{x}{12}<2$

❸ (1) x個のクッキーを，n人の生徒に3個ずつ配ると16個余る。

(2) x個のクッキーを，n人の生徒に2個ずつ配ると余る。

(3) x個のクッキーを，n人の生徒に5個ずつ配ると2個たりない。

(4) x個のクッキーを，n人の生徒に4個ずつ配ると余らない。

解説

❶ nに1，2，3，…を順に代入してみる。

(1) $4n$の値は，4，8，12，…となるから，$4n$は4の倍数を表している。

(2) $7n$の値は，7，14，21，…となるから，$7n$は7の倍数を表している。

(3) $2n-1$の値は，1，3，5，…となるから，$2n-1$は奇数を表している。

❷ (1) xの7倍から6をひいた数 → $7x-6$

等しい関係にあるものは等号で結ぶので，

$7x-6=8$

(2) $a=b-4$
（弟の年齢）＝（兄の年齢）−4

別解 $a+4=b$
（弟の年齢）＋4＝（兄の年齢）

別解 $b-a=4$
（兄の年齢）−（弟の年齢）＝4

(3) 「5人以上」は不等号を使って表す。

$x-8\geqq5$
（8人降りたあとの乗客の数）≧5

ミス注意! 不等号の向きに気をつけよう。

大≧小　　小≦大

(4) 道のりは，（速さ）×（時間）で求めるから，

時速4kmでa時間歩く。

$\rightarrow4\times a=4a$ (km)

時速5kmでb時間歩く。

$\rightarrow5\times b=5b$ (km)

（時速4kmで歩いた道のり）

　＋（時速5kmで歩いた道のり）＝12 km

より，$4a+5b=12$

(5) 「2 m より短い」は不等号を使って表す。

$x-5<2$
(切り取った残り)<2 m

(6) 「300 円以下」は不等号を使って表す。

$a-800\leqq300$
(残ったお金)≦300 円

(7) x を -3 倍した数 → $-3x$

y から 5 をひいた数 → $y-5$

等しい関係にあるものは等号で結ぶので，

$-3x=y-5$
(xを-3倍した数)=(yから 5 をひいた数)

(8) かかった時間は，(道のり)÷(速さ) で求めるから，x km の道のりを時速 12 km で走ったときにかかる時間は，

$x\div12=\dfrac{x}{12}$ (時間)

「2 時間未満」は不等号を使って表す。

$\dfrac{x}{12}<2$
(かかった時間)<2 時間

ポイント

不等号の使い方
a は b 以下 … $a\leqq b$
a は b 以上 … $a\geqq b$
a は b 未満 … $a<b$

❸ 数量の間の関係を図に表して考える。

(1)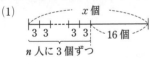

生徒の人数が n 人だから，$3n$ はクッキーを 1 人に 3 個ずつ配るときに必要なクッキーの個数を表している。クッキー全部の個数 x 個は，それよりも 16 個多いことを表している。

(2) クッキー全部の個数 x 個は，1 人に 2 個ずつ配るときに必要な個数 $2n$ 個より多いことを表している。

(3)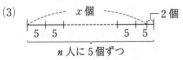

クッキー全部の個数 x 個は，1 人に 5 個ずつ配るときに必要な個数 $5n$ 個より 2 個少ないことを表している。

(4) クッキー全部の個数 x 個は，1 人に 4 個ずつ配るときに必要な個数 $4n$ 個以下であること（$4n$ 個より多くないこと）を表している。

---

❶ (1) 項 … $\dfrac{2}{5}x$，$-y$，3

x の係数 … $\dfrac{2}{5}$　　　y の係数 … -1

(2) 項 … $\dfrac{2a}{3}$，$-\dfrac{b}{4}$

a の係数 … $\dfrac{2}{3}$　　　b の係数 … $-\dfrac{1}{4}$

❷ (1) $32x$ 　　(2) $-5y$

(3) $9x+7$ 　　(4) $\dfrac{1}{3}x+\dfrac{5}{3}$

(5) $13x-11$ 　　(6) $-2a$

(7) $14a$ 　　(8) $\dfrac{x}{3}\left(\dfrac{1}{3}x\right)$

(9) $-4b+16$ 　　(10) $-2x+10$

(11) $-2+4x$ 　　(12) $6x-15$

❸ (1) 和 … $-4a-2$　　差 … $8a-4$

(2) 和 … $-15x$　　差 … $-x-20$

❹ 3 の倍数

❺ B店で買うほうが安い。

〔理由〕 ノート 1 冊の定価を a 円とする。
A店でノートを 5 冊買うときの代金は，
定価の 5 % 引きになるから，
$a\times(1-0.05)\times5=4.75a$ (円)
B店でノートを 5 冊買うときの代金は，
3 冊目から定価の 10 % 引きになるから，
$a\times2+a\times(1-0.1)\times(5-2)=4.7a$ (円)
$4.75a>4.7a$ だから，B店で買うほうが安い。

❻ (1) $x+\dfrac{1}{4}=y$ 　　(2) $\dfrac{4}{5}x=y$

(3) $80x+100<600$

(4) $3000+300a\geqq5000$

または，$3000\left(1+\dfrac{a}{10}\right)\geqq5000$

(5) $3x+2y>1000$

❼ a 本の鉛筆を b 人の生徒に 5 本ずつ配ったときの残りの本数は 8 本より多い。

• • • • • •

① (1) $\dfrac{7}{6}a$ 　　(2) $-14x+26$

② $(200+2a)$ g

③ $\dfrac{4}{5}a+3b<1000$

●━━━━━━━━━━━━━ 解　説 ━━━━━━━━━━━━━●

❶ (1) $\frac{2}{5}x - y + 3 = \frac{2}{5}x + (-y) + 3$ より，

項は $\frac{2}{5}x, \ -y, \ 3$

$\frac{2}{5}x = \frac{2}{5} \times x$ だから，x の係数は $\frac{2}{5}$

$-y = (-1) \times y$ だから，y の係数は -1

(2) $\frac{2a}{3} - \frac{b}{4} = \frac{2a}{3} + \left(-\frac{b}{4}\right)$ より，

項は $\frac{2a}{3}, \ -\frac{b}{4}$

$\frac{2a}{3} = \frac{2}{3} \times a$ だから，a の係数は $\frac{2}{3}$

$-\frac{b}{4} = \left(-\frac{1}{4}\right) \times b$ だから，b の係数は $-\frac{1}{4}$

❷ (1)〜(6)　文字の部分が同じ項は 1 つの項にまとめ，簡単にすることができる。

(1) $25x + 7x = (25 + 7)x = 32x$

(2) $13y - 18y = (13 - 18)y = -5y$

(3) $\underline{3x} - 1 + \underline{6x} + 8$　) 文字の部分が同じ項
を集める。
$= \underline{3x + 6x} - 1 + 8$
$= (3 + 6)x - 1 + 8$
$= 9x + 7$

(4) $2 + \frac{7}{3}x - 2x - \frac{1}{3} = \frac{7}{3}x - 2x + 2 - \frac{1}{3}$

$= \left(\frac{7}{3} - \frac{6}{3}\right)x + \frac{6}{3} - \frac{1}{3} = \frac{1}{3}x + \frac{5}{3}$

(5) $\begin{array}{r} 4x - 6 \\ +) \ 9x - 5 \\ \hline 13x - 11 \end{array}$

(6) $\begin{array}{r} -5a + 1 \\ -) \ -3a + 1 \\ \hline -2a \end{array}$ ⇒ $\begin{array}{r} -5a + 1 \\ +) \ +3a - 1 \\ \hline -2a \end{array}$

(7) $(-2a) \times (-7)$
$= (-2) \times a \times (-7)$
$= (-2) \times (-7) \times a = 14a$
数どうしの計算をする。

(8) $3x \div 9 = \frac{3x}{9} = \frac{x}{3}$
分数の形になおす。

別解 $3x \div 9 = 3x \times \frac{1}{9} = 3 \times \frac{1}{9} \times x = \frac{1}{3}x$
わる数の逆数をかける。

(9) $-4(b - 4)$ ← 分配法則を使う。
$= (-4) \times b + (-4) \times (-4) = -4b + 16$

(10) $(6x - 30) \div (-3)$
$= (6x - 30) \times \left(-\frac{1}{3}\right)$ ← わる数の逆数をかける。
分配法則を使う。
$= 6x \times \left(-\frac{1}{3}\right) + (-30) \times \left(-\frac{1}{3}\right) = -2x + 10$

別解 $(6x - 30) \div (-3) = \frac{6x - 30}{-3}$ ← 分数の形になおす。
$= \frac{6x}{-3} + \frac{-30}{-3} = -2x + 10$

(11) $-16 \times \frac{1 - 2x}{8} = \frac{(-\overset{2}{16}) \times (1 - 2x)}{\underset{1}{8}}$
$= (-2) \times (1 - 2x) = (-2) \times 1 + (-2) \times (-2x)$
$= -2 + 4x$

ミス注意!　-16 は分子にかける。

(12) $\frac{5(4x - 9)}{} - 2(7x - 15)$ ← 分配法則を使って，( ) をはずす。
$= 20x - 45 - 14x + 30$
$= 20x - 14x - 45 + 30 = 6x - 15$

❸ (1)　和　$(2a - 3) + (-6a + 1)$
$= 2a - 3 - 6a + 1$
$= 2a - 6a - 3 + 1 = -4a - 2$

差　$(2a - 3) - (-6a + 1)$
$= 2a - 3 + 6a - 1$
$= 2a + 6a - 3 - 1 = 8a - 4$

(2)　和　$(-8x - 10) + (-7x + 10)$
$= -8x - 10 - 7x + 10$
$= -8x - 7x - 10 + 10 = -15x$

差　$(-8x - 10) - (-7x + 10)$
$= -8x - 10 + 7x - 10$
$= -8x + 7x - 10 - 10 = -x - 20$

❹　3 つの続いた整数の和は，
$(n - 1) + n + (n + 1) = n - 1 + n + n + 1$
$\qquad\qquad\qquad\qquad = n + n + n - 1 + 1 = 3n$

となり，この式は $3 \times n = 3 \times (整数)$ を表すから，3 の倍数である。

ポイント

●を整数とするとき，●×(整数) は●の倍数を表す。

❺　ノート 1 冊の定価を a 円として，A 店，B 店ではそれぞれ何円になるかを考える。

❻ (1)　15 分間 $= \frac{15}{60}$ 時間 $= \frac{1}{4}$ 時間だから，

$x + \frac{1}{4} = y$
(歩いた時間)+(走った時間)=y 時間

(2)　2割引きの値段は，もとの値段の8割の値段

より，$x \times \dfrac{8}{10} = y$ だから，$\dfrac{4}{5}x = y$

別解　8割を小数で表して，$0.8x = y$

(3)　$80x + 100 < 600$
(鉛筆 x 本の代金)＋(消しゴム1個の代金)＜600円

(4)　先週より a 割増えたので，今週の入場者数は，

$3000 + 3000 \times \dfrac{a}{10} = 3000 + 300a$ (人) となる。

$3000 + 300a \geqq 5000$
(今週の入場者数)≧5000人

別解　今週の入場者数を表す割合は，$1 + \dfrac{a}{10}$

だから，$3000\left(1 + \dfrac{a}{10}\right) \geqq 5000$ としてもよい。

(5)　$3x + 2y > 1000$
(ケーキの代金の合計)＞1000円

ポイント

割合　$1\% = \dfrac{1}{100}$，$1割 = \dfrac{1}{10}$

(比べられる量)＝(もとにする量)×(割合)

7　$a - 5b$ は，a 本の鉛筆を b 人の生徒に5本ずつ
配ったときの残りの本数を表しているから，
$a - 5b > 8$ は，残りの本数が8本より多いことを
表している。

① (1)　$\dfrac{2}{3}a + \dfrac{1}{2}a = \left(\dfrac{2}{3} + \dfrac{1}{2}\right)a$

$= \left(\dfrac{4}{6} + \dfrac{3}{6}\right)a = \dfrac{7}{6}a$

(2)　分配法則を使って ( ) をはずす。
　$-4(3x - 5) + (6 - 2x) = -12x + 20 + 6 - 2x$
$= -12x - 2x + 20 + 6 = -14x + 26$

②　$a\% = \dfrac{a}{100}$ を使う。特売日に増えたお菓子の

重さは，$200 \times \dfrac{a}{100} = 2a$ (g) だから，特売日のお

菓子の重さは，$200 + 2a$ (g) となる。

別解　特売日のお菓子の重さを表す割合は，

$1 + \dfrac{a}{100}$ だから，

$200 \times \left(1 + \dfrac{a}{100}\right) = 200 + 2a$ (g)

③　すいか1個の代金 → $a \times \left(1 - \dfrac{2}{10}\right) = \dfrac{4}{5}a$ (円)

トマト3個の代金 → $b \times 3 = 3b$ (円)

よって，$\dfrac{4}{5}a + 3b < 1000$

---

p.50〜51　　ステージ3

① (1)　$5a - 4b$　　　(2)　$-\dfrac{y}{10}$ $\left(-\dfrac{1}{10}y\right)$

(3)　m　　　(4)　$-5abc^2$

② 例　$-x + 5y + 3$

③ (1)　1　　　(2)　$-\dfrac{8}{5}$

(3)　$-\dfrac{1}{8}$

④ (1)　$8x$　　　(2)　$-y$

(3)　$-a$　　　(4)　$-\dfrac{1}{12}x$

(5)　$-y - 1$　　　(6)　0

⑤ (1)　$-2x$　　　(2)　$-16x + 6$

(3)　$12x - 9$　　　(4)　$18 - 9y$

(5)　$9a + 3$　　　(6)　$3y$

⑥ (1)　$\dfrac{a}{5} = b$　　　(2)　$100 - 3a \geqq b$

(3)　$\dfrac{4 + m}{2} = n$

⑦ 周の長さ…28π cm　　　面積…24π cm^2

⑧ ⑦　右の図のよう
に区切ると，全
体の個数は
$(a + 1)$ 個の
2倍になる。

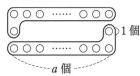

⑦　右の図のよう
に区切ると，全
体の個数は
$(a - 2)$ 個の2倍
と3個ずつ2列
分の和になる。

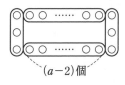

解説

① (1)　$a \times 5 - 4 \times b = 5a - 4b$

(2)　$(-y) \div 10 = \dfrac{-y}{10} = -\dfrac{y}{10}$
　　　－は分数の前に書く。

別解　$(-y) \div 10 = (-1) \times y \times \dfrac{1}{10}$

$= (-1) \times \dfrac{1}{10} \times y = -\dfrac{1}{10}y$

(3)　$(-m) \div (-1) = \dfrac{-m}{-1} = m$

別解　$(-m) \div (-1) = (-1) \times m \times (-1) = m$
　　　-1 の逆数 -1 を
　　　かけると考える。

(4)　$b \times (-5) \times c \times a \times c = (-5) \times a \times b \times c \times c$
$$= -5abc^2$$

❷　$\underset{\substack{\uparrow \\ \text{文字の項}}}{\underline{\bullet}} + \underset{\substack{\uparrow \\ \text{数だけの項}}}{\underline{\blacktriangle}} + \underline{\blacksquare}$ ｜ $\bullet \cdots$ 係数は -1
　$-x$, $-a$ など
$\blacktriangle \cdots$ 係数は 5
　$5y$, $5b$ など

得点アップのコツ
・ある文字の項は，文字と係数で決まる。文字が同じ 2 つの項はまとめることができるので，1 つの項となることに注意する。
・文字の項が○個
→ 異なる文字の項が○個あると考える。

❸ (1)　$(-x)^3 = \{-(-1)\}^3$
$$= 1^3 = 1 \times 1 \times 1 = 1$$

(2)　$-\dfrac{x^2}{10} = -\dfrac{4^2}{10} = -\dfrac{\overset{2}{4} \times 4}{\underset{5}{10}} = -\dfrac{8}{5}$

(3)　$-\dfrac{1}{2}x^2 = -\dfrac{1}{2} \times \left(-\dfrac{1}{2}\right)^2$
$$= -\dfrac{1}{2} \times \left(-\dfrac{1}{2}\right) \times \left(-\dfrac{1}{2}\right)$$
$$= -\left(\dfrac{1}{2} \times \dfrac{1}{2} \times \dfrac{1}{2}\right) = -\dfrac{1}{8}$$

❹ (1)　$-x + 9x = (-1+9)x = 8x$

(2)　$y - 2y = (1-2)y = -y$

(3)　$a - (-a) - 3a = a + a - 3a$
$$= (1+1-3)a = -a$$

(4)　$\dfrac{x}{2} - \dfrac{x}{3} - \dfrac{x}{4} = \left(\dfrac{1}{2} - \dfrac{1}{3} - \dfrac{1}{4}\right)x$
$$= \left(\dfrac{6}{12} - \dfrac{4}{12} - \dfrac{3}{12}\right)x = -\dfrac{1}{12}x$$

(5)　$(y-6) + (5-2y) = y - 6 + 5 - 2y$
$$= y - 2y - 6 + 5 = -y - 1$$

(6)　$(-3+8x) - (8x-3) = -3 + 8x - 8x + 3$
$$= 8x - 8x - 3 + 3 = 0$$

❺ (1)　$\dfrac{x}{3} \times (-6) = \dfrac{1}{3} \times x \times (-6)$
$$= \dfrac{1}{3} \times (-6) \times x = -2x$$

(2)　$-8\left(2x - \dfrac{3}{4}\right) = (-8) \times 2x + (-8) \times \left(-\dfrac{3}{4}\right)$
$$= -16x + 6$$

(3)　$\dfrac{4x-3}{4} \times 12 = \dfrac{(4x-3) \times \overset{3}{12}}{\underset{1}{4}}$ ← ここで約分する。
$$= (4x-3) \times 3$$
$$= 12x - 9$$

(4)　$(-54 + 27y) \div (-3)$
$$= (-54 + 27y) \times \left(-\dfrac{1}{3}\right)$$
$$= -54 \times \left(-\dfrac{1}{3}\right) + 27y \times \left(-\dfrac{1}{3}\right) = 18 - 9y$$

別解　$(-54 + 27y) \div (-3)$
$$= \dfrac{-54 + 27y}{-3} = \dfrac{-54}{-3} + \dfrac{27y}{-3} = 18 - 9y$$

(5)　$2(7a-6) + 5(3-a) = 14a - 12 + 15 - 5a$
$$= 14a - 5a - 12 + 15$$
$$= 9a + 3$$

(6)　$6(3y-2) - 3(5y-4) = 18y - 12 - 15y + 12$
$$= 18y - 15y - 12 + 12$$
$$= 3y$$

得点アップのコツ
分配法則を使って（ ）をはずすときは，（ ）の中のすべての項にかけることと，符号の変化に気をつける。
例　$-5(3x-2) = (-5) \times 3x + (-5) \times (-2)$
$$= -15x + 10$$

❻ (1)　1 m あたりの値段を求めるには，全体の値段を長さでわればよいから，$\dfrac{a}{5}$ 円になる。

(2)　配った画用紙の枚数は $3 \times a = 3a$ (枚) で，残っている画用紙の枚数は $(100 - 3a)$ 枚となるから，これが b 枚以上であることを不等式で表せばよい。

(3)　2 つの数の平均を求めるには，その和を求めて 2 でわる。

得点アップのコツ
(2)のように，「○は△以上である」ときは，不等号≧を使って，○≧△と表す。

❼ （色をつけた部分の周の長さ）
＝（外側の円の周の長さ）
　＋（内側の 2 つの円の周の長さの和）
外側の円の半径は，$4 + 3 = 7$ (cm)
よって，色をつけた部分の周の長さは，
$2\pi \times 7 + (2\pi \times 4 + 2\pi \times 3) = 28\pi$ (cm)
（色をつけた部分の面積）
＝（外側の円の面積）
　－（内側の 2 つの円の面積の和）
よって，色をつけた部分の面積は，
$\pi \times 7^2 - (\pi \times 4^2 + \pi \times 3^2) = 24\pi$ (cm²)

2 章

3章 未知の数の求め方を考えよう

❶ $\dfrac{2}{3}$

❷ ④, ④, ④, ④

❸ (1) $x=10$　　(2) $x=10$

(3) $x=5$　　(4) $x=-2$

(5) $x=-11$　　(6) $x=2$

(7) $x=\dfrac{1}{2}$　　(8) $x=-4$

(9) $x=-\dfrac{1}{5}$　　(10) $x=25$

(11) $x=-81$　　(12) $x=\dfrac{1}{4}$

解説

❶ $x=\dfrac{2}{3}$ のとき,

(左辺)$=6\times\dfrac{2}{3}-1=3$

(右辺)$=3$

となって, 左辺の値と右辺の値が等しくなり, 等式は成り立つ。

❷ x に 4 を代入して, 左辺の値と右辺の値が等しくなる方程式を見つける。

	左辺の値	右辺の値
⑦	$4-6=-2$	2
④	$-5\times4=-20$	-20
⑦	$2\times4+1=9$	-7
④	$10-3\times4=-2$	-2
④	$2\times4=8$	$7\times4-10=18$
④	$8+2\times4=16$	$4+12=16$
④	$0.5\times4-2=0$	$1.5\times4=6$
④	$\dfrac{1}{4}\times4-5=-4$	$-\dfrac{3}{4}\times4-1=-4$
④	$4\times(-4+2)=-8$	-24

よって, 左辺の値と右辺の値が等しく, 等式が成り立っているのは, ④, ④, ④, ④

❸ (1) $x-2=8$

$x-2+2=8+2$

$x=10$

> 等式の性質 $A=B$ ならば $A+C=B+C$

(2) $-9+x=1$

$-9+x+9=1+9$

$x=10$

(3) $x+7=12$

$x+7-7=12-7$

$x=5$

> 等式の性質 $A=B$ ならば $A-C=B-C$

(4) $x+5=3$

$x+5-5=3-5$

$x=-2$

> 左辺を x だけにするよ。

(5) $x+1=-10$

$x+1-1=-10-1$

$x=-11$

(6) $3x=6$

$\dfrac{3x}{3}=\dfrac{6}{3}$

$x=2$

> 等式の性質 $A=B$ ならば $\dfrac{A}{C}=\dfrac{B}{C}$ $(C\neq0)$

(7) $10x=5$

$\dfrac{10x}{10}=\dfrac{5}{10}$ ← 両辺に 10 の逆数 $\dfrac{1}{10}$ をかけているともいえる。

$x=\dfrac{1}{2}$

(8) $-12x=48$

$\dfrac{-12x}{-12}=\dfrac{48}{-12}$

$x=-4$

(9) $-35x=7$

$\dfrac{-35x}{-35}=\dfrac{7}{-35}$

$x=-\dfrac{1}{5}$

(10) $\dfrac{1}{5}x=5$

$\dfrac{1}{5}x\times5=5\times5$

$x=25$

> 等式の性質 $A=B$ ならば $AC=BC$

(11) $\dfrac{x}{3}=-27$

$\dfrac{x}{3}\times3=-27\times3$

$x=-81$

(12) $\dfrac{2}{5}x=\dfrac{1}{10}$

$\dfrac{2}{5}x\div\dfrac{2}{5}=\dfrac{1}{10}\div\dfrac{2}{5}$

$\dfrac{2}{5}x\times\dfrac{5}{2}=\dfrac{1}{10}\times\dfrac{5}{2}$

$x=\dfrac{1}{4}$

> 両辺を $\dfrac{2}{5}$ でわることと両辺に $\dfrac{2}{5}$ の逆数 $\dfrac{5}{2}$ をかけることは同じ結果になる。

❶ (1) $x=-3$ (2) $x=12$

(3) $x=4$ (4) $x=2$

(5) $x=5$ (6) $x=10$

(7) $x=\dfrac{1}{2}$ (8) $x=4$

❷ (1) $x=11$ (2) $x=4$

(3) $x=-6$ (4) $x=-1$

(5) $x=-2$ (6) $x=2$

(7) $x=-2$ (8) $x=-3$

解説

❶ 方程式を，移項の考えを使って解く。

(1) $x+5=2$
$x=2-5$
$x=-3$

(2) $x-9=3$
$x=3+9$
$x=12$

(3) $3x-8=4$
$3x=4+8$
$3x=12$
$x=4$

(4) $-5x+6=-4$
$-5x=-4-6$
$-5x=-10$
$x=2$

(5) $4x=-3x+35$
$4x+3x=35$
$7x=35$
$x=5$

(6) $6x=7x-10$
$6x-7x=-10$
$-x=-10$
$x=10$

(7) $-x=3x-2$
$-x-3x=-2$
$-4x=-2$
$x=\dfrac{1}{2}$

(8) $-2x=-5x+12$
$-2x+5x=12$
$3x=12$
$x=4$

❷ (1) $2x-9=x+2$
$2x-x=2+9$
$x=11$

(2) $3x+4=-2x+24$
$3x+2x=24-4$
$5x=20$
$x=4$

(3) $-4x+2=-6x-10$
$-4x+6x=-10-2$
$2x=-12$
$x=-6$

(4) $8-5x=-x+12$
$-5x+x=12-8$
$-4x=4$
$x=-1$

(5) $3x-7=4x-5$
$3x-4x=-5+7$
$-x=2$
$x=-2$

(6) $x-7=-21+8x$
$x-8x=-21+7$
$-7x=-14$
$x=2$

(7) $9+7x=1+3x$
$7x-3x=1-9$
$4x=-8$
$x=-2$

(8) $-20-9x=31+8x$
$-9x-8x=31+20$
$-17x=51$
$x=-3$

❶ (1) $x=3$ (2) $x=-3$

(3) $x=1$ (4) $x=2$

❷ (1) $x=4$ (2) $x=\dfrac{1}{9}$

(3) $x=4$ (4) $x=-8$

❸ (1) $x=-12$ (2) $x=-4$

(3) $x=20$ (4) $x=4$

(5) $x=-9$ (6) $x=-7$

(7) $x=-26$ (8) $x=4$

解説

❶ (1) $3(x-2)+4=7$ （ ）をはずす。
$3x-6+4=7$
$3x=7+6-4$
$3x=9$
$x=3$

(2) $8x+1-4(x-4)=5$ （ ）をはずす。符号に注意する。
$8x+1-4x+16=5$
$8x-4x=5-1-16$
$4x=-12$
$x=-3$

(3) $4x+6=-5(x-3)$ （ ）をはずす。符号に注意する。
$4x+6=-5x+15$
$4x+5x=15-6$
$9x=9$
$x=1$

(4) $7-(2x-5)=8(x-1)$ （ ）をはずす。符号に注意する。
$7-2x+5=8x-8$
$-2x-8x=-8-7-5$
$-10x=-20$
$x=2$

❷ 係数に小数をふくむ方程式では，10，100 などを両辺にかけて，係数を整数になおし，小数をふくまない形に変形してから解くとよい。

(1) $1.5x-0.3=0.9x+2.1$ 両辺に 10 をかける。
$15x-3=9x+21$
$6x=24$
$x=4$

(2) $0.27x+0.07=0.9x$ 両辺に 100 をかける。
$27x+7=90x$
$-63x=-7$
$x=\dfrac{1}{9}$

3 章

26 解答と解説

(3) $0.2(x-2)+1.6=2$
$2(x-2)+16=20$ 〉両辺に 10をかける。
$2x-4+16=20$ 〉( )をはずす。
$2x=8$
$x=4$

(4) $0.3(x+2)=0.2(x-1)$
$3(x+2)=2(x-1)$ 〉両辺に 10 をかける。
$3x+6=2x-2$ 〉( )をはずす。
$x=-8$

❸ 係数に分数をふくむ方程式では，分母の公倍数を両辺にかけて，分母をはらう。

(1) $\dfrac{1}{6}x-2=\dfrac{1}{3}x$
$x-12=2x$
$-x=12$
$x=-12$

(2) $\dfrac{x}{2}-\dfrac{1}{6}=\dfrac{x}{6}-\dfrac{3}{2}$
$3x-1=x-9$
$2x=-8$
$x=-4$

(3) $\dfrac{x}{2}+1=\dfrac{2}{5}x+3$
$5x+10=4x+30$
$x=20$

(4) $\dfrac{x}{4}-\dfrac{2}{3}=1-\dfrac{x}{6}$
$3x-8=12-2x$
$5x=20$
$x=4$

(5) $\dfrac{x-3}{4}=\dfrac{1}{3}x$ 〉両辺に 12 をかける。
$(x-3)\times3=4x$
$3x-9=4x$
$-x=9$
$x=-9$

左辺の計算は
次のようになる。
$\dfrac{x-3}{4}\times\overset{3}{\cancel{12}}=(x-3)\times3$

(6) $\dfrac{2x-1}{5}=\dfrac{x-2}{3}$ 〉両辺に 15 をかける。
$(2x-1)\times3=(x-2)\times5$
$6x-3=5x-10$
$x=-7$

(7) $\dfrac{x-8}{4}=\dfrac{2x+1}{6}$ 〉両辺に 12 をかける。
$(x-8)\times3=(2x+1)\times2$
$3x-24=4x+2$
$-x=26$
$x=-26$

(8) $\dfrac{-x+6}{2}=x-3$ 〉両辺に 2 をかける。
$-x+6=(x-3)\times2$
$-x+6=2x-6$
$-3x=-12$
$x=4$

---

p.58〜59 ■ステージ2■

❶ ㋐, ㋒

❷ (1) $x=-\dfrac{1}{2}$ (2) $x=-\dfrac{7}{4}$
(3) $x=\dfrac{3}{4}$ (4) $x=0$
(5) $x=7$ (6) $x=6$
(7) $x=2$ (8) $x=\dfrac{11}{2}$
(9) $x=\dfrac{9}{5}$ (10) $x=-2$
(11) $x=-6$ (12) $x=\dfrac{1}{3}$

❸ 両辺を 8 でわる。両辺に $\dfrac{1}{8}$ をかける。

❹ (1) ① ㋑, $C\cdots2x$ または ㋐, $C\cdots-2x$
② ㋓, $C\cdots3$ または ㋒, $C\cdots\dfrac{1}{3}$
(2) ① ㋐, $C\cdots1$ または ㋑, $C\cdots-1$
② ㋒, $C\cdots-\dfrac{4}{3}$ または ㋓, $C\cdots-\dfrac{3}{4}$

❺ (1) $a=5$ (2) 40
(3) $a=-1$

• • • • •

① (1) $x=-2$ (2) $x=-2$
(3) $x=3$ (4) $x=-17$

■■■ 解 説 ■■■

❶ x に -3 を代入して，左辺の値と右辺の値が等しくなる方程式を見つける。

	左辺の値	右辺の値
㋐	$3\times(-3)-4=-13$	$5\times(-3)+2=-13$
㋑	$11\times(-3)-6=-39$	$-9+2\times(-3)=-15$
㋒	$-7\times(-3-5)=56$	$8\times\{1-2\times(-3)\}=56$
㋓	$\dfrac{-3}{6}-2=-\dfrac{5}{2}$	$-3-\dfrac{9}{2}=-\dfrac{15}{2}$

❷ (1) $4x+2=0$
$4x=-2$
$x=-\dfrac{1}{2}$

(2) $-\dfrac{2}{3}x=\dfrac{7}{6}$
$-\dfrac{2}{3}x\times\left(-\dfrac{3}{2}\right)=\dfrac{7}{6}\times\left(-\dfrac{3}{2}\right)$
$x=-\dfrac{7}{4}$

(3) $3x-2=-x+1$
$4x=3$
$x=\dfrac{3}{4}$

(4) $11x-7=-10x-7$
$21x=0$
$x=0$

(5) $2(2x-5)-(x+9)=2$　｝まず，（ ）をはずす。
$4x-10-x-9=2$
$3x=21$
$x=7$

(6) $0.3(2-x)=0.4(9-2x)$　｝両辺に 10 をかける。
$3(2-x)=4(9-2x)$　｝（ ）をはずす。
$6-3x=36-8x$
$5x=30$
$x=6$

(7) $0.05x-0.3=0.4x-1$　｝両辺に 100 をかける。
$5x-30=40x-100$
$-35x=-70$
$x=2$

(8) $\dfrac{x-1}{3}=\dfrac{x+2}{5}$
$(x-1)\times5=(x+2)\times3$
$5x-5=3x+6$
$2x=11$
$x=\dfrac{11}{2}$

(9) $\dfrac{x-1}{2}+\dfrac{x}{3}=1$
$(x-1)\times3+x\times2=6$
$3x-3+2x=6$
$5x=9$
$x=\dfrac{9}{5}$

(10) $\dfrac{8}{3}(x+1)-\dfrac{x}{2}=-\dfrac{5}{3}$　｝両辺に 6 をかける。
$(x+1)\times16-x\times3=-10$
$16x+16-3x=-10$
$13x=-26$
$x=-2$

(11) $\dfrac{3+2x}{4}-\dfrac{5-x}{6}=-\dfrac{49}{12}$　｝両辺に 12 をかける。
$(3+2x)\times3-(5-x)\times2=-49$
$9+6x-10+2x=-49$
$8x=-48$
$x=-6$

(12) $2.7x-\dfrac{3}{2}=\dfrac{3x-4}{5}$　｝両辺に 10 をかける。
$27x-15=(3x-4)\times2$
$27x-15=6x-8$
$21x=7$
$x=\dfrac{1}{3}$

❸ ① 両辺を 8 でわる。
$\dfrac{8x}{8}=\dfrac{20}{8}$
$x=\dfrac{5}{2}$

② 両辺に $\dfrac{1}{8}$ をかける。
$8x\times\dfrac{1}{8}=20\times\dfrac{1}{8}$
$x=\dfrac{5}{2}$

❹ (1) ① 両辺から $2x$ をひいている。
（両辺に $-2x$ をたしている。）
② 両辺を 3 でわっている。
$\left(両辺に \dfrac{1}{3} をかけている。\right)$

(2) ① 両辺に 1 をたしている。
（両辺から -1 をひいている。）
② 両辺に $-\dfrac{4}{3}$ をかけている。
$\left(両辺を -\dfrac{3}{4} でわっている。\right)$

❺ (1) $7-2x=5$ を解くと，$-2x=-2$　$x=1$
$a-3x=2x$ の x に 1 を代入すると，
$a-3\times1=2\times1$　$a=5$

(2) $x+2=\dfrac{x-4}{3}$　｝両辺に 3 をかける。
$(x+2)\times3=x-4$
$3x+6=x-4$　$2x=-10$　$x=-5$
$x=-5$ のとき，
$x^2-3x=(-5)^2-3\times(-5)=25+15=40$

(3) x に -3 を代入すると，
$\dfrac{-3}{3}-7a=-3+9$　←ａについての方程式とみる。
$-1-7a=6$　$-7a=7$　$a=-1$

① (1) $2(3x+2)=-8$　｝（ ）をはずす。
$6x+4=-8$
$6x=-12$
$x=-2$

(2) $0.2(x-2)=x+1.2$　｝両辺に 10 をかける。
$2(x-2)=10x+12$
$2x-4=10x+12$
$-8x=16$
$x=-2$

(3) $\dfrac{2x+9}{5}=x$　｝両辺に 5 をかける。
$2x+9=5x$
$-3x=-9$
$x=3$

(4) $\dfrac{x-4}{3}+\dfrac{7-x}{2}=5$　｝両辺に 6 をかける。
$(x-4)\times2+(7-x)\times3=30$
$2x-8+21-3x=30$
$-x=17$
$x=-17$

❶ (1) −2　　　　　　(2) 600 円
❷ (1) 160 円　　　　(2) 100 円
　 (3) 320 円
　 (4) 鉛筆…5 本　　　ボールペン…3 本
　 (5) りんご 6 個　　　みかん 11 個

━━━━━━ 解 説 ━━━━━━

❶ (1) 最初に，何を x とするか書いてから，
問題を解いていく。
ある数を x とすると，

x から 3 をひいた数の 2 倍 → $2(x-3)$ ┐
x を 4 倍して 2 をひいた数 → $4x-2$ ┘ 等しい

$2(x-3)=4x-2$ ← 等号で結んで
方程式をつくる。
$2x-6=4x-2$
$-2x=4$
$x=-2$

(2) 弟が兄から x 円もらったとすると，
兄と弟の所持金について，

| 弟に x 円あげたあ との兄の所持金 | ＝ | 兄に x 円もらった あとの弟の所持金 ×3 |

という関係があるから，

$4200-x=(600+x)\times3$ ← 方程式が できる。
$4200-x=1800+3x$
$-4x=-2400$
$x=600$

❷ (1) りんご 1 個の値段を x 円とすると，
（りんご 12 個の代金）＋（箱代）＝（代金の合計）
より，$12x+80=2000$
$12x=1920$
$x=160$

(2) A のノート 1 冊の値段を x 円として，問題に
ふくまれる数量を表に整理すると，

	A のノート	B のノート	合計
1 冊の値段（円）	x	$x+50$	
冊数（冊）	5	2	7
代金（円）	$5x$	$2(x+50)$	800

表から方程式をつくると，
$5x+2(x+50)=800$
$5x+2x+100=800$
$7x=700$
$x=100$

> A のノート 1 冊の値段を x 円とすると，それより 50 円高い B のノート 1 冊の値段は $(x+50)$ 円になる。

(3) おとなの入園料を x 円として，問題にふくま
れる数量を表に整理すると，

	おとな	中学生	合計
1 人の入園料（円）	x	$x-160$	
人数（人）	2	3	5
入園料（円）	$2x$	$3(x-160)$	1120

表から方程式をつくると，
$2x+3(x-160)=1120$
$2x+3x-480=1120$
$5x=1600$
$x=320$

> おとなの入園料を x 円とすると，おとなの入園料は中学生の入園料より 160 円高いことから，中学生の入園料は $(x-160)$ 円になる。

別解 中学生の入園料を x 円とすると，おとな
の入園料は $(x+160)$ 円だから，
$2(x+160)+3x=1120$
これを解くと，$x=160$ ← 中学生の入園料
よって，おとなの入園料は，$160+160=320$

(4) 鉛筆を x 本買うとして，問題にふくまれる数
量を表に整理すると，

	鉛筆	ボールペン	合計
1 本の値段（円）	80	110	
本数（本）	x	$8-x$	8
代金（円）	$80x$	$110(8-x)$	730

表から方程式をつくると，
$80x+110(8-x)=730$
$80x+880-110x=730$
$-30x=-150$
$x=5$
よって，ボールペンの本数は，$8-5=3$

(5) りんごを x 個買うとして，問題にふくまれる
数量を表に整理すると，

	りんご	みかん	合計
1 個の値段（円）	140	60	
個数（個）	x	$17-x$	17
代金（円）	$140x$	$60(17-x)$	1500

表から方程式をつくると，
$140x+60(17-x)=1500$
$140x+1020-60x=1500$
$80x=480$
$x=6$
よって，みかんの個数は，$17-6=11$

❶ (1) バラ … 150 円　持っていた金額 … 770 円

　(2) 生徒 … 5 人　　色紙の枚数 … 23 枚

❷ (1) 9 時 1 分

　(2) そのまま答えとしてはいけない。

　　〔理由〕〔例〕家から図書館までの道のりが
660 m であるとき，弟は 660÷44＝15（分），
つまり，（8 時 50 分 − 5 分）＋15 分＝9 時
に図書館に着いてしまうので，兄は弟に追
いつけないから。

❸ (1) $\dfrac{x}{40}=\dfrac{x}{60}+50$

　(2) 6000 m

❹ (1) 方程式…$1+3x=65$　　解…$x=\dfrac{64}{3}$

　(2) 21 個（正方形を 21 個つなげた長方形を
つくることができて，棒が 1 本余る。）

■■■■■■■■ 解説 ■■■■■■■■

❶ (1) バラ 1 本の値段を x 円とすると，持ってい
た金額は，

　6 本買うと 130 円たりない → $(6x-130)$ 円

　5 本買うと 20 円余る → $(5x+20)$ 円

　の 2 通りの式で表せるから，

　$6x-130=5x+20$

　　　　$x=150$

　持っていた金額は，$6×150-130=770$

　〔別解〕持っていた金額を x 円として，あと 130
円あればバラが 6 本買え，20 円少なければバ
ラを 5 本買うときにお金が余らないことから，
バラ 1 本の値段を 2 通りの式で表して方程式
をつくると，

　$\dfrac{x+130}{6}=\dfrac{x-20}{5}$

　$5(x+130)=6(x-20)$ より，$x=770$

　バラ 1 本の値段は，$\dfrac{770+130}{6}=150$

　(2) 生徒の人数を x 人とすると，色紙の枚数は，

　3 枚ずつ配ると 8 枚余る → $(3x+8)$ 枚

　5 枚ずつ配ると 2 枚たりない → $(5x-2)$ 枚

　の 2 通りの式で表せるから，

　$3x+8=5x-2$

　　$-2x=-10$

　　　$x=5$

　色紙の枚数は，$3×5+8=23$

〔別解〕色紙の枚数を x 枚として，生徒の人数を
2 通りの式で表して方程式をつくると，

$$\dfrac{x-8}{3}=\dfrac{x+2}{5}$$

$5(x-8)=3(x+2)$ より，$x=23$

生徒の人数は，$\dfrac{23-8}{3}=5$

ポイント

過不足を考えるこのような問題で方程式をつくると
きには，等しい関係にある数量を見つけ，それを 2
通りの式で表すとよい。

❷ (1) 兄が出発してから x 分後に弟に追いつくと
して，問題にふくまれる数量を表に整理すると，

	兄	弟
速さ (m/min)	64	44
時間 (分)	x	$x+5$ ←
道のり (m)	$64x$	$44(x+5)$

表から方程式をつくると，

$64x=44(x+5)$

$64x=44x+220$

$20x=220$

　$x=11$

弟は兄が出発する 5 分前に
家を出発しているので，兄
より 5 分多く歩いている。

8 時 50 分＋11 分＝9 時 1 分

❸ (1) （登りにかかった時間）
　　　＝（下りにかかった時間）＋50 分より，

$\dfrac{x}{40}=\dfrac{x}{60}+50$

それぞれにかかる時間は，
（道のり）÷（速さ）で求める。

　(2) 40 と 60 の公倍数 120 を両辺にかけて，

　$3x=2x+6000$　　$x=6000$

　登りにかかった時間は，$6000÷40=150$

　下りにかかった時間は，$6000÷60=100$

　よって，登りにかかった時間は下りにかかった
時間より，$150-100=50$（分）長くかかっている。
これより，方程式の解が問題に適していること
がわかる。

❹ (1) 正方形を x 個つなげて長方形をつくるとき，
必要な棒の本数は $(1+3x)$ 本だから，
方程式をつくると，$1+3x=65$

これを解いて，$3x=64$　　$x=\dfrac{64}{3}\left(=21\dfrac{1}{3}\right)$

　(2) 問題に適する x の値は，整数であるから，
問題の答えは，正方形を 21 個つなげた長方形
をつくることができて，棒が 1 本余る。

p.64～65 ■ステージ1

❶ (1) $x=12$ (2) $x=6$

(3) $x=\dfrac{10}{3}$ (4) $x=49$

(5) $x=28$ (6) $x=24$

(7) $x=\dfrac{1}{3}$ (8) $x=4$

(9) $x=9$ (10) $x=7$

❷ (1) **100 cm**   (2) **7.2 L** $\left(\dfrac{36}{5}\ \text{L}\right)$

(3) **40 kg**   (4) **28 cm**

━━━━━━━━━━ 解 説 ━━━━━━━━━━

❶ (1) $x:15=4:5$

比例式の性質から，

$x\times5=15\times4$

$5x=60$

$x=12$

> 比例式の性質
> $a:b=m:n$
> bm / an

(2) $x:14=3:7$

$x\times7=14\times3$

$7x=42$

$x=6$

(3) $x:5=2:3$

$x\times3=5\times2$

$3x=10$

$x=\dfrac{10}{3}$

(4) $4:7=28:x$

$4\times x=7\times28$

$4x=196$

$x=49$

(5) $6:x=3:14$

$6\times14=x\times3$

$84=3x$

$3x=84$ ⎬ 等式の性質 $A=B$ ならば，$B=A$

$x=28$

(6) $8:3=x:9$

$8\times9=3\times x$

$72=3x$

$3x=72$ ⎬ 等式の性質 $A=B$ ならば，$B=A$

$x=24$

(7) $x:\dfrac{1}{5}=5:3$

$x\times3=\dfrac{1}{5}\times5$

$3x=1$

$x=\dfrac{1}{3}$

(8) $\dfrac{6}{7}:x=3:14$

$\dfrac{6}{7}\times14=x\times3$

$12=3x$

$3x=12$

$x=4$

(9) $4:(x+3)=5:15$

$4\times15=(x+3)\times5$

$60=5x+15$

$-5x=-45$

$x=9$

(10) $(x-1):2x=3:7$

$(x-1)\times7=2x\times3$

$7x-7=6x$

$x=7$

❷ (1) 針金の長さを x cm とすると，

$x:14=250:35$ ← 針金 14 cm の重さが 35 g から比例式をつくる。

$x\times35=14\times250$

$35x=3500$

$x=100$

(2) 48 km を往復するのに必要なガソリンの量を x L とすると，

$x:3=(48\times2):40$ ← ガソリン 3 L で 40 km 走ることから比例式をつくる。

$x\times40=3\times96$

$40x=288$

$x=7.2$

(3) AとBの重さの比が $8:5$ だから，全体の重さを表す割合は $8+5=13$ になる。

Aに x kg のみかんを入れると，

$x:65=8:13$ ← (Aの重さ):(全体の重さ) から比例式をつくる。

$x\times13=65\times8$

$13x=520$

$x=40$

別解 Aに x kg のみかんを入れるとすると，Bには $(65-x)$ kg のみかんが入る。これらの重さの比が $8:5$ になるようにするから，

$x:(65-x)=8:5$

$x\times5=(65-x)\times8$

$5x=520-8x$

$13x=520$

$x=40$

(4) 地図上の地点Aから地点Bまでの長さを x cm とすると，

$6:x=15:70$

$6\times70=x\times15$

$420=15x$

$15x=420$

$x=28$

> この地図の縮尺は，
> $6\div1500000=\dfrac{1}{250000}$
> だから，x の値は，
> $7000000\times\dfrac{1}{250000}=28$

p.66~67 ■ステージ2

❶ (1)　4個　　　(2)　900円　　　(3)　12人
　　(4)　兄…115 cm　妹…155 cm　(5)　$x=8$

❷ (1)　$10x+4=(40+x)+18$　　(2)　46

❸ 105人

❹ (1)　$x=8$　　(2)　$x=\dfrac{21}{5}$　　(3)　$x=1$

❺ 420円　　　　❻ 80人

● ● ● ● ● ●

① 14個　　　　② 38人
③ 400円　　　　④ 12個

━━━━━━━━ 解説 ━━━━━━━━

❶ (1)　りんごの個数を x 個とすると,
　みかんの個数は $(x+2)$ 個と表せる。
　　　　　　　↖りんごより2個多い。
　(みかんの代金)+(りんごの代金)
　=(代金の合計) より,
　　$80(x+2)+140x=1040$　　　$x=4$

(2)　姉が最初に持っていた金額を x 円とすると,
　弟が最初に持っていた金額は $\underline{(1400-x)}$ 円と
　表せる。　　　　　　　　　　合計が1400円
　　(姉の残金)=(弟の残金)×2 より,
　　$x-380=(1400-x-240)\times2$　　　$x=900$

(3)　生徒の人数を x 人とすると, 鉛筆の本数は,
　8本ずつ配ると14本たりない → $(8x-14)$ 本
　7本ずつ配ると2本たりない → $(7x-2)$ 本
　の2通りの式で表せるから,
　　$8x-14=7x-2$　　　$x=12$
　　別解 鉛筆の本数を x 本として, 生徒の人数を
　　　　2通りの式で表して方程式をつくると,
　　　　$\dfrac{x+14}{8}=\dfrac{x+2}{7}$ より, $x=82$
　　　　生徒の人数は, $\dfrac{82+14}{8}=12$

(4)　兄のひもの長さを x cm とすると,
　妹のひもの長さは $(x+40)$ cm と表せる。
　(兄のひもの長さ)+(妹のひもの長さ)=270 cm
　より, $x+(x+40)=270$　　　$x=115$
　妹のひもの長さは, $115+40=155$
　　別解 兄のひもの長さを x cm とすると,
　　　　妹のひもの長さは $(270-x)$ cm と表せる。
　　　　妹のほうが40 cm 長いことから方程式をつ
　　　　くると, $270-x=x+40$ より, $x=115$
　　　　妹のひもの長さは, $115+40=155$

(5)　地点 A, B 間の道のりは x km で,
　(時間)=(道のり)÷(速さ) だから,
　行きにかかった時間 → $\dfrac{x}{12}$ 時間
　帰りにかかった時間 → $\dfrac{x}{4}$ 時間
　式をつくるときは, 単位をそろえないといけな
　いから, 2時間40分 $=2\dfrac{40}{60}$ 時間 $=\dfrac{8}{3}$ 時間
　(行きにかかった時間)+(帰りにかかった時間)
　$=\dfrac{8}{3}$ 時間より,
　　$\dfrac{x}{12}+\dfrac{x}{4}=\dfrac{8}{3}$　　$x+3x=32$　　$x=8$

ポイント
(1)~(4)では, 問題の意味をよく考え, 何を x で表す
か決めよう。

❷ (1)　もとの数は, 十の位が4, 一の位が x だか
　ら, $10\times4+x=40+x$
　もとの数の十の位と一の位を入れかえた数は,
　$10\times x+4=10x+4$
　入れかえた数はもとの数より18大きくなるか
　ら, 方程式は, $10x+4=(40+x)+18$

(2)　$10x+4=58+x$　　$9x=54$　　$x=6$
　よって, もとの自然数は, $40+6=46$

❸ 部屋の数を x 室とする。最後の1室は3人にな
　るので, 6人の部屋が $(x-1)$ 室より, 生徒の
　人数は $\{6(x-1)+3\}$ 人と表せる。
　また, 1室の人数を1人増やして7人にすると,
　3室余ることから,
　使う部屋の数は $(x-3)$ 室だから,
　生徒の人数は $7(x-3)$ 人と表せる。
　よって, $6(x-1)+3=7(x-3)$　　　$x=18$
　生徒の人数は, $6\times(18-1)+3=105$
　　別解 生徒の人数を x 人として, 部屋の数を x を
　　　　使って2通りの式で表して解くこともできる。
　　　　6人ずつの部屋にすると最後の部屋が3人にな
　　　　るから, 部屋の数は $\dfrac{x+3}{6}$ 室と表せる。
　　　　また, 7人ずつの部屋にすると3室余るので,
　　　　部屋の数は $\left(\dfrac{x}{7}+3\right)$ 室と表せる。
　　　　$\dfrac{x+3}{6}=\dfrac{x}{7}+3$ より, $x=105$

4 (1)　$x:18=4:9$

$x\times9=18\times4$

$9x=72$

$x=8$

比例式の性質

$$a:b=m:n$$
（bm = an）

(2)　$9:x=15:7$

$9\times7=x\times15$

$63=15x$

$15x=63$

$x=\dfrac{21}{5}$

(3)　$8:(x+5)=4:3$

$8\times3=(x+5)\times4$

$24=4x+20$

$-4x=-4$

$x=1$

5　姉：妹$=7:5$ より，全体の金額を表す割合は

$7+5=12$ と考えればよいから，姉の出す金額を

x 円とすると，$x:720=7:12$

$x\times12=720\times7$　　$12x=5040$　　$x=420$

別解　姉の出す金額を x 円とすると，

妹の出す金額は $(720-x)$ 円と表せる。

$x:(720-x)=7:5$ より，$x=420$

6　1 年生と 2 年生の人数の合計は，

$300\times\left(1-\dfrac{2}{5}\right)=180$（人）

1 年生の人数を x 人とすると，1 年生と 2 年生の

人数の比が $4:5$ であることから，

$x:180=4:(4+5)$

$x\times9=180\times4$　　$9x=720$　　$x=80$

別解　1 年生の人数を x 人とすると，

2 年生の人数は $(180-x)$ 人と表せるから，

1 年生と 2 年生の人数の比が $4:5$ であること

から，比例式を $x:(180-x)=4:5$

としても求めることができる。

①　ゼリーの個数を x 個とすると，

（ゼリーの代金）＋（プリンの代金）＋（箱代）

＝（代金の合計）より，

$80x+120(24-x)+100=2420$　　$x=14$

②　クラスの人数を x 人とすると，

$300x+2600=400x-1200$　　$x=38$

③　子ども 1 人の入園料を x 円とすると，

$(x+600):x=5:2$

$(x+600)\times2=x\times5$　　$x=400$

④　B の箱から取り出した白球の個数を x 個とする

と，A の箱から取り出した赤球の個数は $2x$ 個と

表せる。

$(45-2x):(27-x)=7:5$

$(45-2x)\times5=(27-x)\times7$　　$x=12$

---

p.68〜69 ステージ3

❶　⑦，⑤

❷ (1)　$x=-9$　　(2)　$x=\dfrac{1}{9}$

(3)　$x=-16$　　(4)　$x=-4$

(5)　$x=5$　　(6)　$x=-9$

❸ (1)　$x=3$　　(2)　$x=-1$

(3)　$x=-5$　　(4)　$x=2$

(5)　$x=21$　　(6)　$x=5$

❹ (1)　$x=4$　　(2)　$x=30$

❺　$a=25$

❻　$a=1$

❼　縦 … 7 cm　　横 … 12 cm

❽　人数 … 10 人　　画用紙 … 48 枚

❾　1 時間 12 分

❿　80 人

⓫　1.8 m

◀ 解 説 ▶

❶　x に -8 を代入して，左辺の値と右辺の値が等

しくなる方程式を見つける。

	左辺の値	右辺の値
⑦	$3\times(-8)-2=-26$	-26
⑦	$-4\times(-8)=32$	-32
⑤	$9\times(-8)-11=-83$	$-4\times(-8)+2=34$
⑤	$-11\times(-8)$ $-\{3-(-8)\}=77$	$5-9\times(-8)=77$

得点アップのコツ

負の数を代入するときは，（　）をつけよう。

❷ (1)　$x+7=-2$

$x=-2-7$

$x=-9$

(2)　$18x=2$

$\dfrac{18x}{18}=\dfrac{2}{18}$

$x=\dfrac{1}{9}$

(3)　$-\dfrac{3}{8}x=6$

$-\dfrac{3}{8}x\div\left(-\dfrac{3}{8}\right)=6\div\left(-\dfrac{3}{8}\right)$

$-\dfrac{3}{8}x\times\left(-\dfrac{8}{3}\right)=6\times\left(-\dfrac{8}{3}\right)$

$x=-16$

(4)　$4x-3=-19$

$4x=-19+3$

$4x=-16$

$x=-4$

(5)　$5x-6=3x+4$

$5x-3x=4+6$

$2x=10$

$x=5$

(6)　$-6x-9=-4x+9$

$-6x+4x=9+9$

$-2x=18$

$x=-9$

❸ (1) $3(x-1)=-x+9$
$3x-3=-x+9$
$4x=12$
$x=3$

(2) $x-4=5(2x+1)$
$x-4=10x+5$
$-9x=9$
$x=-1$

(3) $1.3x+2=-0.3(x+20)$ ⎫ 両辺に 10 をかける。
$13x+20=-3(x+20)$ ⎬
$13x+20=-3x-60$ ⎭ （ ）をはずす。
$16x=-80$
$x=-5$

(4) $0.5-0.2x=0.05x$ ⎫ 両辺に 100 をかける。
$50-20x=5x$ ⎭
$-25x=-50$
$x=2$

(5) $\dfrac{1}{3}x=\dfrac{1}{7}x+4$
$7x=3x+84$
$4x=84$
$x=21$

(6) $\dfrac{-x+8}{6}=\dfrac{x-4}{2}$
$-x+8=(x-4)\times3$
$-x+8=3x-12$
$-4x=-20$
$x=5$

❹ 比例式の性質を使って解く。

(1) $x:18=2:9$
$x\times9=18\times2$
$9x=36$
$x=4$

(2) $(x-2):32=7:8$
$(x-2)\times8=32\times7$
$8x-16=224$
$8x=240$
$x=30$

❺ 解が $x=-2$ だから，x に -2 を代入すると，
$5\times(-2)-9=-3\times(-2)-a$
$-10-9=6-a$ ← a についての方程式
$a=6+10+9\qquad a=25$

得点アップのコツ
x についての方程式の解が $x=○$ であるとき，
x に○を代入すると方程式は成り立つ。

❻ 方程式 $\dfrac{6}{5}x=x+1$ の解は，両辺に 5 をかけて，
$\dfrac{6}{5}x\times5=(x+1)\times5\qquad 6x=5x+5\qquad x=5$
よって，方程式 $2x-\dfrac{-x+a}{4}=11$ の解も $x=5$
になるから，x に 5 を代入して，
$2\times5-\dfrac{-5+a}{4}=11$ ⎫ 両辺に 4 をかける。
$40-(-5+a)=44$ ⎭
$40+5-a=44\qquad -a=-1\qquad a=1$

❼ 縦の長さを x cm とすると，
横の長さは $\underline{(x+5)\,\text{cm}}$ と表せる。
　　　　縦のほうが 5 cm 短い。つまり，横のほうが 5 cm 長い。
（縦の長さと横の長さの和）×2＝（周の長さ）より，
$(x+x+5)\times2=38\qquad 2(2x+5)=38\qquad x=7$
横の長さは，$7+5=12$

❽ 班の人数を x 人とすると，
画用紙の枚数は，
5 枚ずつ配ると 2 枚たりない → $(5x-2)$ 枚
4 枚ずつ配ると 8 枚余る → $(4x+8)$ 枚
の 2 通りの式で表せるから，
$5x-2=4x+8\qquad 5x-4x=8+2\qquad x=10$
画用紙の枚数は，$5\times10-2=48$

❾ 2 人が出会うまでにかかる時間を x 時間とすると，
（兄が進んだ道のり）+（弟が進んだ道のり）＝12 km
より，
$6x+4x=12\qquad 10x=12\qquad x=\dfrac{6}{5}=1\dfrac{1}{5}$
$\dfrac{1}{5}$ 時間は $\dfrac{1}{5}\times60=12$（分）だから，
$1\dfrac{1}{5}$ 時間は 1 時間 12 分

❿ 女子の人数を x 人とすると，
男子の人数は $\underline{(x+20)\,\text{人}}$，← 女子より 20 人多い。
1 年生全体の人数は
$(x+20+x)$ 人と表せる。
めがねをかけている人の
割合から方程式をつくる
と，

> $1\%=\dfrac{1}{100}$ より，
> $a\%=\dfrac{a}{100}$ を利用する。

$(x+20)\times\dfrac{31}{100}+x\times\dfrac{40}{100}=(x+20+x)\times\dfrac{35}{100}$
$31(x+20)+40x=35(2x+20)$
$31x+620+40x=70x+700$
$x=80$

⓫ 姉のリボンの長さを x m とすると，姉と妹の
リボンの長さの比が 9:7 だから，全体のリボン
の長さを表す割合は $9+7=16$ になるので，
$x:3.2=9:16$
$x\times16=3.2\times9\qquad 16x=28.8\qquad x=1.8$
別解 姉のリボンの長さを x m とすると，妹の
リボンの長さは $(3.2-x)$ m と表せるので，
$x:(3.2-x)=9:7$ として解くこともできる。
$x\times7=(3.2-x)\times9\qquad 7x=28.8-9x\qquad x=1.8$

4章 数量の関係を調べて問題を解決しよう

p.70〜71 ■ステージ1

❶ (1) ⑦ 6.4　　　　⑦ 5.6　　　　⑨ 4.8

(2) いえる。

(3) x の値が増えると，y の値は減る。

(4) 10分後

(5) x の変域…$0 \leqq x \leqq 10$

　　y の変域…$0 \leqq y \leqq 8$

❷ (1) $x \geqq 5$　　　　　(2) $x < 15$

(3) $5 \leqq x < 15$

❸ ⑦，⑦，⑤，⑦

━━━━━━━━ ● 解説 ● ━━━━━━━━

❶ (1) ⑦ $7.2 - 0.8 = 6.4$　　⑦ $6.4 - 0.8 = 5.6$

　　⑨ $5.6 - 0.8 = 4.8$

(2) x の値を決めると，y の値もただ 1 つ決まる
ので，関数であるといえる。

(3) (x 分後の長さ)＝8 cm−(x 分間に燃えた長さ)
だから，$y = 8 - 0.8x$ ⟵ x 分間に 0.8x cm 短くなる。

(4) 線香は 1 分間に 0.8 cm ずつ短くなるから，
$8 \div 0.8 = 10$（分後）

(5) 10 分後に燃えてなくなるから，$0 \leqq x \leqq 10$
線香の長さは 8 cm だから，$0 \leqq y \leqq 8$

❷ 変域は不等号を使って表す。

(1) 5 以上 → $x \geqq 5$　　(2) 15 未満 → $x < 15$

❸ ⑦　たとえば，$x = 6$ とする。
(正五角形の周の長さ)＝(1 辺の長さ)×5 だから，
$y = 6 \times 5 = 30$ より，周の長さはただ 1 つ決まる。

⑦　たとえば，$x = 500$ とする。
(残っている道のり)＝3600m−(歩いた道のり)
だから，$y = 3600 - 500 = 3100$ より，残ってい
る道のりはただ 1 つ決まる。

⑨　身長ののびを決めても，体重の増加量はただ
1 つに決まらない。

⑤　たとえば，$x = 3$ とする。
(流れ出る水の量)＝2×(水が流れる時間) だから，
$y = 2 \times 3 = 6$ より，水の量はただ 1 つ決まる。

⑦　たとえば，$x = 800$ とする。
(買える牛肉の最大の重さ)
＝1000 円÷(1 g の牛肉の値段) だから，
$y = 1000 \div \dfrac{800}{100} = 125$ より，買える牛肉の最大
の重さはただ 1 つ決まる。

p.72〜73 ■ステージ1

❶ (1) y を x の式で表すと $y = 8x$ で，$y = ax$
の形で表されるから，y は x に比例する。
比例定数は 8 で，長方形の横の長さである。

(2) y を x の式で表すと $y = 2x$ で，$y = ax$
の形で表されるから，y は x に比例する。
比例定数は 2 で，1 cm あたりの重さである。

(3) y を x の式で表すと $y = 80x$ で，$y = ax$
の形で表されるから，y は x に比例する。
比例定数は 80 で，歩く速さである。

❷ (1) $y = 0.3x$　　　　(2) 6 L

(3) 50 秒後

❸ (1) y を x の式で表すと $y = \dfrac{150}{x}$ で，$y = \dfrac{a}{x}$
の形で表されるから，y は x に反比例する。
比例定数は 150 で，テープ全体の長さである。

(2) y を x の式で表すと $y = \dfrac{200}{x}$ で，$y = \dfrac{a}{x}$
の形で表されるから，y は x に反比例する。
比例定数は 200 で，入る水の容量である。

(3) y を x の式で表すと $y = \dfrac{64}{x}$ で，$y = \dfrac{a}{x}$
の形で表されるから，y は x に反比例する。
比例定数は 64 で，三角形の面積の 2 倍で
ある。

❹ (1) $y = \dfrac{600}{x}$　　　　(2) 40 L

━━━━━━━━ ● 解説 ● ━━━━━━━━

❶ ことばの式を書いて考えるとよい。

(1) (長方形の面積)＝(縦)×(横) だから，
y を x の式で表すと，$y = x \times 8$ より，$\underline{y = 8x}$
　　　　　　　　　　　　　　　　　　└ $y = ax$ の形
y は x に比例し，比例定数は 8
　　　　　　　　　└ 長方形の横の長さ

(2) (針金の重さ)
＝(1 cm あたりの重さ)×(針金の長さ) だから，
y を x の式で表すと，$y = 2 \times x$ より，$\underline{y = 2x}$
　　　　　　　　　　　　　　　　　　　└ $y = ax$ の形
y は x に比例し，比例定数は 2
　　　　　　　　　　└ 1 cm あたりの重さ

(3) (道のり)＝(速さ)×(時間) だから，y を x の
式で表すと，$y = 80 \times x$ より，$\underline{y = 80x}$
　　　　　　　　　　　　　　　　　└ $y = ax$ の形
y は x に比例し，比例定数は 80
　　　　　　　　　　└ 歩く速さ

ポイント

y が x の関数で，$y=ax$ の式で表されるとき，y は x に比例するといい，a を比例定数という。

❷ (1) （水そうの中の水の量）
　　　＝（1秒間に入れる水の量）×（入れる時間）
　　　だから，$y=0.3×x$ より，$y=0.3x$

(2) 20秒後の水そうの中の水の量は，
　　$0.3×20=6$ (L)

(3) 水そうの中の水の量が15Lになる時間は，
　　$15÷0.3=50$（秒）

❸ (1) （等分したテープ1本の長さ）
　　　＝（テープ全体の長さ）÷（等分した数）
　　　だから，y を x の式で表すと，
　　　$y=150÷x$ より，$\underline{y=\dfrac{150}{x}} \longrightarrow y=\dfrac{a}{x}$ の形
　　　　　　　　　　　　┗→ テープ全体の長さ
　　　y は x に反比例し，比例定数は150

(2) （満水になるまでにかかる時間）
　　　＝（入る水の容量）÷（1分間に入れる水の量）
　　　だから，y を x の式で表すと，
　　　$y=200÷x$ より，$\underline{y=\dfrac{200}{x}} \longrightarrow y=\dfrac{a}{x}$ の形
　　　　　　　　　　　　┗→ 入る水の容量
　　　y は x に反比例し，比例定数は200

(3) （三角形の面積）＝（底辺）×（高さ）÷2
　　　だから，y を x の式で表すと，
　　　$32=x×y÷2$ より，$xy=64$　$y=\dfrac{64}{x}$
　　　　　　　　　　　　　　　　　┗→ $y=\dfrac{a}{x}$ の形
　　　y は x に反比例し，比例定数は64
　　　　　　　　　　　　┗→ 三角形の面積の2倍

ポイント

y が x の関数で，$y=\dfrac{a}{x}$ の形で表されるとき，y は x に反比例するといい，a を比例定数という。

❹ (1) 600km
　　　＝（ガソリン1Lで走る道のり）×（ガソリンの量）
　　　より，$600=x×y$　$xy=600$
　　　よって，$y=\dfrac{600}{x}$

　　別解 ガソリンの量と走る道のりの割合は
　　　一定だから，$y:1=600:x$ より，$y=\dfrac{600}{x}$

(2) 1Lのガソリンで15km走るとすると，
　　600km走るのに必要なガソリンの量は，
　　$600÷15=40$ (L)

---

❶ (1) $y=30x$

(2) ㋐ -90　㋑ -60　㋒ -30　㋓ 0
　　㋔ 30　㋕ 60　㋖ 90

(3) 2倍，3倍，4倍，…になる。

❷ (1) ㋐ 12　㋑ 8　㋒ 4　㋓ 0
　　㋔ -4　㋕ -8　㋖ -12

(2) 2倍，3倍，4倍，…になる。

❸ (1) $y=-\dfrac{8}{3}x$　(2) $y=-16$　(3) $y=\dfrac{16}{3}$

❹ (1) $y=\dfrac{1}{50}x$　(2) 9 cm　(3) $0≦y≦10$

◆━━━━━━　**解説**　━━━━━━◆

❶ (1) $\underset{y}{（道のり）}=\underset{30}{（速さ）}×\underset{x}{（時間）}$ より，$y=30x$

(2) $y=30x$ の x にそれぞれの値を代入する。
　　㋐ $x=-3$ より，$y=30×(-3)=-90$

(3) たとえば，x の値が $1 \xrightarrow{2倍} 2$ になるとき，
　　　　y の値は $30 \xrightarrow{2倍} 60$ になる。

❷ (1) $y=-4x$ の x にそれぞれの値を代入する。
　　㋐ $x=-3$ より，$y=-4×(-3)=12$

(2) たとえば，x の値が $1 \xrightarrow{2倍} 2$ になるとき，
　　　　y の値は $-4 \xrightarrow{2倍} -8$ になる。

❸ (1) y は x に比例するから，比例定数を a とすると，$\underset{比例の式}{y=ax}$ と書くことができる。
　　$x=-3$，$y=8$ を代入すると，$8=a×(-3)$
　　より，$a=-\dfrac{8}{3}$　　よって，$y=-\dfrac{8}{3}x$

(2) $x=6$ より，$y=-\dfrac{8}{3}×6=-16$

(3) $x=-2$ より，$y=-\dfrac{8}{3}×(-2)=\dfrac{16}{3}$

❹ (1) おもりの重さが50gのときのばねののびが1cmだから，$y=ax$ ← ばねののびはおもりの重さに比例する。
　　に $x=50$，$y=1$ を代入すると，
　　$1=a×50$ より，$a=\dfrac{1}{50}$　　よって，$y=\dfrac{1}{50}x$

(2) $y=\dfrac{1}{50}x$ に $x=450$ を代入して，$y=9$

(3) $x=0$ のとき，$y=0$
　　$x=500$ のとき，$y=10$
　　よって，y の変域は $0≦y≦10$

❶ A(2, 4)　　　　　B(−4, 1)
　C(−2, −2)　　　D(4, −3)
　E(0, −1)　　　　F(3, 0)

❷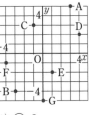

❸ (1) ㋐ 3

　　　 ㋑ $\dfrac{3}{2}$

　　　 ㋒ 0

　　　 ㋓ $-\dfrac{3}{2}$

　　　 ㋔ −3

　 (2) 右上の図

❹ (1) 右下の図
　 (2) 右上がり
　 (3) 〔ちがっていること〕 例 (1)のグラフは
　　　右上がりの直線になるが，$y=-\dfrac{5}{2}x$ のグ
　　　ラフは右下がりの直線になる。
　　　〔どちらにもいえること〕 例 どちらも原
　　　点を通る直線である。

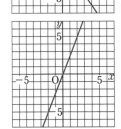

━━━━━━━ 解　説 ━━━━━━━

❶ 点の座標は，各点から x 軸，y 軸に垂直にひい
た直線が，x 軸，y 軸と交わる点の目もりを読み
とる。
　A は，x 軸と交わる点の目もりが 2，y 軸と交わ
る点の目もりが 4 だから，(2, 4)
　B は，x 軸と交わる点の目もりが −4，y 軸と交
わる点の目もりが 1 だから，(−4, 1)
　C は，x 軸と交わる点の目もりが −2，y 軸と交
わる点の目もりが −2 だから，(−2, −2)
　D は，x 軸と交わる点の目もりが 4，y 軸と交わる
点の目もりが −3 だから，(4, −3)
　E は，x 座標が 0 で，y 軸の目もりが −1 だから，
(0, −1)
　x 座標が0である点 → y 軸上の点
　F は，y 座標が 0 で，x 軸の目もりが 3 だから，
(3, 0)
　y 座標が0である点 → x 軸上の点

❷ A(3, 5) は，原点から右へ 3，上へ 5 だけ進んだ
ところにある点 A を表す。
　B(−3, −4) は，原点から左へ 3，下へ 4 だけ進ん
だところにある点 B を表す。
　C(−1, 3) は，原点から左へ 1，上へ 3 だけ進んだ
ところにある点 C を表す。
　D(4, 2) は，原点から右へ 4，上へ 2 だけ進んだと
ころにある点 D を表す。
　E(1, −2) は，原点から右へ 1，下へ 2 だけ進んだ
ところにある点 E を表す。
　F(−4, −1) は，原点から左へ 4，下へ 1 だけ進ん
だところにある点 F を表す。
　G(0, −5) は，x 座標が 0 だから，y 軸上にあり，原
点から下へ 5 だけ進んだところにある点 G を表す。

❸ (1) $y=-\dfrac{3}{2}x$ の x にそれぞれの値を代入する。

　　㋐ $x=-2$ より，$y=-\dfrac{3}{2}\times(-2)=3$

　　㋑ $x=-1$ より，$y=-\dfrac{3}{2}\times(-1)=\dfrac{3}{2}$

　　㋒ $x=0$ より，$y=-\dfrac{3}{2}\times0=0$

　　㋓ $x=1$ より，$y=-\dfrac{3}{2}\times1=-\dfrac{3}{2}$

　　㋔ $x=2$ より，$y=-\dfrac{3}{2}\times2=-3$

　(2) 表から，点 (−2, 3)，$\left(-1,\ \dfrac{3}{2}\right)$，(0, 0)，

　　$\left(1,\ -\dfrac{3}{2}\right)$，(2, −3) を座標とする点を図にかき

　　入れ，これらの点を直線で結ぶ。直線は，両端
　　を図の端までまっすぐにのばしておく。

❹ (1) 比例のグラフは，x 座標と y 座標がともに
　　整数である点を利用するとかきやすい。

　　$x=2$ のとき $y=\dfrac{5}{2}\times2=5$ より，グラフは，原

　　点と点 (2, 5) を通る直線になる。

　(2) グラフの傾き方は右上がりで，x の値が 1 ず

　　つ増加すると，y の値が $\dfrac{5}{2}$ ずつ増加する。

　(3) $y=ax$ のグラフは，原点を通る直線であり，
　　$a>0$ のとき右上がり，$a<0$ のとき右下がり。

ポイント

比例のグラフは，原点を通る直線だから，
グラフは，原点と原点以外に通る 1 点がわかればか
くことができる。

p.78〜79 ステージ**1**

❶ (1) $y=4x$

(2) ㋐ -12　　㋑ -8　　㋒ -4

　　㋓ 0　　㋔ 12

(3) $\dfrac{y}{x}=4$

(4) $y=-16$　　(5) $x=-7$

(6)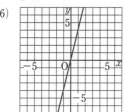

❷ (1) ①，②　　(2) $y=-\dfrac{1}{3}x$

(3) $y=\dfrac{5}{4}x$　　(4) $y=-16$

(5) $x=-12$

━━ 解説 ━━

❶ (1) y が x に比例するので，

$x=1$ のときの y の値は比例定数と等しくなる

から，比例定数は 4 である。

よって，$\underline{y=4x}$ ← 比例の式

別解 x の値が 1 から 2 に 1 増加したとき，

y の値は 4 から 8 に 4 増加しているから，

比例定数は 4 である。

別解 $x\neq0$ のとき，$\dfrac{y}{x}=\dfrac{8}{2}=4$ で，

$\quad\uparrow_{x=2\text{ のとき }y=8}$

この値は比例定数に等しいから，

比例定数は 4 である。

(2) $y=4x$ にそれぞれの値を代入する。

　㋐ $x=-3$ より，$y=4\times(-3)=-12$

　㋑ $x=-2$ より，$y=4\times(-2)=-8$

　㋒ $x=-1$ より，$y=4\times(-1)=-4$

　㋓ $x=0$ より，$y=4\times0=0$

　㋔ $x=3$ より，$y=4\times3=12$

(3) $x\neq0$ のとき，$y=4x$ より，$\dfrac{y}{x}=4$

(4) $y=4x$ に $x=-4$ を代入して，

$y=4\times(-4)=-16$

(5) $y=4x$ に $y=-28$ を代入して，

$-28=4x$ より，$x=-7$

(6) グラフは，原点と点 $(1,4)$ を通る直線である。

ポイント

y が x に比例するとき，比例定数 a の値は，

・$x=1$ のときの y の値

・x の値が 1 増えたときの，y の値の増加
（または減少）した値

・$x\neq0$ のときの $\dfrac{y}{x}$ の値

に等しい。

❷ (1) 比例定数が負の数のとき，右下がりのグラ
フになるから，①，②

(2) y は x に比例するから，比例定数を a とする
と，$y=ax$ と書くことができる。

$\underline{x=3,\ y=-1\ \text{を代入して，}}$ ← グラフは，
$-1=a\times3$ 　　　点 $(3,-1)$
　　　　　　　　　　を通る。

$a=-\dfrac{1}{3}$　　よって，$y=-\dfrac{1}{3}x$

(3) y は x に比例するから，比例定数を a とする
と，$y=ax$ と書くことができる。

$\underline{x=4,\ y=5\ \text{を代入して，}}$ ← グラフは，
$5=a\times4$ 　　　　　点 $(4,5)$ を通る。

$a=\dfrac{5}{4}$　　よって，$y=\dfrac{5}{4}x$

(4) y は x に比例するから，比例定数を a とする
と，$y=ax$ と書くことができる。

$\underline{x=1,\ y=-4\ \text{を代入して，}}$ ← グラフは，
$-4=a\times1$ 　　　点 $(1,-4)$
　　　　　　　　　　を通る。

$a=-4$　　よって，$y=-4x$

この式に $x=4$ を代入して，$y=-4\times4=-16$

(5) y は x に比例するから，比例定数を a とする
と，$y=ax$ と書くことができる。

$\underline{x=4,\ y=1\ \text{を代入して，}}$ ← グラフは，
$1=a\times4$ 　　　　　点 $(4,1)$ を通る。

$a=\dfrac{1}{4}$　　よって，$y=\dfrac{1}{4}x$

この式に $y=-3$ を代入して，

$-3=\dfrac{1}{4}x$

$\dfrac{1}{4}x=-3$

$x=-12$　⎱両辺に 4 をかける。

比例のグラフから式を求めるとき
は，グラフが通る点のうち，x 座
標，y 座標がともに整数である点
を読みとればいいね。

**4
章**

p.80~81 ステージ**2**

❶ ㋐, ㋒, ㋓

❷ (1) $y=8.5$　　　　(2) いえる。

　　(3) $4 \leqq y \leqq 12$

❸ (1) $y=3x$　　　　(2) いえる。

❹ (1) y を x の式で表すと $y=\dfrac{150}{x}$ となり、

　　　$y=\dfrac{a}{x}$ の形で表されるから、y は x に反比

　　　例する。

　　(2) 6 L

❺ A$(-4,\ -5)$　　　　B$(3,\ -6)$

❻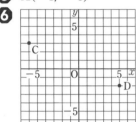

❼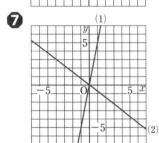

❽ (1) $y=-\dfrac{1}{2}x$　　　(2) $y=-\dfrac{4}{3}x$

　　(3) $y=2x$　　　　　(4) $y=\dfrac{2}{5}x$

● ● ● ● ● ●

① $y=\dfrac{1}{30}x$　　**②** $y=9$　　**③** ㋒

━━━━━━ 解 説 ━━━━━━

❶ ㋐ 正三角形では、1辺の長さを決めると周の
　　　長さはただ1つ決まる。

　　㋑ 長方形では、縦の長さを決めても横の長さは
　　　いろいろあるから、縦の長さを決めただけでは
　　　面積はただ1つに決まらない。

　　㋒ 正方形では、周の長さを決めると1辺の長さ
　　　も決まるから、面積はただ1つ決まる。

　　㋓ 決まった面積のひし形では、一方の対角線の
　　　長さを決めるともう一方の対角線の長さはただ
　　　1つ決まる。

ポイント

x の値を決める。→ y の値がただ1つ決まる。
このとき、y は x の関数であるという。

❷ (1) 3.5 km 進んだときの残りの道のりを求め
　　　るから、$\underline{12-3.5=8.5\,(\mathrm{km})}$
　　　　（残りの道のり）＝12 km－（進んだ道のり）

　　(2) 進んだ道のりを決めると残りの道のりはただ
　　　1つ決まるので、関数であるといえる。

　　(3) $x=0$ のとき、$y=12$
　　　$x=8$ のとき、$y=12-8=4$
　　　よって、y の変域は $4 \leqq y \leqq 12$

　　ミス注意！ y は4以上12以下の値をとるから、
　　　変域は、y を真ん中にして不等号の向きをそ
　　　ろえて表す。

❸ (1) （三角形 BCP の面積）＝（底辺）×（高さ）÷2
　　　より、$y=6 \times x \div 2=3x$

　　(2) (1)より、$y=ax$ の形で表されるから、y は x
　　　に比例するといえる。

ポイント

三角形の面積は、底辺か高さのどちらか一方が一定
の値になるとき、もう一方の長さに比例する。

❹ (1) （いっぱいになるまでにかかる時間）
　　　＝（入る水の容量）÷（1分間に入れる水の量）
　　　だから、$y=150 \div x$ より、$y=\dfrac{150}{x}$

　　(2) 25分でちょうどいっぱいになるとすると、
　　　1分間に入れる水の量は、$150 \div 25=6\,(\mathrm{L})$

❺ 点Aの座標は、x 軸に垂直にひいた直線と交わ
　　る点の目もりが -4、y 軸に垂直にひいた直線と
　　交わる点の目もりが -5 だから、$(-4,\ -5)$
　　点Bの座標は、x 軸に垂直にひいた直線と交わる
　　点の目もりが3、y 軸に垂直にひいた直線と交わ
　　る点の目もりが -6 だから、$(3,\ -6)$

❻ (1) C$(-6, 3)$ は、原点から左へ6、上へ3だけ
　　　進んだところにある点Cを表す。

　　(2) D$(5, -2)$ は、原点から右へ5、下へ2だけ進
　　　んだところにある点Dを表す。

❼ (1) $x=1$ のとき $y=5$ より、グラフは、原点
　　　と点 $(1,\ 5)$ を通る右上がりの直線になる。

　　(2) $x=4$ のとき、$y=-\dfrac{3}{4} \times 4=-3$ より、

　　　グラフは、原点と点 $(4,\ -3)$ を通る右下がりの
　　　直線になる。

⑧ (1) 比例定数を a として，$y=ax$ に，
<u>$x=2$，$y=-1$ を代入すると，</u> ← グラフは，点 $(2, -1)$ を通る。
$-1=a\times2$ より，$a=-\dfrac{1}{2}$
よって，$y=-\dfrac{1}{2}x$

(2) 比例定数を a として，$y=ax$ に，
<u>$x=3$，$y=-4$ を代入すると，</u> ← グラフは，点 $(3, -4)$ を通る。
$-4=a\times3$ より，$a=-\dfrac{4}{3}$
よって，$y=-\dfrac{4}{3}x$

(3) 比例定数を a として，$y=ax$ に，
<u>$x=1$，$y=2$ を代入すると，</u> ← グラフは，点 $(1, 2)$ を通る。
$2=a\times1$ より，$a=2$　よって，$y=2x$

(4) 比例定数を a として，$y=ax$ に，
<u>$x=5$，$y=2$ を代入すると，</u> ← グラフは，点 $(5, 2)$ を通る。
$2=a\times5$ より，$a=\dfrac{2}{5}$　よって，$y=\dfrac{2}{5}x$

> グラフが通る点のうち，x 座標，y 座標がともに整数である点の座標を 1 つ読みとり，その x 座標，y 座標の値を $y=ax$ の x，y に代入して，比例定数 a の値を求める。

① 針金 1 g あたりの長さは $1\div30=\dfrac{1}{30}$ (m) で，
（針金の長さ）＝（1 g あたりの長さ）×（針金の重さ）
だから，y を x の式で表すと，$y=\dfrac{1}{30}x$
針金の長さは，重さに比例する。

別解 針金の長さと重さの割合は一定だから，
$y:1=x:30$ より，
$y\times30=1\times x$　　$30y=x$　　$y=\dfrac{1}{30}x$

② 比例定数を a として，$y=ax$ に，
$x=2$，$y=-6$ を代入すると，
$-6=a\times2$ より，$a=-3$　よって，$y=-3x$
この式に $x=-3$ を代入して，
$y=-3\times(-3)=9$

③ $y=-2x$ は，y が x に比例することを表す式で，比例定数が -2 で負の数だから，グラフは原点を通る右下がりの直線になるので，㋒か㋓を選ぶ。
比例定数が -2 のとき，x の値が 1 ずつ増加すると，y の値は 2 ずつ減少するので，それに近い傾き方のグラフは㋒である。

---

❶ (1) $y=\dfrac{48}{x}$

(2) ㋐ -12　　㋑ -16　　㋒ -24

(3) $\dfrac{1}{2}$ 倍，$\dfrac{1}{3}$ 倍，$\dfrac{1}{4}$ 倍，…になる。

❷ (1) ㋐ 9　　㋑ 12　　㋒ 18

(2) $\dfrac{1}{2}$ 倍，$\dfrac{1}{3}$ 倍，$\dfrac{1}{4}$ 倍，…になる。

❸ (1) $y=\dfrac{16}{x}$　　(2) $y=4$　　(3) $y=-16$

❹ (1) $y=\dfrac{72}{x}$　　(2) 18 分間

── 解説 ──

❶ (1) $xy=48$ より，$y=\dfrac{48}{x}$

(2) x に -4，-3，-2 を代入する。

(3) y が x に反比例するときは，x の値が 2 倍，3 倍，4 倍，…になると，それに対応する y の値は $\dfrac{1}{2}$ 倍，$\dfrac{1}{3}$ 倍，$\dfrac{1}{4}$ 倍，…になる。

❷ (1) x に -4，-3，-2 を代入する。

(2) y が x に反比例するときは，比例定数が負の数の場合でも，x の値が 2 倍，3 倍，4 倍，…になると，それに対応する y の値は $\dfrac{1}{2}$ 倍，$\dfrac{1}{3}$ 倍，$\dfrac{1}{4}$ 倍，…になる。

❸ (1) y は x に反比例するから，比例定数を a とすると，$y=\dfrac{a}{x}$ と書くことができる。
反比例の式
$x=2$，$y=8$ を代入すると，
$8=\dfrac{a}{2}$ より，$a=16$　よって，$y=\dfrac{16}{x}$

(2) $y=\dfrac{16}{x}$ に $x=4$ を代入して，$y=\dfrac{16}{4}=4$

(3) $y=\dfrac{16}{x}$ に $x=-1$ を代入して，
$y=\dfrac{16}{-1}=-16$

❹ (1) 満水のときの水の量は，$6\times12=72$ (L)
（満水のときの水の量）＝（1 分間に入れる水の量）×（満水になるまでにかかる時間）
より，$72=x\times y$　　$xy=72$　　よって，$y=\dfrac{72}{x}$

(2) $y=\dfrac{72}{x}$ に $x=4$ を代入して，$y=\dfrac{72}{4}=18$

4章

❶ (1) ㋐ -4　　㋑ -8　　㋒ -16
　　　㋓ 16　　㋔ 8　　㋕ 4

　(2) ㋐ 4　　㋑ 6　　㋒ 12
　　　㋓ -12　　㋔ -6　　㋕ -4

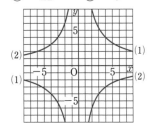

❷ (1) $y=\dfrac{3}{x}$　　(2) $y=-\dfrac{4}{x}$

❸ (1) 〔ちがっていること〕 例 $y=\dfrac{5}{x}$ のグラフは，原点に対して右上と左下にあるが，$y=-\dfrac{5}{x}$ のグラフは，原点に対して左上と右下にある。

　　〔どちらにもいえること〕 例 どちらもなめらかな 2 つの曲線であり，x 軸，y 軸と交わらない。

　(2) どちらも x 軸にどんどん近づいていく。

　(3) 正しくない。〔意見〕 例 $y=-\dfrac{5}{x}$ は，x の値が減少すれば，y の値も減少する。

■ 解説 ■

❶ (1)では $y=\dfrac{16}{x}$，(2)では $y=-\dfrac{12}{x}$ の x に，
表の x の値をそれぞれ代入して，y の値を求める。グラフはなめらかな 2 つの曲線になる。

❷ (1) 比例定数を a として，$y=\dfrac{a}{x}$ に，
　　 $\underline{x=1,\ y=3}$ を代入すると，　← グラフは，点 $(1,\ 3)$ を通る。
　　 $3=\dfrac{a}{1}$ より，$a=3$　　よって，$y=\dfrac{3}{x}$

　　 別解 比例定数を a として，$xy=a$ に，$x=1$，$y=3$ を代入すると，$1\times3=a$ より，$a=3$

　(2) y は x に反比例するから，
　　 $xy=a$ に $x=2$，$y=-2$ を代入すると，
　　 $2\times(-2)=a$ より，$a=-4$

❸ (2) x の値を大きくしていくと，
　　 $y=\dfrac{5}{x}$ のグラフも $y=-\dfrac{5}{x}$ のグラフも限りなく x 軸に近づいていくが，x 軸とは交わらない。

❶ (1) いえる。　(2) $3500\,\mathrm{g}$　(3) $200\,$枚

❷ (1) $S=\dfrac{1}{2}xy$

　(2) y は x に反比例する。

　(3) S は x に比例する。

❸ (1) $y=150x$
　(2) 右の図
　(3) 6 分後
　(4) $300\,\mathrm{m}$

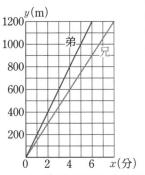

■ 解説 ■

❶ (1) 紙の枚数が 2 倍，3 倍，4 倍，…になると，対応する紙の重さも 2 倍，3 倍，4 倍，…になるから，紙の重さは枚数に比例する。

　(2) 紙 x 枚の重さを $y\,\mathrm{g}$ とすると，比例定数を a として，$y=ax$ と書くことができる。
　　 紙 12 枚の重さが 42 g だから，
　　 $y=ax$ に $x=12$，$y=42$ を代入すると，
　　 $42=a\times12$ より，$a=3.5$
　　 $y=3.5x$ に $x=1000$ を代入して，$y=3500$

　(3) $700=3.5x$ より，$x=200$

❷ (1) $S=x\times y\div2$ より，$S=\dfrac{1}{2}xy$

　(2) $S=10$ のとき，$10=\dfrac{1}{2}xy$ より，$\underset{\text{積が一定}}{\underline{xy=20}}$
　　 よって，y は x に反比例する。

　(3) $y=16$ のとき，$S=\dfrac{1}{2}\times x\times16$ より，
　　 $S=8x$　　よって，S は x に比例する。

❸ (1) 進んだ道のりは家を出てからの時間に比例するから，比例定数を a とすると，$y=ax$ と書くことができる。グラフは点 $(2,\ 300)$ を通るから，$y=ax$ に $x=2$，$y=300$ を代入すると，
　　 $300=a\times2$ より，$a=150$　　よって，$y=150x$

　(2) 弟は分速 200 m で進むから，式は，$y=200x$
　　 グラフは，原点と $(1,\ 200)$ を通る直線になる。

　(3) $1200\div200=6$（分後）
　　 （グラフを読みとってもよい。）

　(4) 弟が図書館に着いたとき，$150\times6=900$（m）
　　 より，兄は家から 900 m のところにいるから，図書館より $1200-900=300$（m）手前にいる。
　　 （グラフでは，縦の目もり 3 つ分の差になる。）

❶ (1) $y = -\dfrac{4}{x}$ (2) $y = -8$

  (3) $-4 \leqq y \leqq -1$

❷ (1) 12分間   (2) 18 L

  (3) 8分後   (4) 6分後

❸ (1) $y = 2x$

  (2) $0 \leqq x \leqq 5$

     $0 \leqq y \leqq 10$

  (3) 右の図

❹ (1) $y = \dfrac{20}{x}$ … △

  (2) $y = 24 - x$ … ×

  (3) $y = \dfrac{1}{4}x$ … ○

  (4) $y = 32x$ … ○

❺ (1) 5回転   (2) $y = \dfrac{80}{x}$

❻ ⑦

• • • • • •

① (1) $a = 18$, $p = -2$

  (2) $\dfrac{18}{5} \leqq y \leqq 18$

━━━━ 解 説 ━━━━

❶ (1) y は x に反比例するから，比例定数を a とすると，$x = -6$ のとき $y = \dfrac{2}{3}$ より，

$$a = xy = -6 \times \dfrac{2}{3} = -4$$

よって，$y = -\dfrac{4}{x}$

  (2) $xy = -4$ だから，

$x = \dfrac{1}{2}$ のとき，

$\dfrac{1}{2} \times y = -4$

よって，$y = -4 \times 2 = -8$

> 反比例の式として $xy = a$ を使うと，x や y の値を求めやすい。

  (3) $y = -\dfrac{4}{x}$ の x に 1，4 をそれぞれ代入する。

$x = 1$ のとき，$y = -4$

$x = 4$ のとき，$y = -1$

よって，y の変域は，

$-4 \leqq y \leqq -1$

↑ 不等号の向きに注意。

❷ 30 L 入る水そうを満水にするのに，1本の管では1時間かかるので，1分間に $30 \div 60 = 0.5$ (L) 入れることができる。

  (1) Bには管が5本あるので，x 分間に y L の水が入るとすると，$y = (0.5 \times 5) \times x = 2.5x$ と表せる。満水になるまでにかかる時間は，

$y = 2.5x$ に $y = 30$ を代入して，

$30 = 2.5x$ より，$x = 30 \div 2.5 = 12$

  (2) Aには管が3本あるので，x 分間に y L の水が入るとすると，$y = (0.5 \times 3) \times x = 1.5x$ と表せる。Bの水そうが満水になるまでに12分間かかるので，$y = 1.5x$ に $x = 12$ を代入して，

$y = 1.5 \times 12 = 18$

  (3) Aの水そうが満水になるまでにかかる時間は，

$y = 1.5x$ に $y = 30$ を代入して，

$30 = 1.5x$ より，$x = 30 \div 1.5 = 20$

よって，$20 - 12 = 8$ (分後)

  (4) 水を入れ始めてから x 分後のAとBの水そうの水の量の差は $(2.5x - 1.5x)$ L で表せるから，

$2.5x - 1.5x = 6$ より，$x = 6$

❸ (1) (三角形の面積)＝(底辺)×(高さ)÷2 より，

$y = x \times 4 \div 2$

よって，$y = 2x$

  (2) 点PはBからCまで動くので，

x の変域は，$0 \leqq x \leqq 5$

$y = 2x$ で，$x = 0$ のとき，$y = 0$

            $x = 5$ のとき，$y = 10$

よって，y の変域は，$0 \leqq y \leqq 10$

  (3) $y = 2x$ のグラフは比例のグラフだから，

原点と点 (5, 10) を結ぶ直線をかけばよい。

ただし，x の変域が $0 \leqq x \leqq 5$ なので，答の図のようになる。

(グラフ用紙の端までのばさない。)

❹ ことばの式を書いて考えるとよい。

  (1) (平行四辺形の面積)＝(底辺)×(高さ) より，

$20 = x \times y$

よって，$\underline{y = \dfrac{20}{x}}$ ← 「$y =$〜」の形にして答える。

  (2) (夜の時間)＝(1日の時間)−(昼の時間) より，

$y = 24 - x$

  (3) (時間)＝(道のり)÷(速さ) より，$y = x \div 4$

よって，$y = x \times \dfrac{1}{4}$ $y = \dfrac{1}{4}x$

(4)　3 m の重さが 120 g だから，1 m あたりの重さは，$120 \div 3 = 40\,(\text{g})$

また，100 g あたりの値段が 80 円だから，1 g あたりの値段は，$80 \div 100 = 0.8\,(\text{円})$

よって，1 m あたりの値段は，$0.8 \times 40 = 32\,(\text{円})$

(針金の代金)＝(1 m あたりの値段)×(針金の長さ)

より，$y = 32 \times x$　よって，$y = 32x$

ポイント

式の形を見て，比例か反比例かを判断する。

式の形が $y = \dfrac{a}{x}$ のとき，**反比例**

$\quad\quad\quad y = ax$ のとき，**比例**

5 かみ合っている歯車では「歯の数」と「回転数」の積は一定である。

(1)　$(20 \times 4) \div 16 = 5\,(\text{回転})$

(2)　歯車の回転数は歯数に反比例するから，比例定数を a とすると，$x = 20$ のとき $y = 4$ より，

$a = xy = 20 \times 4 = 80$　よって，$y = \dfrac{80}{x}$

6 y が x に反比例することを表しているから，x の値と y の値の積は，いつも -4 になる。

① (1)　A は直線 $y = 2x$ 上の点で，x 座標は 3 だから，その y 座標は $y = 2x$ に $x = 3$ を代入して，$y = 2 \times 3 = 6$　よって，A(3, 6)

関数⑦のグラフは A(3, 6) を通るので，$y = \dfrac{a}{x}$

すなわち $xy = a$ に $x = 3$，$y = 6$ を代入して，

$a = xy = 3 \times 6 = 18$

p は関数⑦のグラフ上の点Bの y 座標である。

Bの x 座標は -9 だから，$y = \dfrac{18}{x}$ に $x = -9$

を代入して，$y = \dfrac{18}{-9} = -2$ より，$p = -2$

(2)　$y = \dfrac{18}{x}$ において，

$x = 1$ のとき，$y = \dfrac{18}{1} = 18$

$x = 5$ のとき，$y = \dfrac{18}{5}$

> x の変域の両端の x の値について，それぞれが対応する y の値を求める。

よって，y の変域は，$\dfrac{18}{5} \le y \le 18$

ミス注意! y の変域を $18 \le y \le \dfrac{18}{5}$ としない。

$y = \dfrac{18}{x}$ では，$x > 0$，$x < 0$ のそれぞれの範囲で，x の値が増加すると，y の値は減少する。

---

p.90〜91 ステージ**3**

❶ ⑦，④，⑤

❷ (1)　$x \le 3$　　　　(2)　$2 \le x < 9$

❸ (1)　式 … $y = \dfrac{6}{x}$

　　反比例する。　　　比例定数 … 6

(2)　式 … $y = 15x$

　　比例する。　　　　比例定数 … 15

❹ (1)　$y = -3x$　　　(2)　$y = -\dfrac{24}{x}$

❺

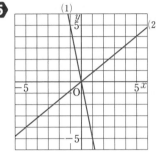

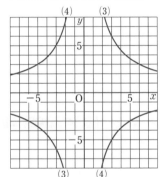

❻ (1)　$y = \dfrac{1}{3}x$　　□ … -1

(2)　$y = -\dfrac{6}{x}$　　□ … 1

❼ (1)　$\dfrac{8}{3}$　　　　　(2)　3

❽ (1)　比例の関係　　(2)　道のり

❾ (1)　600 L　　(2)　$y = \dfrac{600}{x}$　　(3)　20 L

◀ **解 説** ▶

❶ ⑦　半径を決めると，円の周の長さはただ1つ決まるので，y は x の関数である。

(円の周の長さ)＝(直径)×(円周率) より，

$y = 2x \times \pi$ だから，$y = 2\pi x$ と表すことができる。

④　底辺を決めると，高さが 12 cm の三角形の面積はただ1つ決まるので，y は x の関数である。

(三角形の面積)＝(底辺)×(高さ)÷2 より，

$y = x \times 12 \div 2$ だから，$y = 6x$ と表すことができる。

ⓦ　自然数 x をたとえば 7 とすると，7 の倍数 y は 7，14，21，… となり，ただ 1 つには決まらないので，y は x の関数ではない。

ⓔ　全体の量が 18 L だから，1 日に使う燃料の量を決めると使える日数はただ 1 つ決まるので，y は x の関数である。

（使える日数）＝（全体の量）÷（1 日に使う量）より，
$y=18÷x$ だから，$y=\dfrac{18}{x}$ と表すことができる。

❷　変域は不等号を使って表すことができる。
$a≦b$ … a は b 以下，　b は a 以上
$a<b$ … a は b より小さい，a は b 未満
　　　　　　b は a より大きい

❸　(1)　6 m のひもを x 等分するので，1 本分のひもの長さ y m は $y=\dfrac{6}{x}$ で求めることができる。

(2)　3 m の重さが 45 g だから，1 m あたりの重さは，$45÷3=15$（g）
（針金全体の重さ）＝（1 m あたりの重さ）
$×$（針金の長さ）より，$y=15×x$
よって，$y=15x$

得点アップのコツ
- -
比例や反比例の関係は，式の形で判断する。
$y=ax →$ 比例（a は比例定数）
$y=\dfrac{a}{x}$ または $xy=a →$ 反比例（a は比例定数）
- -

❹　(1)　y は x に比例するから，比例定数を a とすると，$y=ax$ と書くことができる。
$x=5$ のとき $y=-15$ より，
$-15=a×5$　　$a=-3$　　よって，$y=-3x$

(2)　y は x に反比例するから，比例定数を a とすると，$xy=a$ と書くことができる。
　　$xy=a$ を使うと，計算しやすい。
$x=-2$ のとき $y=12$ より，
$a=xy=-2×12=-24$　　よって，$y=-\dfrac{24}{x}$

❺　(1)　$x=1$ のとき $y=-5$　　グラフは，原点と点 $(1，-5)$ を通る右下がりの直線になる。

(2)　$x=5$ のとき $y=4$　　グラフは，原点と点 $(5，4)$ を通る右上がりの直線になる。

(3)　点 $(-6，-3)$，$(-3，-6)$，$(3，6)$，$(6，3)$ などをとり，それらをなめらかな曲線で結ぶ。

(4)　点 $(-5，3)$，$(-3，5)$，$(3，-5)$，$(5，-3)$ などをとり，それらをなめらかな曲線で結ぶ。

❻　(1)　y は x に比例するから，比例定数を a として，$y=ax$ に，$x=6$，$y=2$ を代入すると，
$2=a×6$ より，$a=\dfrac{1}{3}$　　よって，$y=\dfrac{1}{3}x$
□は，$x=-3$ のときの y の値だから，
$x=-3$ を代入して，$y=\dfrac{1}{3}×(-3)=-1$

(2)　y は x に反比例するから，比例定数を a として，$xy=a$ に，$x=-2$，$y=3$ を代入すると，
$a=(-2)×3=-6$　　よって，$y=-\dfrac{6}{x}$
□は，$y=-6$ のときの x の値だから，
$xy=-6$ に $y=-6$ を代入して，
$x×(-6)=-6$ より，$x=1$

❼　(1)　y が x に比例するから，比例定数を a として，$y=ax$ に，$x=3$，$y=4$ を代入すると，
$4=a×3$ より，$a=\dfrac{4}{3}$　　よって，$y=\dfrac{4}{3}x$
$y=\dfrac{4}{3}x$ に $x=2$ を代入して，$y=\dfrac{4}{3}×2=\dfrac{8}{3}$

(2)　y が x に反比例するから，比例定数を a として，$a=xy$ に，$x=3$，$y=4$ を代入すると，
$a=3×4=12$　　よって，$y=\dfrac{12}{x}$
$y=\dfrac{12}{x}$ に $x=4$ を代入して，$y=\dfrac{12}{4}=3$

❽　(1)　速さを a と決める。
時間を x，道のりを y とすると，
（道のり）＝（速さ）$×$（時間）より，$y=a×x$
すなわち，$y=ax$ と表すことができるので，
道のり y と時間 x は比例の関係にある。

(2)　道のりを a と決める。
速さを x，時間を y とすると，
（道のり）＝（速さ）$×$（時間）より，$a=x×y$
すなわち，$y=\dfrac{a}{x}$ と表すことができるので，
時間 y と速さ x は反比例の関係にある。

❾　(1)　2 時間は 120 分だから，満水のときに，水そうに入る水の量は，$5×120=600$（L）

(2)　1 分間に x L ずつ水を入れるとき，y 分間で満水になるとすると，
（満水のときの水そうの水の量）
＝（1 分間に入れる水の量）$×$（時間）より，
$600=x×y$　　すなわち，$y=\dfrac{600}{x}$

(3)　$xy=600$ に $y=30$ を代入して，
$x×30=600$ より，$x=600÷30=20$

5章 平面図形の見方をひろげよう

p.92~93 ステージ1

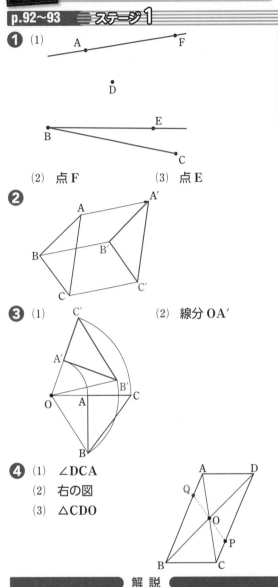

❶ (2) 点F　(3) 点E

❷

❸ (1)　(2) 線分OA′

❹ (1) ∠DCA
(2) 右の図
(3) △CDO

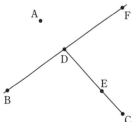

━━ 解説 ━━

❶ (1) 直線AFは，2点A，Fを通り両方にかぎりなくのびている線である。
線分BCは，2点B，Cを両端とする線である。
半直線BEは，線分BEをEのほうへまっすぐにかぎりなくのばした線である。

(2) 2点B，Dをまっすぐな線で結び，それをのばすと，直線BD上に点Fがあることがわかる。

(3) 2点C，Dを結ぶまっすぐな線上に点Eがある。

ミス注意! 点Aは，線分CD上にはない。

参考 2点を通る直線は1つしかひけない。また，2点A，Bを結ぶ線分のうち，もっとも短いものが線分ABであり，線分ABの長さを，2点A，B間の距離という。

❷ 三角定規を使って，点B，Cを通り矢印AA′と平行な直線をそれぞれひき，AA′＝BB′＝CC′となるように，点B′，C′をとり，△A′B′C′をかく。

ポイント

平行移動では，対応する頂点を結ぶ線分は平行で，その長さは等しい。

❸ (1) 点Oを中心として反時計回りに70°だけ回転させるので，まず，OとAを結び，∠AOA′＝70°，OA＝OA′となる点A′を線分OAの上側にとる。同様にして，残りの点B′，C′をとり，△A′B′C′をかく。（反時計回りに回転させるので，ここでは上側になる。）

(2) 点Aは円の一部をえがくので，OA＝OA′

ポイント

回転移動では，対応する点は回転の中心から等しい距離にあり，対応する点と回転の中心を結んでできる角の大きさはすべて等しい。

❹ (1) 平行四辺形の対角線はそれぞれの中点で交わるから，OA＝OC，OB＝OD が成り立つ。また，A，O，CとB，O，Dはそれぞれ1つの直線上にあるから，点Oを対称の中心として，AとC，BとDは対応する点になる。よって，対応する角である∠BACと∠DCAの大きさは等しい。

(2) 対応する2点P，Qを結ぶ直線は，対称の中心を通るから，OとPを通る直線と辺ABとの交点をQとすればよい。

(3) AとC，BとDはそれぞれ対応する点だから，△ABOを180°だけ回転移動させると，△CDOに重ね合わせることができる。

ポイント

点対称な図形は，点Oを中心として180°だけ回転移動させたとき，もとの図形に重ね合わせることができる図形である。点対称な図形では，対応する線分の長さや，対応する角の大きさは等しい。

p.94〜95 ▶ ステージ**1**

❶ (1) 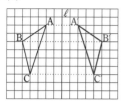 (2)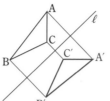

❷ (1) 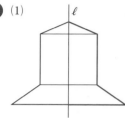 (2)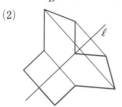

❸ (1) ㋖

(2) ㋒, ㋕, ㋖, ㋗

(3) 例 点 O から点 O′ の方向に OO′ の長さ
だけ平行移動させる。

例 点 O を回転の中心として, 180° だけ回
転移動させてから, 対称移動させる。

(4) 例 ㋐→㋒→㋖ 　例 ㋐→㋓→㋗→㋖

━━━━ 解説 ━━━━

❶ 頂点 A から直線 ℓ に垂直に交わる直線をひき,
ℓ との交点を M とし, 直線 AM 上に AM=A′M
となる点 A′ をとる。同様にして, 残りの点 B′,
C′ をとり, 3 点 A′, B′, C′ を結んで, △A′B′C′
をかく。

ポイント

対称移動では, 対応する点を結ぶ線分は, 対称の軸
によって垂直に 2 等分される。

❷ もとの図形とできた図形を合わせてできる図形
は線対称な図形である。

❸ (1) 平行移動だけで重ね合わせることができる
三角形は, 三角形㋒と同じ向きである。

(2) 三角形㋔にとなり合う三角形㋒, ㋕, ㋗は 1
回の対称移動だけで重ね合わせることができる。
また, 点 O′ を通り, 正方形の縦の辺と平行な
直線を対称の軸として, 三角形㋔と㋖は重ね合
わせることができる。

ポイント

平行移動, 回転移動, 対称移動を組み合わせると,
図形をいろいろな位置に移動させることができる。

p.96〜97 ▶ ステージ**2**

❶ (1) AB=DC, AD=BC

(2) AB∥DC, AD∥BC

(3) AB⊥AD

(4) AO=CO, BO=DO

❷ (1) 点 A 　(2) AC=CD=DE=EB

(3) 線分 AB, 線分 CE

❸ (1)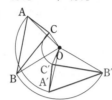

(2)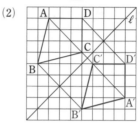

❹ (1) ㋒ 　　　　　(2) ㋓

❺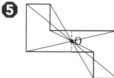

❻ (1) ㋓

(2) 180°

(3) 右の図の B′, A′

(4) ㋖

(5) 4 個

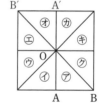

❼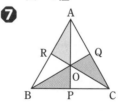

• • • • • • •

❶ 65°

━━━━━ 解説 ━━━━━

❶ (1) 長方形の向かい合う辺は, それぞれ長さが
等しいから, 記号を使って, AB=DC,
AD=BC と表すことができる。

(2) 長方形の向かい合う辺は, それぞれ平行だか
ら, 記号を使って, AB∥DC, AD∥BC と表す
ことができる。

(3) 長方形の1つの角の大きさは90°だから，∠BAD=90° より，記号を使って，AB⊥AD と表すことができる。

(4) 点Oは対角線 AC の中点であるから，線分 AO と線分 CO の長さが等しい。よって，記号を使って，AO=CO と表すことができる。

また，点Oは対角線 BD の中点でもあるから，線分 BO と線分 DO の長さが等しい。よって，記号を使って，BO=DO と表すことができる。

❷ (1) 半直線 CE は，線分 CE をEのほうへまっすぐにかぎりなくのばしたものだから，線上には点Bがある。

ミス注意！ 点Aは，半直線 CE 上にはない。

(2) 線分 AB を4等分するので，AB の $\frac{1}{4}$ の長さの線分は AC，CD，DE，EB の4つある。

(3) AD=BD=$\frac{1}{2}$AB より，点Dは線分 AB の中点である。

また，CD=ED=$\frac{1}{4}$AB より，点Dは線分 CE の中点である。

❸ (1) 回転移動では，対応する点は回転の中心から等しい距離にあることを利用してかく。

まず，OとAを結び，点Oを中心として，半径 OA の円をかき，∠AOA′=120° となる点 A′ を円の周上にとる。同様にして，残りの点 B′，C′ をとり，△A′B′C′ をかく。

(2) 対称移動では，対応する点を結ぶ線分は，対称の軸ℓによって垂直に2等分されることを利用してかく。

まず，各頂点からℓに垂線をそれぞれひく。

❹ (1) 三角形㋐は，それぞれの頂点を右へ4目もり，下へ1目もり進む方向への平行移動によって，三角形㋑に重ね合わせることができる。

ミス注意！ 平行移動では，図形を，向きは同じままで一定の方向に，一定の距離だけ動かす。

(2) 三角形㋓は，右の図の直線ℓを対称の軸とする対称移動によって，㋑に重ね合わせることができる。

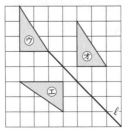

❺ 点対称な図形では，対応する点は対称の中心Oから等しい距離にあることを利用してかくので，まずOと各頂点を結ぶ直線をひく。その直線上に対応する点をとればよい。

参考 点対称な図形は，対称の中心Oを中心として 180° だけ回転移動させたとき，もとの図形に重ね合わせることができる図形である。

❻ (1) 平行移動では，図形の向きは変わらない。㋐と同じ向きの三角形は，㋓である。

(2) 辺 OA や OB を，Oを中心として 180° だけ回転移動させると，三角形㋕の辺に重ね合わせることができる。

(3) 180° だけ回転移動させるので，A，O，A′ と B，O，B′ は，それぞれ1つの直線上にある。

(4) 辺 OA や OB を，Oを中心として反時計回りに 90° だけ回転移動させると，三角形㋖の辺に重ね合わせることができる。

(5) 正方形を8等分している4本の直線を対称の軸とする対称移動があるので，㋑，㋓，㋕，㋗の4個ある。

❼ △OAR を，点Oを中心として反時計回りに 120° 回転移動させると，△OBP に重ね合わせることができる。また，反時計回りに 240°（時計回りに120°）回転移動させると，△OCQ に重ね合わせることができる。

① 正方形 ABCD を，点Aが点Pに重なるように折り，点Dが移った点をQとすると，折り返してできた四角形 EPQF と四角形 EADF は，線分

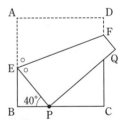

EF を対称の軸として線対称な図形になるので，○をつけた2つの角の大きさは等しい。

また，∠BPE=40°，∠EBP=90° だから，
　　　　　　　　　　　　　正方形の1つの角の大きさは90°

∠BEP=180°−(40°+90°)=50°

よって，○をつけた角の大きさは，

(180°−50°)÷2=65°

すなわち，∠FEP の大きさは65°である。

折り返すと，もとの図形と線対称な図形ができるね。

❶

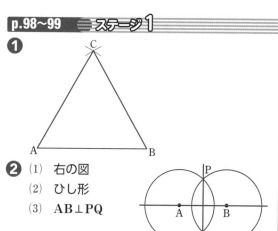

❷ (1) 右の図
(2) ひし形
(3) **AB⊥PQ**

❸ (1)

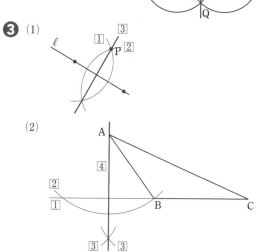

(2)

❹ 直線ℓまでの距離がもっとも長い点…**点C**
直線 **AD** とℓの関係…**AD∥ℓ**

━━━━● **解説** ●━━━━

❶ 与えられた線分 AB と等しい半径をとり，線分
の両端の点をそれぞれ中心として円をかく。2つ
の円の交点がCとなる。

参考 正三角形は，すべての角の大きさが等しい
から，∠CAB＝60° である。したがって，この
作図の方法は，60° の角を作図する方法という
こともできる。

❷ (1) 交わる2つの円は，両方の円の中心を通る
直線について線対称だから，直線 AB をひく。
さらに，2つの円の半径が等しいときは，2つの
交点を通る直線についても線対称だから，直線
PQ をひく。

(2) <u>AP＝AQ＝BP＝BQ</u> より，ひし形である。
 2つの円の半径は等しい。

(3) AB と PQ は，ひし形 AQBP の対角線と考
えることができるので，垂直に交わる。

参考 交わる2つの円の大き
さが異なるときは，対称の
軸は，両方の円の中心を通
る直線だけになる。

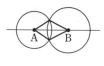

また，2つの円の中心と2つの交点を結んでで
きる四角形は「たこ形」ということもある。

❸ (1) 直線ℓ上にない点Pを通る垂線の作図で
ある。

①② ℓ上の2点をそれぞれ中心として，Pを
通る円をかく。

③ Pと2円の交点を通る直線をひく。

別解 次のように，作図することもできる。

① 点 P を中心としてℓ
に交わる円をかき，ℓと
の交点を求める。

② ①で求めた交点をそれ
ぞれ中心として等しい半
径の円をかき，その交点を求める。

③ Pと②で求めた交点を通る直線をひく。

(2) 辺 BC をBのほうへのばしてから作図する。
垂線は△ABC の外側にひける。点Aから半直
線 CB への垂線を作図し，垂線と半直線 CB と
の交点を，たとえばHとすると，AH は底辺を
BC としたときの△ABC の高さになる。

ポイント

直線上にない点Pを通る垂線の作図
（その1）　　　　　（その2）

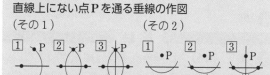

❹ 点 A〜F から，それぞれ直線ℓまで垂線をひき，
直線ℓとの交点を点 A'〜F' とする。このとき，
たとえば線分 AA' の長さは点Aと直線ℓとの距
離を表すことになる。

よって，図の中で，直線ℓからもっともはなれて
いる点Cが，直線ℓまでの距離がもっとも長いこ
とになる。（ます目の数を数えれば，長さを測ら
なくてもわかる。）

また，直線 AD とℓの関係は，直線 AD と直線
DF が垂直で，直線ℓと直線 DF が垂直だから，
「1本の直線に垂直な2本の直線は平行である」
ことより，平行である。

5
章

❶
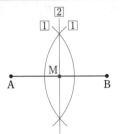

❷ (1) $AM=BM$ $\left(AM=\dfrac{1}{2}AB\ \text{でもよい}\right)$

(2) 例
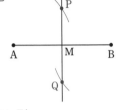

(3) ひし形

❸ (1)
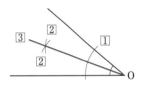

(2)
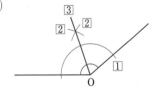

❹ 90°

━━━ 解説 ━━━

❶ まず，線分 AB の垂直二等分線を作図する。

① A，B を中心として等しい半径の円をかく。

② ①でかいた円の2つの交点を通る直線をひく。この垂直二等分線と線分 AB との交点を M とすればよい。

ミス注意！ 中点のところに，点の名まえ M を忘れずに書いておこう。

ポイント

線分 AB の垂直二等分線は，線分 AB の対称の軸であり，2点 A，B は対応する点となる。

❷ (1) 点Mが線分ABの中点であることは，

$AM=BM$ のほかに，$AM=\dfrac{1}{2}AB$

と表すこともできる。

(2) コンパスを使って，AP＝BQ となる点をとる。

円をかいたり，等しい長さをとったり，
線分を移したりする。

(3) 直線 ℓ は，線分 AB の垂直二等分線だから，

PA＝PB，QA＝QB である。

また，(2)より，AP＝BQ だから，

PA＝PB＝QA＝QB となるので，

四角形 PAQB はひし形である。

ポイント

右の図のように，線分 AB
の垂直二等分線 ℓ 上に点
P をとると，**PA＝PB** と
なる。また，2点 A，B か
らの距離が等しい点は，線
分 AB の垂直二等分線上に
ある。

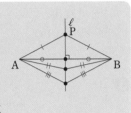

❸ 角の二等分線を作図する。

① 角の頂点を中心とする円をかき，角の2辺との交点を求める。

② ①で求めた交点を中心として等しい半径の円をかき，その交点を求める。

③ 角の頂点と②で求めた交点を通る半直線をひく。

ポイント

角の二等分線の作図は，2
つの円が右の図のように
交わっていることを意味
しているので，角の二等分
線は，その角の対称の軸に
なる。

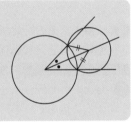

❹ ∠AOC の二等分線 OD
と ∠BOC の二等分線 OE
を作図すると右のようにな
る。∠AOB＝180° で，
∠DOE＝∠COD＋∠COE

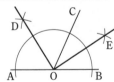

$=\dfrac{1}{2}\angle AOC+\dfrac{1}{2}\angle BOC$

$=\dfrac{1}{2}(\angle AOC+\angle BOC)$

$=\dfrac{1}{2}\angle AOB$

$=\dfrac{1}{2}\times 180°$

$=90°$

❶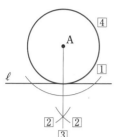

❷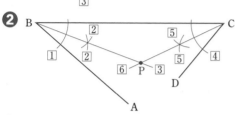

❸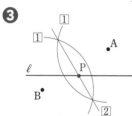

❹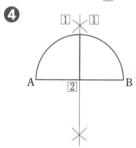

━━━ 解 説 ━━━

❶ まず，点Aから直線 ℓ に垂線をひくと，この垂線と ℓ との交点が接点になる。

　　　円の接線は，接点を通る半径に垂直

求める円の半径は，点Aと直線 ℓ との距離になる。

❷ ∠ABC の二等分線と ∠BCD の二等分線をそれぞれ作図して，その交点をPとすれば，点Pは線分 AB，BC，CD までの距離が等しい点になる。

❸ 2点 A，B からの距離が等しい点は，線分 AB の垂直二等分線上にあるから，線分 AB の垂直二等分線を作図すればよい。

❹ 直径 AB の垂直二等分線を作図すればよい。

　参考 この作図は，直径 AB を一直線の角（180°）とみてその角の二等分線を作図しているともいえる。

❶ ㋐，㋑，㋒

❷ (1) 弧の長さ … 2π m

　　　面積 … 5π m^2

　(2) 弧の長さ … 15π cm

　　　面積 … 150π cm^2

　(3) 弧の長さ … 4π cm

　　　面積 … 24π cm^2

　(4) 弧の長さ … $\dfrac{7}{2}\pi$ m

　　　面積 … $\dfrac{21}{4}\pi$ m^2

　(5) 弧の長さ … 5π cm

　　　面積 … 15π cm^2

　(6) 弧の長さ … 10π cm

　　　面積 … 40π cm^2

❸ 300π cm^2

━━━ 解 説 ━━━

❶ ㋐ 1つの円では，おうぎ形の中心角を2倍にすると弧の長さは2倍になるので，正しい。

　㋑ 1つの円では，おうぎ形の中心角を2倍にすると面積は2倍になるので，正しい。

　㋒ 半径 r，中心角 $a°$ のおうぎ形の弧の長さを ℓ とすると，$\ell=2\pi r\times\dfrac{a}{360}$ になる。

　中心角の大きさを変えずに半径を2倍にすると，半径 $2r$，中心角 $a°$ のおうぎ形になるから，弧の長さは，

$$2\pi\times2r\times\frac{a}{360}=2\times\left(2\pi r\times\frac{a}{360}\right)=2\ell$$

となって2倍になるので，正しい。

　㋓ 半径 r，中心角 $a°$ のおうぎ形の面積を S とすると，

$$S=\pi r^2\times\frac{a}{360}\ \text{になる。}$$

中心角の大きさを変えずに半径を2倍にすると，半径 $2r$，中心角 $a°$ のおうぎ形になるから，面積は，

$$\pi\times(2r)^2\times\frac{a}{360}=4\times\left(\pi r^2\times\frac{a}{360}\right)=4S$$

となって4倍になるので，正しくない。

❷ (1) 弧の長さ $2\pi\times5\times\dfrac{72}{360}=10\pi\times\dfrac{1}{5}=2\pi$ (m)

　　　面積 $\pi\times5^2\times\dfrac{72}{360}=25\pi\times\dfrac{1}{5}=5\pi$ (m^2)

(2) 弧の長さ　$2\pi \times 20 \times \dfrac{135}{360} = 40\pi \times \dfrac{3}{8}$

$\qquad\qquad\qquad\qquad\qquad = 15\pi \,(\text{cm})$

面積　$\pi \times 20^2 \times \dfrac{135}{360} = 400\pi \times \dfrac{3}{8}$

$\qquad\qquad\qquad\qquad = 150\pi \,(\text{cm}^2)$

(3) 弧の長さ　$2\pi \times 12 \times \dfrac{60}{360} = 24\pi \times \dfrac{1}{6}$

$\qquad\qquad\qquad\qquad\qquad = 4\pi \,(\text{cm})$

面積　$\pi \times 12^2 \times \dfrac{60}{360} = 144\pi \times \dfrac{1}{6}$

$\qquad\qquad\qquad\qquad = 24\pi \,(\text{cm}^2)$

(4) 弧の長さ　$2\pi \times 3 \times \dfrac{210}{360} = 6\pi \times \dfrac{7}{12}$

$\qquad\qquad\qquad\qquad\qquad = \dfrac{7}{2}\pi \,(\text{m})$

面積　$\pi \times 3^2 \times \dfrac{210}{360} = 9\pi \times \dfrac{7}{12}$

$\qquad\qquad\qquad\qquad = \dfrac{21}{4}\pi \,(\text{m}^2)$

(5) 弧の長さ　$2\pi \times 6 \times \dfrac{150}{360} = 12\pi \times \dfrac{5}{12}$

$\qquad\qquad\qquad\qquad\qquad = 5\pi \,(\text{cm})$

面積　$\pi \times 6^2 \times \dfrac{150}{360} = 36\pi \times \dfrac{5}{12}$

$\qquad\qquad\qquad\qquad = 15\pi \,(\text{cm}^2)$

(6) 弧の長さ　$2\pi \times 8 \times \dfrac{225}{360} = 16\pi \times \dfrac{5}{8}$

$\qquad\qquad\qquad\qquad\qquad = 10\pi \,(\text{cm})$

面積　$\pi \times 8^2 \times \dfrac{225}{360} = 64\pi \times \dfrac{5}{8}$

$\qquad\qquad\qquad\qquad = 40\pi \,(\text{cm}^2)$

❸　色をつけた部分の面積は，半径が 40 cm，中心角が 90° のおうぎ形から，半径が 20cm，中心角が 90° のおうぎ形を除いた部分の面積となるから，

$\pi \times 40^2 \times \dfrac{90}{360} - \pi \times 20^2 \times \dfrac{90}{360}$

$= (\pi \times 40^2 - \pi \times 20^2) \times \dfrac{90}{360}$

分配法則を使って，計算のくふうをするとよい。

$= (1600\pi - 400\pi) \times \dfrac{1}{4}$

$= 300\pi \,(\text{cm}^2)$

ポイント

半径が 40 cm のおうぎ形の面積から半径が 20 cm のおうぎ形の面積をひく。

---

❶　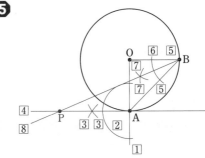

❷

❸

❹　㋐，㋒

❺　

❻　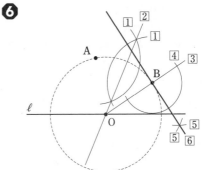

❼　(1)　周の長さ…$(20\pi + 20)$ cm

面積…50π cm^2

(2)　周の長さ…$(18\pi + 20)$ cm

面積…90π cm^2

①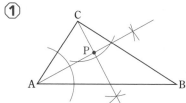

②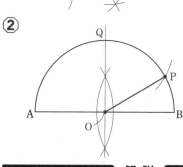

━━ **解説** ━━

❶ 辺 BC が対称の軸である線対称な四角形 ABDC では，線分 BC は線分 AD の垂直二等分線になる。
よって，BA＝BD，CA＝CD となるような点 D を作図で求めればよい。
　① 点 B を中心として半径 BA の円をかく。
　② 点 C を中心として半径 CA の円をかく。
　③ ①，②の円の交点を D として，B と D，C と D をそれぞれ結び，四角形 ABDC をかく。

❷ ①〜③ 点 O を通り，半直線 AO に垂直な直線 OQ を作図すると，∠AOQ＝90° となる。
　④⑤ ∠AOQ の二等分線 OP を作図すると，∠AOP＝90°÷2＝45° となる。

❸ ①② 線分 AB の垂直二等分線を作図する。
　　　→この垂直二等分線上にある点は，
　　　　2 点 A，B からの距離が等しい。
　③④ 線分 BC の垂直二等分線を作図する。
　　　→この垂直二等分線上にある点は，
　　　　2 点 B，C からの距離が等しい。
それぞれの垂直二等分線の交点を P とすると，点 P は，3 点 A，B，C からの距離が等しい点になる。
　参考 点 P を，△ABC の外心といい，P を中心として 3 点 A，B，C を通る円（外接円という）をかくことができる。

❹ 2辺 AB，AC までの距離が等しい点は，
2辺 AB，AC のつくる角は，A を頂点とする∠BAC
∠BAC の二等分線上にある。
また，頂点 A，B からの距離が等しい点は，線分 AB の垂直二等分線上にある。
よって，⑦，⑨

❺ ①〜④ 半直線 OA をひき，点 A を通り，半直線 OA に垂直な直線をひく。
　⑤〜⑧ ∠OBA をかき，∠OBA の二等分線を作図して，④の直線との交点を P とする。

❻ 2 点 A，B が周上にある円の中心が O だから，O は弦 AB の垂直二等分線上にあることを利用
弦の垂直二等分線は円の対称の軸であり，円の中心を通る。
する。
　①② 線分 AB の垂直二等分線を作図して，直線 ℓ との交点を O とする。→ O を中心として，2 点 A，B を通る円がかける。
　③ 半直線 OB をひく。
　④〜⑥ 点 B を通り，半直線 OB に垂直な直線をひくと，求める接線になる。

ポイント

円の接線は，接点を通る半径に垂直である。

❼ (1) 周の長さ $2\pi \times 20 \times \dfrac{90}{360} + 20\pi \div 2 + 20$
　　　　　　　　　　おうぎ形　　　　　半円
　　　＝$20\pi + 20$ (cm)

　　面積 $\pi \times 20^2 \times \dfrac{90}{360} - \pi \times 10^2 \div 2 = 50\pi$ (cm²)
　　　　　　　　おうぎ形　　　　　　半円

　(2) 周の長さ $2\pi \times 20 \times \dfrac{108}{360} + 2\pi \times 10 \times \dfrac{108}{360} + 10 \times 2$
　　　　　　半径 20 cm のおうぎ形　　半径 10 cm のおうぎ形
　　　＝$18\pi + 20$ (cm)

　　面積 $\pi \times 20^2 \times \dfrac{108}{360} - \pi \times 10^2 \times \dfrac{108}{360} = 90\pi$ (cm²)
　　　　　半径 20 cm のおうぎ形　　半径 10 cm のおうぎ形

① 2 辺 AB，AC からの距離が等しい点 P は，∠CAB の二等分線上にあるから，点 C と ∠CAB の二等分線上の点 P との距離が最短となるのは，直線 CP と ∠CAB の二等分線が垂直になるときである。
よって，∠CAB の二等分線をひき，点 C から ∠CAB の二等分線に垂線をひいて，その二等分線との交点を P とすればよい。

② $\overset{\frown}{AB}$ 上に，∠BOQ＝90° となる点 Q をとり，$\overset{\frown}{QB}$ 上に正三角形 OPQ となる点 P をとると，∠POQ＝60° で，∠POB＝90°−60°＝30° となる。
よって，線分 AB の垂直二等分線をひき，線分 AB との交点を O，$\overset{\frown}{AB}$ との交点を Q として，$\overset{\frown}{QB}$ 上に，QO＝QP となる点 P をとればよい。

5 章

p.108〜109 ステージ**3**

❶ (1) **FE＝CD**

(2) **∠GAH＝∠BAH**

(3) **AH⊥ED**

❷ (1) なし (2) 90°

(3) 180°

(4) 線分 **BO**（または線分 **BF**）

(5) 線分 **CO**（または線分 **CG**）

❸ 点Aから点 A″ の方向へ AA″ の長さだけ平行移動させる。

❹ (1)

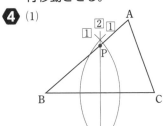

(2)

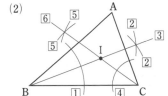

❺

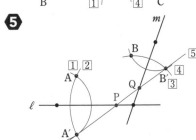

❻ 例

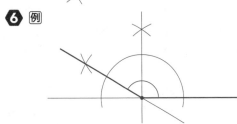

❼ 周の長さ … $(10\pi+20)$ cm

面積 … 50π cm²

◆━━━━ 解説 ◆━━━━

❶ 線分の長さや，角の大きさが等しいこと，垂直の関係にあることを記号を使って表す。

(1) 直線 AH で折り返すと，線分 FE と線分 CD は重なり合うので，長さは等しい。

(2) 直線 AH で折り返すと，∠GAH と ∠BAH は重なり合うので，大きさは等しい。

(3) 直線 AH は対称の軸なので，対応する 2 点 E，D を結ぶ線分 ED の垂直二等分線である。

得点アップの**コツ**♪ ┈┈┈┈┈┈┈
頂点は，対応する順に書くとよい。
例 (1)では，F と C，E と D がそれぞれ対応するので，FE＝CD と書く。

❷ (1) 平行移動では，図形の向きは変わらない。問題の図には，△AOB と同じ向きの三角形はないので，答は「なし」になる。

(2) A と C，B と D が対応する点になる。
∠AOC＝∠BOD
＝45°×2＝90° より，
点Oを中心として反時計回りに 90° だけ回転移動させればよい。

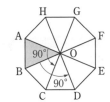

(3) A と E，B と F が対応する点になる。
∠AOE＝∠BOF
＝45°×4＝180° より，
点Oを中心として反時計回りに 180° だけ回転移動させればよい。

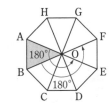

(4) A と C が対応する点になるから，対称の軸は線分 BO である。

(5) A と E，B と D が対応する点になるから，対称の軸は線分 CO である。

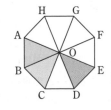

得点アップの**コツ**♪ ┈┈┈┈┈┈┈
平行移動 … 一定の方向に動かすので，図形の向きは変わらない。
回転移動 … 一定の角度だけ回転させるので，図形の向きが変わる。
対称移動 … 折り返す移動だから，図形は対称の軸に対して反対の向きになる。

❸ 対称移動では，対応する点を結ぶ線分は対称の軸に垂直だから，△ABC とそれを直線 ℓ について対称移動させた △A′B′C′ において，
AA′ // BB′ // CC′ が成り立つ。

同様に，A′A″∥B′B″∥C′C″ が成り立つから，AA″∥BB″∥CC″ となる。

したがって，△ABC を △A″B″C″ に 1 回の移動で移すには，点Aから点 A″ の方向へ AA″ の長さだけ平行移動させればよい。

❹ (1)　点 B，C からの距離が等しい点は，線分 BC の垂直二等分線上にある。

したがって，線分 BC の垂直二等分線を作図して，その直線と辺 AB との交点をPとすればよい。

〈線分 BC の垂直二等分線の作図のしかた〉

① B，C を中心として等しい半径の円をかく。

② ①の 2 つの円の交点を通る直線をひく。

この直線と辺 AB との交点をPとする。

(2)　〈∠ABC の二等分線の作図のしかた〉

① 角の頂点Bを中心とする円をかく。

② ①の円と角の 2 辺との交点を中心として等しい半径の円をかき，その交点を求める。

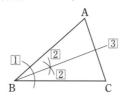

③ ②の交点とBを結ぶ半直線をひく。

同様にして，∠ACB の二等分線を作図し，2 つの角の二等分線の交点を I とする。

参考　(2)の図に，∠BAC の二等分線をかき加えると，その二等分線も点 I を通る。この点 I のことを，△ABC の内心といい，I を中心として △ABC の 3 辺に接する円（内接円という）をかくことができる。

❺　右の図のように，直線 ℓ を対称の軸として，点Aと対称な点 A′ と，直線 m を対称の軸として，点Bと対称な点 B′ をそれぞれ作図する。直線 A′B′ が直線 ℓ，m とそれぞれ交わる点が求める点P，Q である。

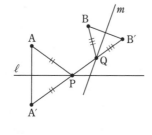

このようにすると，AP+PQ+QB=A′P+PQ+QB′=A′B′ となるから，AP+PQ+QB の長さがもっとも短くなることを覚えておこう。

❻　150° の角は，150°＝90°＋60° であることを用いて作図することができる。

① 適当な直線 ℓ をひき，直線 ℓ 上に点Oをとる。

② O を中心とする円をかき，直線 ℓ との交点を A，B とする。

③ A，B を中心として等しい半径の円をかき，その交点をCとし直線 OC をひくと，OC⊥ℓ となる。
　90° の角が作図できる。

④ 線分 OC を 1 辺とする正三角形を作図する。
　60° の角が作図できる。

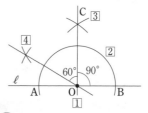

90° の作図 … 直線上の点を通る垂線をひく。
60° の作図 … 正三角形を作図する。
45°，30° の作図 … 90°，60° の角の二等分線をひく。
上の角を組み合わせると，いろいろな角を作図できる。

❼　直径が 20 cm より，半径は 20÷2＝10 (cm) である。半円は，中心角が 180° のおうぎ形と考えればよいから，その弧の長さは，

$$2\pi \times 10 \times \frac{180}{360} = 20\pi \times \frac{1}{2} = 10\pi \ (\text{cm})$$

よって，求める半円の周の長さは，

$(10\pi + 20)$ cm

また，半円の面積は，

$$\pi \times 10^2 \times \frac{180}{360} = 100\pi \times \frac{1}{2} = 50\pi \ (\text{cm}^2)$$

ミス注意　求めるのは，半円の周の長さなので，半円の弧の長さだけを答えるのではなく，弧の長さに直径をたした長さを答える。

1 つの円では，おうぎ形の弧の長さや面積は，中心角に比例するから，中心角の 360° に対する割合を覚えておくと，計算が早くできる。

中心角が 180° … $\frac{1}{2}$	中心角が 90° … $\frac{1}{4}$
中心角が 72° … $\frac{1}{5}$	中心角が 60° … $\frac{1}{6}$
中心角が 45° … $\frac{1}{8}$	中心角が 30° … $\frac{1}{12}$

6章 立体の見方をひろげよう

p.110〜111 ステージ1

① (1) ⑦, ⑦ (2) ⑦

(3) ⑦, ⑦ (4) ⑦

②

	正四面体	正六面体	正八面体	正十二面体	正二十面体
面の形	正三角形	正方形	正三角形	正五角形	正三角形
面の数	4	6	8	12	20
辺の数	6	12	12	30	30
頂点の数	4	8	6	20	12
1つの頂点に集まる面の数	3	3	4	3	5

③ ⑦, ⑦

④ (1) 直線BF (2) 直線BF, 直線CF

(3) 平面ABFE

解説

①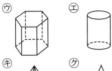

② 正多面体では，どの頂点にも面が同じ数だけ集まっている。このことから，正多面体は5種類しかないことが次のようにわかる。

① 正三角形が集まってできる正多面体

・正三角形が1つの頂点に3つ集まるとき
⇒ 正四面体になる。

・正三角形が1つの頂点に4つ集まるとき
⇒ 正八面体になる。

・正三角形が1つの頂点に5つ集まるとき
⇒ 正二十面体になる。

・正三角形を1つの頂点に6つ集めると，正三角形の1つの角の大きさが60°だから，60°×6＝360°となり，平面になる。

また，それ以上では重なってしまい，どちらの場合も立体をつくることができない。

② 正方形が集まってできる正多面体

・正方形が1つの頂点に3つ集まるとき
⇒ 正六面体になる。

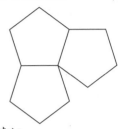

・正方形を1つの頂点に4つ集めると平面になる。

また，それ以上では重なってしまい，どちらの場合も立体をつくることができない。

③ 正五角形が集まってできる正多面体

・正五角形が1つの頂点に3つ集まるとき
⇒ 正十二面体になる。

・正五角形を1つの頂点に4つ集めると，重なってしまい，立体をつくることができない。

④ 正六角形は1つの頂点に3つ集めると，平面になるので，面の形がすべて正六角形であるような正多面体はできない。同じように考えると，正七角形以上では3つ集めると重なってしまい，立体をつくることができない。

※正多面体の辺の数の数え方(1)

(辺の数)＝(頂点の数)
×(頂点に集まっている辺の数)÷2

※正多面体の辺の数の数え方(2)

面の形が正n角形のとき，

(辺の数)＝(面の数)×n÷2

参考 5種類の正多面体では，それぞれ

(面の数)－(辺の数)＋(頂点の数)＝2

が成り立ち，これを発見した数学者の名まえをつけて，オイラーの多面体定理と呼ばれている。

③ ⑦ 2点をふくむ平面は無数にあるが，この2点を通る直線上にない点を加えると，3点をふくむ平面はただ1つに決まる。

⑦ 交わる2つの直線によって，平面はただ1つに決まる。

④ (1) 交線は，平面と平面の交わったところにできる線のことだから，直線BFである。

(2) 平面P上にある直線は，平面Pにふくまれる直線だから，直線BFと直線CFがある。

(3) 直線DCは平面EFCD上にあり，また，平面Pに交わっているので，直線DCは出あうことのない平面ABFEと平行である。

p.112~113 ステージ1

❶ (1) 辺 BF，辺 CG，辺 DH
  (2) 辺 BC，辺 DC，辺 FG，辺 HG
  (3) 辺 BC，辺 BF，辺 DC，辺 DH，
    辺 EF，辺 EH

❷ ℓ // m

❸ ⑦，⑨

❹ (1) 60° (2) 90° (3) 面 ABC，面 DEF

解説

❶ (1)(2) 1つの平面上にあって交わらない2つの辺は，平行である。また，空間内で，直線 AE と平行でなく交わらない辺は，ねじれの位置にある。
  直線 AE と平行な辺
    …辺 BF，辺 CG，辺 DH
  直線 AE と交わる辺
    …辺 AB，辺 AD，辺 EF，
    辺 EH

  (3) 対角線 AG の両端の点である A，G を通る辺 AB，AD，AE，CG，FG，HG はすべて AG と交わるので，これ以外の辺がねじれの位置にある。（対角線 AG と平行な辺はない。）
  参考 上の図の立方体では，線分 BH，CE，DF も対角線である。

❷ 交線 ℓ と m は1つの平面R上にあって交わらないから平行である。

❸ ⑦ 四角形 ABFE，EFCD は長方形だから，EF⊥FB，EF⊥FC より，EF⊥平面Pである。
  ⑨ 四角形 ABFE は長方形だから，EF // AB より，AB⊥平面Pである。

ポイント

直線と平面が垂直であることを示すには，右の図のように，平面上の2つの直線に垂直であることがいえればよい。

❹ (1) 面 ADEB と面 BEFC のつくる角は，底面の正三角形 ABC の ∠ABC の大きさに等しいから，60°である。

  (2) 三角柱の側面は底面と垂直だから，面 ADEB と面 ABC のつくる角は 90°である。

  (3) 三角柱の側面は底面と垂直だから，面 BEFC と垂直な面は，面 ABC と面 DEF である。

p.114~115 ステージ1

❶ (1) 2 cm (2) 面 DEH

❷ (1) 五角柱 (2) 正三角柱
  (3) 正四角柱 (4) 円柱

❸ (1) **例**

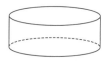

  (2) **例**

❹ (1) 回転の軸をふくむ平面で切るとき
    ⑦ 台形   ⑨ 円
    回転の軸に垂直な平面で切るとき
    ⑦ 円   ⑨ 円

  (2) 球の中心を通る平面

解説

❶ (1) 三角錐において，△DEH と △EGH は，もとの直方体の側面の長方形を対角線で半分に切った図形だから，ともに直角三角形である。
    ∠EHD＝90°，∠EHG＝90°
  EH⊥DH，EH⊥HG より，EH⊥面 DHG だから，EH が面 DHG を底面としたときの高さを表す線分になる。
  直方体の辺の長さより，EH＝2 cm

  (2) 三角錐の高さが6 cm になるのは，
    HG＝DC＝6 cm であることと，
    △DHG と △EGH がともに直角三角形で，
    ∠DHG＝90°，∠EHG＝90°
    HG⊥DH，HG⊥EH より，HG⊥面 DEH となることから，
    HG が高さになる底面は面 DEH である。

ポイント

角錐では，底面とそれに対する頂点との距離が，その高さになる。

❷ (1) 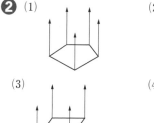 (2)

  (3) (4)

ポイント

角柱や円柱は，底面がそれと垂直な方向に動いてできた立体とも考えられる。底面の周の動いたあとは，その立体の側面であり，動いた距離が高さである。

❸ 円柱や円錐のように，1つの直線を軸として平面図形を回転させてできる立体を回転体といい，その側面をえがく辺のことを母線という。

(1) 長方形を，その辺の1つを軸として回転させると，円柱ができる。

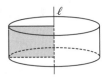

(2) 直角三角形を，その直角をはさむ辺の1つを軸として回転させると，円錐ができる。

ポイント

回転体の見取図のかき方

① 対称の軸に対して，左右対称になるように図形をかく。

② 左右の頂点を曲線で結ぶ。その際，外から見える線は実線——，見えない線は破線……でかく。

※対称の軸は，かかなくてもよい。

❹ (1) 回転体を，回転の軸をふくむ平面で切ると，その切り口は，回転の軸を対称の軸とする線対称な図形になる。

また，回転体を，回転の軸に垂直な平面で切るときは，切り口は円になる。

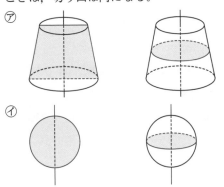

(2) 球は，平面でどこを切ってもその切り口は円になる。その切り口がもっとも大きくなるのは球の中心を通る平面で切ったときである。

❶ (1) 正三角形　　　(2) 正四面体
　(3) 正十二面体

❷ 正多面体とはいえない。
〔理由〕 正多面体は，すべての面が合同な正多角形でなければならないが，この立体の面は，正三角形であるとは限らない。

❸ ⑰，㋓，㋔

❹ ㋐，㋑，㋖

❺ (1) 面 DHGC　　(2) 面 ABCD，面 EFGH

❻ ㋐ ×　　　㋑ ×　　　㋒ ×
　㋓ ×　　　㋔ ×　　　㋕ ○

❼ (1) ㋐，㋑，㋓　　　(2) ㋐，㋒，㋔

❽ (1) 辺 AO　(2) 正三角形　(3) 円

● ● ● ● ● ●

① ㋑，㋓

■ **解説** ■

❶ (1) 正二十面体は，面の形が正三角形で，面の数が20，辺の数が30，頂点の数が12の正多面体である。

(2) 各面の真ん中の点をそれぞれ A，B，C，Dとすると，そのうちの2点を結ぶ線分は AB，

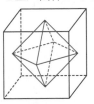

AC，AD，BC，BD，CD の6本あって，どれも長さが等しいから，また，正四面体ができる。

参考 正六面体の各面の真ん中の点を結ぶと正八面体ができる。　正八面体の各面の真ん中の点を結ぶと正六面体ができる。

❷ 正多面体は，次の2つの性質をもつ。

① どの面もすべて合同な正多角形である。

② どの頂点にも面が同じ数だけ集まっている。

❸ 平面が1つに決まるのは，次のときである。

① 1つの直線とその直線上にない1点をふくむ平面

② 1つの直線上にない3点をふくむ平面

③ 平行な2つの直線をふくむ平面

④ 交わる2直線をふくむ平面

❹ ⑦ 四角形 ADFC, CFEB はともに長方形だ
から, CF⊥FD, CF⊥FE より, CF⊥平面P
がいえる。

⑦ 同様に, <u>BE⊥DE</u>, <u>BE⊥FE</u> より,
　　　　長方形 ADEB　長方形 CFEB

BE⊥平面Pもいえる。

㋖ <u>DF⊥FC</u>, <u>DF⊥FE</u> より, DF⊥平面 CFEB
　　長方形 ADFC　直角三角形 DEF

がいえる。

❺ (1) 直線 BF は, それと出
あわない面 DHGC と平行
である。問題の図では, 直
線 BF と面 DHEA は出あ
っていないが, 右の図のよ
うに, 上のほうにのばす
と, 直線 BF と交わるので, 平行ではない。

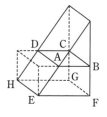

(2) 四角形 AEFB は ∠ABF＝∠BFE＝90° の
台形, 四角形 CGFB は長方形だから,
BF⊥AB, BF⊥CB より, BF⊥面 ABCD
BF⊥EF, BF⊥GF より, BF⊥面 EFGH

ポイント

平面Pと交わる直線ℓが, そ
の交点Oを通るP上の2つ
の直線 m, n に垂直になって
いれば, 直線ℓは平面Pに垂
直である。

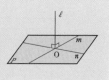

❻ ⑦ たとえば, 右の図の
直線 AD と BF のように,
ねじれの位置にある場合
がある。

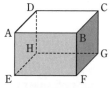

⑦ 右の図で, 面 ABCD
と面 AEFB, 面 BFGC はそれぞれ垂直だが,
この2つの面は平行ではなく垂直に交わってい
る。

⑦ 上の図で, 面 AEHD と面 BFGC は平行だが,
それぞれの面上にある直線 AD と BF は平行
ではなくねじれの位置にある。

㋔ 右の図で, 直線 CG と
面 AEHD, 面 AEFB は
それぞれ平行だが, この
2つの平面は平行ではな
く垂直に交わっている。

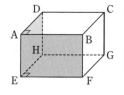

㋕ 右の図で, 面 ABCD
と直線 EF, FG はそれ
ぞれ平行だが, この2つ
の直線は平行ではなく垂
直に交わっている。

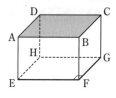

㋙ 右の図のように, 面
ABCD に垂直な2つの
直線 (たとえば, AE と
CG) は平行である。

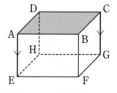

ポイント

空間内にある平面や直線の位置関係は, 直方体を利
用すると考えやすい。

❼ (1) 角柱や円柱は, 底面がそれと垂直な方向に
動いてできた立体とも考えられる。
　⑦ 円 → 円柱　　　⑦ 長方形 → 直方体
　㋔ 正三角形 → 正三角柱

(2) 円柱や円錐のように, 1つの直線を軸として
平面図形を回転させてできる立体を回転体とい
う。
　⑦ 長方形 → 円柱　⑦ 直角三角形 → 円錐
　㋔ 半円 → 球 (直径を軸とする)

❽ (1) 問題の円錐は, 直角三角形 ABO を辺 AO
を回転の軸として回転させてできたものと考え
られる。

(2) 回転体を, 回転の軸をふく
む平面で切ると, その切り口
は, 回転の軸を対称の軸とす
る線対称な図形になる。円錐
の場合, 切り口の図形はふつ
う二等辺三角形であるが, こ
の問題の場合, AB＝AC＝10 cm,
BC＝2BO＝10 cm より,
AB＝BC＝AC だから,
正三角形になる。

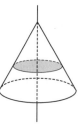

(3) 回転の軸に垂直な平面で切
ると, その切り口は, どこを
切っても円となる。

❾ ねじれの位置にある直線は,
同じ平面上にないことから考えるとよい。
直線 DN…直線 AM と同じ面 AMND 上にある。
直線 EF…直線 AM と同じ面 AEFB 上にある。

❶ (1) 右の図
(2) 右の図

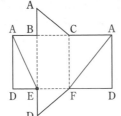

❷ 8π cm

❸

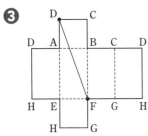

❹ (1) 3 cm
(2) 4π cm
(3) 240°
(4)

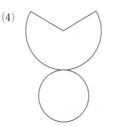

❶ (1) 球 (2) 三角錐
(3) 三角柱 (4) 円柱
(5) 四角柱 (6) 五角柱

❷ (1)

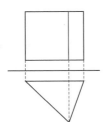

(2)

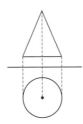

(3)

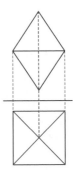

❸

──── 解説 ────

❶ 展開図に，頂点の記号を書き入れて考えるとわかりやすい。

❷ 円柱の展開図で，側面になる長方形の横の長さは，底面の円周に等しいから，
$$2\pi \times 4 = 8\pi \text{ (cm)}$$
（円周）＝$2\pi r$

❸ 展開図に，頂点の記号を書き入れて考える。
ひもがもっとも短くなるようにするので，頂点DとFを結ぶ線分 DF をひく。

ポイント
2点を結ぶ線のうち，もっとも短いものが線分である。

❹ (1) 側面になるおうぎ形の半径は，母線の長さに等しいから，3 cm である。
(2) 側面になるおうぎ形の弧の長さは，底面の円の円周に等しいから，
$$2\pi \times 2 = 4\pi \text{ (cm)}$$
(3) おうぎ形の弧の長さは，中心角に比例するから，求める中心角は，
$$360° \times \frac{2\pi \times 2}{2\pi \times 3} = 240°$$
(4) 底面は，半径が2 cm の円，側面になるおうぎ形は，半径が3 cm，中心角が240° である。

──── 解説 ────

❶ (1) 平面図 → 円，立面図 → 円より，球である。
参考 球はどこから見ても円に見える立体である。
(2) 平面図 → 三角形，立面図 → 三角形より，三角錐である。
(3) 平面図 → 三角形，立面図 → 長方形より，三角柱である。
(4) 平面図 → 円，立面図 → 長方形より，円柱である。
(5) 平面図 → 四角形，立面図 → 長方形より，四角柱である。
(6) 平面図 → 五角形，立面図 → 長方形より，五角柱である。

ポイント

平面図で，立体の底面の形がわかる。
また，立面図で，角柱・円柱であるか，角錐・円錐
であるかを区別することができる。

2 (1) 立面図に，正面から見
える側面の長方形の辺をかき加
える。

この方向から見ると，見える。

ミス注意! 側面の長方形の
辺は，三角柱の置き方によ
って見えたり，見えなかっ
たりするので，平面図でそ
の置き方を判断することが
必要である。

参考 平面図が右の図の向
きになっているときは，
側面の長方形の1つの辺
は見えないので，破線で
かくことになる。

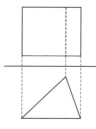

(2) 平面図の円の中心は，円錐
の頂点を表すので，破線で結
ぶ。

(3) 正八面体は，側面が正三角
形の正四角錐を2つ底面で合
わせた立体と考えることがで
きるので，平面図に側面にあ
る4つの三角形を示すために，
平面図の正方形に対角線をか
き入れることが必要になる。
また，平面図の対角線の交点は，正八面体の上
側の頂点を表すので，破線で忘れずに結んでお
く。

ポイント

投影図では，見える辺は実線 ———，見えない辺は
破線 ········ で示す。

3 先に，立面図と同じ五角形を2つかくと，見取
図がかきやすくなる。
横から見た図の正方形を半分に分ける線分は，見
取図にもあらわれる。
また，見取図では，向かい合う辺は平行にかくこ
とが大切である。

---

1 平行
2 (1) 3 cm (2) 5 cm
(3) 3 cm (4) 5 cm
3 (1) 6π cm (2) 9 cm
4 (1)

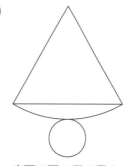

(2) 底面の円の周の長さ
5 五面体
6 (1) ㋔ (2) ㋐
(3) ㋗ (4) ㋑
(5) ㋒
7 (1)

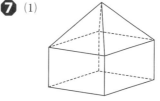

(2) 9
(3) 線分 AB
8 ㋑，㋒，㋔，㋖

・・・・・・

1

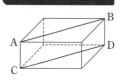

解説

1 問題の展開図を組み立
ててできる直方体の見取
図をかくと，右の図のよ
うになる。
線分 AB は1つの面の対角線であり，その面に向
かい合う面の対角線が CD である。
直方体の向かい合う面は平行で，四角形 ACDB
は長方形になるので，AB∥CD である。

6
章

❷ 正四角錐は，底面が正方形
で，側面には 4 つの合同な二
等辺三角形がある。

(1) 辺 GH は，辺 AD と重な
るので，3 cm である。

(2) 辺 FG は，側面の二等辺三角形 FGH の辺だ
から，5 cm である。

(3) 辺 BE は，辺 BA と重なるので，3 cm であ
る。

(4) 辺 FB は，側面の二等辺三角形 FBE の辺だ
から，5 cm である。

ポイント

立体の展開図では，立体でのすべての辺や面のつな
がりはあらわれないが，すべての辺や面の実際の形
や大きさがあらわれる。

❸ (1) 展開図で，側面になるおうぎ形の弧の長さ
は，底面の円の円周に等しいから，

$2\pi \times 3 = 6\pi$ (cm)

<u>底面の円の半径は 3 cm</u>

(2) 展開図で，側面になるおうぎ形の半径を
r cm とする。

中心角が 120° より，弧の長さを r を使って表

すと，$2\pi \times r \times \dfrac{120}{360} = \dfrac{2\pi r}{3}$ (cm)

この長さが(1)で求めた 6π cm と等しくなるか

ら，$\dfrac{2\pi r}{3} = 6\pi$

これを解くと，$r = 9$

別解 おうぎ形の弧の長さは，中心角に比例す
るから，おうぎ形の半径を r cm とすると，

$2\pi r : 6\pi = 360 : 120$ $2\pi r : 6\pi = 3 : 1$

これを解くと，$r = 9$

❹ (1) 展開図で，側面に
なるおうぎ形の中心角
は，

$360° \times \dfrac{2\pi \times 5}{2\pi \times 30} = 60°$

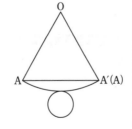

だから，展開図は右の
図のようになる。展開
図に A と重なる点 A′ をかき入れると，ひもの
長さがもっとも短くなるときの長さを表してい
るのは，おうぎ形の弧の両端を結ぶ線分 AA′
である。

(2) おうぎ形の中心角が 60° で OA＝OA′ だか
ら，△OAA′ は 1 辺の長さが 30 cm の正三角形
になる。よって，ひもの長さは 30 cm である。
また，底面の円の周の長さは，

$2\pi \times 5 = 10 \times 3.14 = 31.4$ (cm)

❺ 平面図 → 長方形

立面図 → 直角三角形

より，見取図をかくと，

右の図のような三角柱を

横に倒して置いた立体とわかる。

三角柱の面の数は 5 だから，五面体である。

❻ (1) 真上から見ると三角形 → 平面図は三角形
正面から見ると三角形 → 立面図は三角形
よって，㋪

(2) 真上から見ると四角形 → 平面図は四角形
正面から見ると長方形 → 立面図は長方形
よって，㋐

(3) 真上から見ると長方形 → 平面図は長方形
正面から見ると三角形 → 立面図は三角形
よって，㋔

(4) 真上から見ると長方形 → 平面図は長方形
正面から見ると円 → 立面図は円
よって，㋑

(5) 真上から見ると円 → 平面図は円
正面から見ると三角形 → 立面図は三角形
よって，㋒

❼ (1) 正四角柱を先にかいてから，その上に正四
角錐をかくとよい。

(2) 見取図を利用して，面の
数を数える。
正四角錐の側面が 4 つ
正四角柱の側面が 4 つ
底面が 1 つ
あるので，面の数は全部で 9 になる。

(3) 投影図では，平面図と立面図の対応する点を
上下でそろえてかき，破線で結んであるから，
平面図の点 O，Q に対応する立面図の点は，そ
れぞれ A，B である。

❽ 面㋫と向かい合う面は㋐で，残りの 4 つの面は
面㋫ととなり合う面となるので，それぞれ面㋫と
垂直である。

① 展開図に，頂点の記号を書き入れて考えると，
わかりやすい。

❶ (1) **360 cm³**　　(2) **300π cm³**

　 (3) **45 cm³**　　(4) **60 cm³**

　 (5) **288π cm³**　　(6) **210π cm³**

❷ (1) **60 cm³**　　(2) **196π cm³**

　 (3) **56 cm³**　　(4) **128 cm³**

　 (5) **825π cm³**　　(6) **32π cm³**

━━━━━━ 解説 ━━━━━━

❶ (1) 底面積　$8×7÷2+8×3÷2=40 \ (\text{cm}^2)$

　　体積　$40×9=360 \ (\text{cm}^3)$

　　参考 底面積を求めるとき，計算のくふうがで

　　きる。

　　　$8×7÷2+8×3÷2=8×(7+3)÷2=40 \ (\text{cm}^2)$

　(2) 底面積　$π×(10÷2)^2=25π \ (\text{cm}^2)$

　　体積　$25π×12=300π \ (\text{cm}^3)$

　(3) 底面積　$3×3=9 \ (\text{cm}^2)$

　　体積　$9×5=45 \ (\text{cm}^3)$

　(4) 底面積　$5×4=20 \ (\text{cm}^2)$

　　体積　$20×3=60 \ (\text{cm}^3)$

　(5) 底面積　$π×6^2=36π \ (\text{cm}^2)$

　　体積　$36π×8=288π \ (\text{cm}^3)$

　(6) 直線 ℓ を軸として回転
させると，右の図のよう
な底面の半径が 5 cm で
高さが 10 cm の円柱から
底面の半径が 2 cm で高
さが 10 cm の円柱をくりぬいた立体ができる。

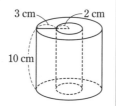

　　$π×5^2×10-π×2^2×10=210π \ (\text{cm}^3)$

　　別解 底面を大きい円から小さい円を切り取っ

　　た図形と考えて，

　　　$(π×5^2-π×2^2)×10=210π \ (\text{cm}^3)$

❷ (1) $\frac{1}{3}×4×5×9=60 \ (\text{cm}^3)$

　(2) $\frac{1}{3}×π×7^2×12=196π \ (\text{cm}^3)$

　(3) $\frac{1}{3}×12×14=56 \ (\text{cm}^3)$

　(4) $\frac{1}{3}×8×8×6=128 \ (\text{cm}^3)$

　(5) $\frac{1}{3}×π×15^2×11=825π \ (\text{cm}^3)$

　(6) 回転させてできる立体は，底面の半径が 4 cm，
高さが 6 cm の円錐である。

　　　$\frac{1}{3}×π×4^2×6=32π \ (\text{cm}^3)$

❶ **132π cm²**

❷ (1) **224 cm²**　　(2) **360π cm²**

❸ **33π cm²**

❹ (1) **9 cm**　　(2) **90π cm²**

━━━━━━ 解説 ━━━━━━

❶ 回転させてできる立体は，底面の半径が 6 cm，
高さが 5 cm の円柱である。

　側面積　$5×\underset{横の長さは底面の円の円周}{\underline{(2π×6)}}=60π \ (\text{cm}^2)$

　底面積　$π×\underset{底面の半径は 6 cm}{\underline{6^2}}=36π \ (\text{cm}^2)$

　表面積　$60π+36π×2=132π \ (\text{cm}^2)$

　ミス注意 側面になる長方形の縦の長さは「回
転させる長方形の辺 AB の長さ」，横の長さは
「点 D を中心として辺 AD を回転させてでき
る円の円周」に等しい。

ポイント

角柱や円柱の表面積は，
底面が 2 つあるので，
(側面積)＋(底面積)×2 で求める。

❷ (1) 展開図は右のようになる。

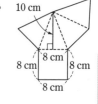

　　側面積　$(8×10÷2)×4$

　　　　　　$=160 \ (\text{cm}^2)$

　　底面積　$8×8=64 \ (\text{cm}^2)$

　　表面積　$160+64$

　　　　　　$=224 \ (\text{cm}^2)$

　　ミス注意 側面には，合同な二等辺三角形が
4 つある。側面積は，側面全体の面積なので
「×4」を忘れないようにする。

　(2) 展開図は右のようになる。

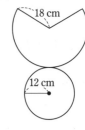

　　側面になるおうぎ形の中心角
は，

　　$360°×\dfrac{\underset{(底面の円の円周)}{\underline{2π×12}}}{\underset{とする円の円周}{\underline{2π×18}}}=240°$

　　　$\left(\begin{array}{l}母線の長さを半径\\とする円の円周\end{array}\right)$

　　になるから，

　　側面積　$π×18^2×\dfrac{240}{360}=216π \ (\text{cm}^2)$

　　底面積　$π×12^2=144π \ (\text{cm}^2)$

　　表面積　$216π+144π=360π \ (\text{cm}^2)$

別解 側面積を求めるときは，

$$\frac{240}{360} を \frac{(底面の半径)}{(母線の長さ)} におきかえて，$$

$$\pi \times 18^2 \times \frac{12}{18} = 216\pi \ (cm^2) \ と求めてもよい。$$

ポイント

角錐や円錐の表面積は，底面が1つだから，
(側面積)＋(底面積) で求める。

❸ 側面になるおうぎ形の弧の長さは，

$$2\pi \times 8 \times \frac{135}{360} = 6\pi \ (cm) \ で，$$

この長さは底面の円周に等しい。
底面の半径を r cm とすると，$2\pi \times r = 6\pi$
が成り立つから，これを解くと，$r = 3$

側面積 $\pi \times 8^2 \times \frac{135}{360} = 24\pi \ (cm^2)$

底面積 $\pi \times 3^2 = 9\pi \ (cm^2)$

表面積 $24\pi + 9\pi = 33\pi \ (cm^2)$

❹ (1) 円錐の母線の長さを a cm とすると，

$$2\pi \times a = \underline{(2\pi \times 6) \times 1.5}$$

円錐が1回半だけ回転しているので，点線の円周は，円錐の底面の円の円周の1.5倍の長さになる。

これを解くと，
$a = 9$

(2) 側面積 $\pi \times 9^2 \times \frac{6}{9} = 54\pi \ (cm^2)$

$\frac{(底面の半径)}{(母線の長さ)}$

底面積 $\pi \times 6^2 = 36\pi \ (cm^2)$

表面積 $54\pi + 36\pi = 90\pi \ (cm^2)$

別解 側面は半径が 9 cm，

弧の長さが $2\pi \times 6 = 12\pi \ (cm)$

のおうぎ形だから，

面積は，$\frac{1}{2} \times 12\pi \times 9 = 54\pi \ (cm^2)$

ポイント

半径 r，弧の長さ ℓ のおうぎ形の
面積 S は，

$S = \frac{1}{2}\ell r$

で求めることができる。

おうぎ型の面積を
$\frac{1}{2} \times (弧の長さ) \times (半径)$
でも求められるように
しておこう。

p.128～129 ステージ1

❶ (1) $\frac{500}{3}\pi \ cm^3$　　(2) $100\pi \ cm^2$

❷ (1) 体積 … $486\pi \ cm^3$　　表面積 … $243\pi \ cm^2$

(2) 体積 … $\frac{176}{3}\pi \ cm^3$　　表面積 … $52\pi \ cm^2$

❸ (1) $2304\pi \ cm^3$

(2) $3456\pi \ cm^3$

(3) $1152\pi \ cm^3$

(4) 球 … 2　　円柱 … 3

解説

❶ 球の直径が 10 cm だから，半径は $10 \div 2 = 5 \ (cm)$

(1) $\frac{4}{3}\pi \times 5^3 = \frac{500}{3}\pi \ (cm^3)$

(2) $4\pi \times 5^2 = 100\pi \ (cm^2)$

ポイント

半径 r の球の体積：$V = \frac{4}{3}\pi r^3$　表面積：$S = 4\pi r^2$
を正確に覚えて，使えるようにしよう。

❷ (1) OA を軸として回転させ
ると，右の図のような半球が
できる。体積は球の半分だか

ら，$\frac{4}{3}\pi \times 9^3 \div 2 = 486\pi \ (cm^3)$

表面積は，球の表面積の半分と点Oを中心とし
て OB を回転させてできる円の面積を加える。
$4\pi \times 9^2 \div 2 + \pi \times 9^2 = 243\pi \ (cm^2)$

(2) 直線 ℓ を軸として回転さ
せると，右の図のような円
錐と半球を合わせた立体が
できるから，
体積は，

$\frac{1}{3} \times \pi \times 4^2 \times 3 + \frac{4}{3}\pi \times 4^3 \div 2 = \frac{176}{3}\pi \ (cm^3)$

表面積は，

$\frac{1}{2} \times (2\pi \times 4) \times 5 + 4\pi \times 4^2 \div 2 = 52\pi \ (cm^2)$

❸ (1) $\frac{4}{3}\pi \times 12^3 = 2304\pi \ (cm^3)$

(2) $(\pi \times 12^2) \times \underline{24} = 3456\pi \ (cm^3)$

円柱の高さは $12 \times 2 = 24 \ (cm)$

(3) $\frac{1}{3} \times \pi \times 12^2 \times 24 = 1152\pi \ (cm^3)$

(4) 球 … $\frac{2304\pi}{1152\pi} = 2$　　円柱 … $\frac{3456\pi}{1152\pi} = 3$

p.130〜131 **ステージ2**

❶ (1) 三角柱　　　(2) **72 cm³**
　　(3) **120 cm²**

❷ (1) **72 cm²**
　　(2) 体積… **432π cm³**　表面積… **324π cm²**

❸ **8π cm³**

❹ **7.5 cm $\left(\dfrac{15}{2}\ \text{cm}\right)$**

❺ **54π cm³**

❻ (1) **36 cm³**　(2) **6 cm**　(3) **36 cm³**

❼ **8 cm**

● ● ● ● ●

① (1) **72π cm³**　　　(2) **4 倍**
② **24π cm²**

━━━━ 解 説 ━━━━

❶ (1) 問題の二等辺三角形をその面と垂直な方向に 6 cm 動かすと，右の図のような三角柱ができる。

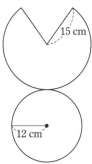

(2) 底面積　6×4÷2＝12 (cm²)
　　体積　12×6＝72 (cm³)

(3) 展開図は，次のようになる。

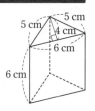

側面積　6×(5＋6＋5)＝96 (cm²)
　　　　底面の三角形の周の長さ
表面積　96＋12×2＝120 (cm²)

❷ (1) 展開図は，次のようになる。

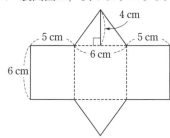

側面積　(4×7÷2)×4＝56 (cm²)
　　　　合同な二等辺三角形が4つある。
底面積　4×4＝16 (cm²)
表面積　56＋16＝72 (cm²)

(2) 底面積　π×12²＝144π (cm²)
　　体積　$\dfrac{1}{3}$×144π×9＝432π (cm³)

展開図は，次のようになる。

側面積　π×15²×$\dfrac{2π×12}{2π×15}$＝180π (cm²)
表面積　180π＋144π＝324π (cm²)

ミス注意！「○○錐」の体積を求めるときは，$\dfrac{1}{3}$ をかけることを忘れないようにしよう。

ポイント
表面積を求めるときは，展開図をかいて考える。

❸ 辺 BC を軸として回転させると，右の図のような円錐を2つつなげた立体ができる。

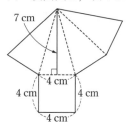

よって，体積は，$\left(\dfrac{1}{3}×π×2²×3\right)×2＝8π$ (cm³)

❹ Aの容器に入る水の量は，
$\dfrac{1}{3}$×π×6²×10＝120π (cm³)
Bの容器の底面積は，π×4²＝16π (cm²)
よって，水の深さは，120π÷16π＝7.5 (cm)

❺ 底面の半径が 6÷2＝3 (cm) で，高さが 9 cm の円柱の体積は，π×3²×9＝81π (cm³)
切り取る円錐の体積は，
$\dfrac{1}{3}$×π×3²×9＝27π (cm³)
よって，求める立体の体積は，
81π－27π＝54π (cm³)

別解 切り取る円錐の体積は，円柱の体積の $\dfrac{1}{3}$ だから，切り取ってできる立体の体積は，
円柱の体積の $1-\dfrac{1}{3}＝\dfrac{2}{3}$ である。
よって，求める立体の体積は，
(π×3²×9)×$\dfrac{2}{3}$＝54π (cm³)

6
章

6 (1) △EFH を底面とすると, 高さは AE だから, 三角錐 AEFH の体積は,

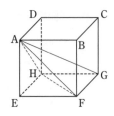

$$\frac{1}{3}\times6\times6\div2\times6$$
$$=36\,(\text{cm}^3)$$

(2) 角錐では, 底面とそれに対する頂点との距離が高さである。三角錐 AFGH では, 底面 FGH に対する頂点は A だから, AE が高さになる。

(3) $\frac{1}{3}\times6\times6\div2\times6=36\,(\text{cm}^3)$

三角錐 AEFH と三角錐 AFGH は, 底面積が等しく, 高さが共通なので体積は等しくなる。

ポイント

角錐では, どの面を底面にするかによって, 高さを表す辺が変わるので注意が必要である。

7 半径 8 cm の球の表面積は,

$4\pi\times8^2=256\pi\,(\text{cm}^2)$

底面の円の半径が 8 cm の円柱の底面積は,

$\pi\times8^2=64\pi\,(\text{cm}^2)$

半径 8 cm の球の表面積と底面の円の半径が 8 cm の円柱の表面積が等しいから,

円柱の側面積は,

$256\pi-64\pi\times2=128\pi\,(\text{cm}^2)$

円柱の高さを h cm とすると,

$h\times(2\pi\times8)=128\pi$　　これを解くと, $h=8$

ポイント

(円柱の表面積)＝(側面積)＋(底面積)×2

1 (1) 台形を 1 回転させてできる立体の体積は,

$$\underline{\pi\times3^2\times9}-\underline{\frac{1}{3}\times\pi\times3^2\times3}=72\pi\,(\text{cm}^3)$$
　　　底面の半径が 3 cm で　　底面の半径が 3 cm で
　　　高さが 9 cm の円柱　　　高さが 3 cm の円錐

(2) おうぎ形を 1 回転させてできる立体の体積は,

$\left(\frac{4}{3}\pi\times3^3\right)\div2=18\pi\,(\text{cm}^3)$ ← 半径が 3 cm の半球

よって, $72\pi\div18\pi=4\,(倍)$

2 投影図が表しているのは, 底面の半径が 3 cm で, 高さが 4 cm の円錐である。

側面積　$\pi\times5^2\times\dfrac{2\pi\times3}{2\pi\times5}=15\pi\,(\text{cm}^2)$

底面積　$\pi\times3^2=9\pi\,(\text{cm}^2)$

表面積　$15\pi+9\pi=24\pi\,(\text{cm}^2)$

---

p.132〜133　ステージ③

1 (1) ⑦, ⑦, ⑨

(2) ⑦, ①, ⑦

(3) ④, ⑦, ⑨

(4) ⑦, ①

2 (1) 面 EFGH

(2) 面 BFGC, 面 EFGH

(3) 辺 CG, 辺 DH, 辺 EH, 辺 FG

(4) 辺 AB, 辺 BF, 辺 DC, 辺 CG

(5) 面 ABCD, 面 EFGH

3 (1) 体積 … 90 cm³　　表面積 … 126 cm²

(2) 体積 … 54π cm³　　表面積 … 54π cm²

4 (1) 体積 … 48 cm³　　表面積 … 96 cm²

(2) 体積 … 12π cm³　　表面積 … 24π cm²

5 96π cm²

6 36 cm²

7 (1) 体積 … $\dfrac{32}{3}\pi$ cm³　　表面積 … 16π cm²

(2) 8 倍

━━ 解説 ━━

1 (1) 角柱や円柱は, 底面がそれと垂直な方向に動いてできた立体とも考えられる。

底面の周の動いたあとは, その立体の側面であり, 動いた距離が高さである。

円 → 円柱, 三角形 → 三角柱, 四角形 → 四角柱

(2) 円柱や円錐, 球は, 1 つの直線を軸として平面図形を回転させてできる立体とも考えられる。

このとき, 円柱や円錐, 球の側面をえがく辺を, 円柱や円錐, 球の母線という。

長方形 → 円柱, 直角三角形 → 円錐, 半円 → 球

(3) 平面だけで囲まれた立体を多面体という。

多面体は, その面の数によって, 四面体, 五面体などという。

三角錐 → 四面体, 三角柱 → 五面体,

四角柱 → 六面体

(4) 円柱や円錐には円の面がある。

2 (1) 直方体の向かい合う面は平行である。

(2) AD∥BC, BC∥FG より AD∥FG だから, AD はそれに平行な 2 つの直線をふくむ面 BFGC と平行である。

同様に, AD∥EH, EH∥FG より

AD∥FG だから, AD は平行な 2 つの直線をふくむ面 EFGH と平行である。

(3) 辺 AB と平行でなく交わらない辺 CG, DH, EH, FG はねじれの位置にある。

(4) 直方体の面はどれも長方形だから, BC⊥AB, BC⊥BF, BC⊥DC, BC⊥CG である。

(5) 直方体の面はどれも長方形だから,
AE⊥AB, AE⊥AD より AE⊥面 ABCD
AE⊥EF, AE⊥EH より AE⊥面 EFGH

❸ (1) 四角柱の底面は高さが 4 cm の台形で, 展開図は, 次のようになる。

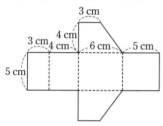

底面積は $(3+6)\times4\div2=18\,(\text{cm}^2)$ より,
体積は $18\times5=90\,(\text{cm}^3)$
側面積は $5\times(3+4+6+5)=90\,(\text{cm}^2)$ より,

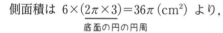
<small>底面の四角形の周の長さ</small>

表面積は $90+18\times2=126\,(\text{cm}^2)$

(2) 展開図は, 右のようになる。

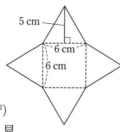

底面積は
$\pi\times3^2=9\pi\,(\text{cm}^2)$ より,
体積は $9\pi\times6=54\pi\,(\text{cm}^3)$
側面積は $6\times(2\pi\times3)=36\pi\,(\text{cm}^2)$ より,
<small>底面の円の円周</small>

表面積は $36\pi+9\pi\times2=54\pi\,(\text{cm}^2)$

❹ (1) 正四角錐の側面の
1 つの三角形は, 底辺
が 6 cm, 高さが 5 cm
の三角形で, 展開図は,
右のようになる。

底面積は $6\times6=36\,(\text{cm}^2)$
で, 正四角錐の高さは, 見
取図より 4 cm だから,
体積は $\dfrac{1}{3}\times6^2\times4=48\,(\text{cm}^3)$

側面積は $6\times5\div2\times4$
$=60\,(\text{cm}^2)$ より,
表面積は $60+36=96\,(\text{cm}^2)$

(2) 展開図は, 右のように
なる。

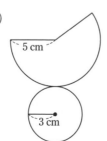

底面積は $\pi\times3^2=9\pi\,(\text{cm}^2)$
で, 円錐の高さは, 見取図より 4 cm だから,

体積は $\dfrac{1}{3}\times\pi\times3^2\times4=12\pi\,(\text{cm}^3)$

側面積は $\pi\times5^2\times\dfrac{2\pi\times3}{2\pi\times5}=15\pi\,(\text{cm}^2)$ より,

表面積は $15\pi+9\pi=24\pi\,(\text{cm}^2)$

> **得点アップのコツ**
> 表面積は, 展開図をかいて考える。

❺ 直角三角形 ABC を, 辺 AC を軸として回転さ
せると, 円錐ができる。

側面になるおうぎ形は, 半径が 10 cm, 中心角が
216° だから, その面積は,

$\pi\times10^2\times\dfrac{216}{360}=60\pi\,(\text{cm}^2)$

また, 側面のおうぎ形の弧の長さは,

$2\pi\times10\times\dfrac{216}{360}=12\pi\,(\text{cm})$

だから, 底面の半径を r cm とすると,
$2\pi r=12\pi$ より, $r=6$
求める表面積は, $60\pi+\pi\times6^2=96\pi\,(\text{cm}^2)$

❻ 色のついた三角錐 ADEF は, 正三角形 DEF,
△ADE, △ADF, △AEF の 4 つの面からなる四
面体である。

一方, 2 つに切り取られた残りの立体は, 正三角
形 ABC, △ABE, △ACF, △AEF,
正方形 BEFC の 5 つの面からなる五面体である。
正三角形 DEF と正三角形 ABC は面積が等しく,
△ADE, △ADF, △ABE, △ACF もそれぞれ正
方形の半分の大きさだから面積が等しいので, 2
つの立体の表面積の差は, 正方形 BEFC 1 つ分で
あることがわかる。

よって, 求める表面積の差は, $6\times6=36\,(\text{cm}^2)$

❼ (1) 半円を, 直線 ℓ を軸として回転させると,
半径が 2 cm の球ができる。

体積 $\dfrac{4}{3}\pi\times2^3=\dfrac{32}{3}\pi\,(\text{cm}^3)$

表面積 $4\pi\times2^2=16\pi\,(\text{cm}^2)$

(2) 回転させる半円を, 半径 4 cm のものに変え
てできる立体の体積は,

$\dfrac{4}{3}\pi\times4^3=\dfrac{256}{3}\pi\,(\text{cm}^3)$

よって, $\dfrac{256}{3}\pi\div\dfrac{32}{3}\pi=8\,(\text{倍})$

7章 データを活用して判断しよう

p.134～135 ステージ1

❶ ⑦ **6**　　　　⑦ **7**　　　　⑦ **5**

⑨ **9**　　　　⑦ **16**　　　　⑦ **21**

❷ (1)　**5 cm**

(2)　**145 cm 以上 150 cm 未満の階級**

(3)　**12**

(4)　**155 cm 以上 160 cm 未満の階級**

(5)　(人)

(6)　**28人**

(7)　**12人**

(8)　例・身長が **150 cm 以上 155 cm 未満**の人がもっとも多い。

　　　・全体の形は，対称な山型（左右対称に近い山型）になっている。

━━ 解説 ━━

❶ 度数を数えるときは，数えたデータにチェックをつけたり，「正」の字を書いていくとよい。合計がデータの総数と合っていることも確かめておこう。

　⑦　5点以上10点未満の階級には，

　5点，6点，6点，7点，8点，9点が入るので，度数は6になる。

　ミス注意 5点以上10点未満の階級には，5点は入るが，10点は入らない。

　⑦　10点以上15点未満の階級には，

　10点，10点，11点，12点，13点，13点，14点が入るので，度数は7になる。

　ミス注意 10点以上15点未満の階級には，10点は入るが15点は入らない。

　⑦　15点以上20点未満の階級には，

　15点，15点，16点，17点，18点が入るので，度数は5になる。

　ミス注意 15点は，15点以上20点未満の階級に入る。

　⑨　5点以上10点未満の階級の累積度数は，3＋⑦ だから，3＋6＝9

　⑦　10点以上15点未満の階級の累積度数は，3＋⑦＋⑦ だから，9＋7＝16

　⑦　15点以上20点未満の階級の累積度数は，3＋⑦＋⑦＋⑦ だから，16＋5＝21

ポイント

度数分布表に表すと，分布のようすがわかりやすくなる。数えもれや重複に気をつけて，度数を数えることが大切である。

❷ (1)　階級の幅は，たとえば，140 cm 以上 145 cm 未満の階級で考えると，

　　145－140＝5 (cm)とわかる。

(2)　階級を正しく読みとる。

(3)　40－(6＋10＋8＋4)＝12 (人)

(4)　4＜10＜4＋8 より，

　身長が高いほうから数えて10番目の人は度数が8の155 cm 以上 160 cm 未満の階級に入る。

(5)　階級の幅5 cmを横とし，度数を縦とする長方形を並べてヒストグラムをかき，そのおのおのの長方形の上の辺の中点を線分で結んで度数折れ線をかく。

　ミス注意 度数折れ線の左端は1つ手前の階級の度数を0とし，右端は1つ先の階級の度数を0としてかく。

　データの分布のようすを，ヒストグラムや度数折れ線に表すと，分布の特徴がわかりやすくなる。

(6)　身長が155 cm 未満の人は，度数分布表から度数を読みとって，

　6＋10＋12＝28 (人)

(7)　身長が155 cm 以上の人は，度数分布表から度数を読みとって，

　8＋4＝12 (人)

　別解 (身長が155 cm 以上の人の人数)

　　＝(全体の人数)

　　　－(身長が155 cm 未満の人の人数)

　　より，40－28＝12 (人)

(8)　データをヒストグラムや度数折れ線に表すと，全体の形や山の頂上の位置，左右の広がりぐあい，対称であるかどうか，全体からはずれた値などがとらえやすくなる。

p.136~137 ステージ1

❶ (1) ㋐ 7 ㋑ 0.36 ㋒ 0.28

   ㋓ 6 ㋔ 0.44 ㋕ 0.24

(2) 数学…0.52 英語…0.24

(3) 数学…48% 英語…76%

(4) **例** ・数学は 75 点以上 80 点未満の人が
   もっとも多く,英語は 80 点以上 85
   点未満の人がもっとも多い。

   ・数学は 75 点以上 85 点未満の人が全
   体の 64%,英語は 80 点以上 90 点未
   満の人が全体の 68% で,それぞれ
   その点数の範囲に約 3 分の 2 の人が
   集まっている。

   ・分布の形では,数学は頂上が左寄り
   の山型になり,英語はほぼ左右対称
   な山型になっている。

❷ (1) 9 冊   (2) 2.5 冊

❸ (1) ㋐ 7 ㋑ 6 ㋒ 4 ㋓ 650

   (2) 32.5 kg   (3) 25 kg

━━━━━ 解 説 ━━━━━

❶ (1) ㋐ $25-(1+3+9+4+1)=7$(人)

   ㋑ $\dfrac{(\text{75 点以上 80 点未満の階級の度数})}{(\text{度数の合計})}=0.36$

   ㋒ $\dfrac{(\text{80 点以上 85 点未満の階級の度数})}{(\text{度数の合計})}=0.28$

   ㋓ $25-(0+2+4+11+2)=6$(人)

   ㋔ $\dfrac{(\text{80 点以上 85 点未満の階級の度数})}{(\text{度数の合計})}=0.44$

   ㋕ $\dfrac{(\text{85 点以上 90 点未満の階級の度数})}{(\text{度数の合計})}=0.24$

(2) 数学…$0.04+0.12+0.36=0.52$

   英語…$0.00+0.08+0.16=0.24$

(3) 数学…$\dfrac{7+4+1}{25}\times100=48$(%)

   英語…$\dfrac{11+6+2}{25}\times100=76$(%)

(4) ヒストグラムに表すと,次のようになる。

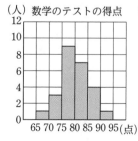

(人) 数学のテストの得点

65 70 75 80 85 90 95(点)

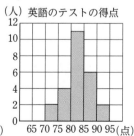

(人) 英語のテストの得点

65 70 75 80 85 90 95(点)

❷ 30 人が読んだ本の冊数を小さい順に並べると,

0, 0, 0, 1, 1, 1, 1, 1, 2, 2, 2, 2, 2, 2, 2,
最小値 ────────────────── 15 番目

3, 3, 3, 3, 4, 4, 4, 5, 5, 5, 6, 7, 7, 8, 9
16 番目 ────────────────── 最大値

(1) 最大値は 9 で,最小値は 0 だから,

   分布の範囲は,$9-0=9$(冊)
   (最大値)−(最小値)で求める。

(2) データの総数が 30 で偶数だから,小さいほ
   うから数えて 15 番目と 16 番目の値の平均値を
   中央値とする。よって,$(2+3)\div2=2.5$(冊)

ポイント

中央値は,調べようとするデータの値を大きさの順
に並べたときの中央の値のこと。
データの総数が偶数の場合は,中央にある 2 つの値
の平均値になる。

❸ (1) ヒストグラムから各階級の度数を読みとる
   と,10 kg 以上 20 kg 未満の階級が 2 人,

   20 kg 以上 30 kg 未満の階級が 7 人,

   30 kg 以上 40 kg 未満の階級が 6 人,

   40 kg 以上 50 kg 未満の階級が 4 人,

   50 kg 以上 60 kg 未満の階級が 1 人いる。

   $15\times2+25\times7+35\times6+45\times4+55\times1$
   $=650$(kg)← この「(階級値)×(度数)」の総和を
   個々のデータの値の合計と考える。

(2) 測定値の平均値は,

   $650\div20=32.5$(kg)
   (1)で求めた結果を度数の合計 20 でわって,
   平均値とする。

(3) もっとも多い度数は 7 で,最頻値はその
   20 kg 以上 30 kg 未満の階級の階級値だから,

   $(20+30)\div2=25$ kg
   階級の両端の値の和を 2 でわって求める。

   参考 最頻値は,データの中でもっとも多く出
   てくる値であるが,度数分布表では,度数の
   もっとも多い階級の階級値になる。

   参考 度数分布表をつくると,次のようになる。

握力 (kg)	階級値 (kg)	度数 (人)	(階級値) ×(度数)
以上　未満			
10~20	15	2	30
20~30	25	7	175
30~40	35	6	210
40~50	45	4	180
50~60	55	1	55
合計		20	650

❶ (1) ㋐ **0.44**　　㋑ **0.45**　　㋒ **0.45**

(2)

(相対度数)
```
0.48
0.46
0.44
0.42
0.40
0.38
   0  200  400  600  800  1000
                    (投げた回数)
```

(3) **0.45**

❷ **0.6**

❸ (1) **0.7**　　　　(2) **4月4日, 0.8**

━━ 解 説 ━━

❶ (1) （針が下を向いた相対度数）

$=\dfrac{（針が下を向いた回数）}{（投げた回数）}$

㋐　$\dfrac{266}{600}=0.443\cdots \rightarrow 0.44$

㋑　$\dfrac{357}{800}=0.44\overset{5}{6}\cdots \rightarrow 0.45$

㋒　$\dfrac{447}{1000}=0.44\overset{5}{7} \rightarrow 0.45$

(3) 画びょうを投げる実験を多数回くり返すとき，針が下を向く相対度数は，(2)のグラフから，ほぼ 0.45 という値に近づいていく。

このことから，針が下を向く確率は 0.45 程度であると考えられる。

ポイント

実際に行った多数回の実験の結果にもとづいて，確率を判断することができる。

❷ （表向きになった相対度数）

$=\dfrac{（表向きになった回数）}{（投げた回数）}=\dfrac{900}{1500}=0.6$

❸ (1) 30 年間に，4 月 1 日が雨であった日数は，21 日である。30 日に対する 21 日の相対度数を求めると，

$\dfrac{21}{30}=0.7$

(2) 晴れの日がいちばん多いのは，4 月 4 日である。つまり，4 月 4 日はいちばん晴れやすいと考えられる。よって，30 日に対する 24 日の相対度数を求めると，

$\dfrac{24}{30}=0.8$

❶ (1) **0.30**

(2) ㋐ **37.5**　　　　㋑ **10**

㋒ **150.0**　　　　㋓ **525.0**

㋔ **2360.0**

(3) **47.5 kg**　　　　(4) **47.2 kg**

❷ (1) 相対度数

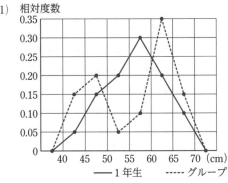

——1年生　　・・・・・グループ

(2) **等しい。**

❸ **30**

❹ (1) **20 m 以上 24 m 未満の階級**

(2) **18 m**　　　(3) **20.4 m**

❺ (1) ㋐ **0.44**　　㋑ **0.43**　　㋒ **0.43**

(2) **0.43**

• • • • • • •

① (1) **㋐, ㋓**　　　　(2) **6分50秒**

━━ 解 説 ━━

❶ (1) $\dfrac{15}{50}=0.30$

(2) ㋐　$(35+40)\div 2=37.5$

㋑　$50-(4+15+16+5)=10$

㋒　$37.5\times 4=150.0$

㋓　$52.5\times 10=525.0$

㋔　$150.0+637.5+760.0+525.0+287.5$
　　$=2360.0$

(3) 度数がもっとも多い階級は 45 kg 以上 50 kg 未満の階級である。

(4) $2360.0\div 50=47.2 \,(kg)$

❷ (1) 各階級の相対度数を折れ線グラフに表すと，特徴がわかりやすくなる。1 年生は対称な分布，グループは山が 2 つある分布になっている。

(2) 相対度数で考えればよい。

1 年生　$0.30+0.20+0.10=0.60$

グループ　$0.10+0.35+0.15=0.60$

55 cm 以上の生徒の割合は，等しい。

❸ 全体の度数を a とすると，$18÷a=0.30$ より，

$a=18÷0.3=60$

よって，$x÷60=0.50$ より，$x=60×0.50=30$

別解 度数と相対度数が比例の関係にあることを利用すると，$x：18=0.50：0.30$ より，$x=30$

❹ (1) データの総数は 25 だから，中央値は 13 番目が入る階級で，$1+3+8<13<1+3+8+7$ より，度数 7 の 20 m 以上 24 m 未満の階級である。

(2) 度数がもっとも多い階級は，16 m 以上 20 m 未満の階級だから，$(16+20)÷2=18$ (m)

(3) 次の表にすると平均値を求めやすくなる。

記録 (m)	階級値 (m)	度数 (人)	(階級値) ×(度数)
以上　未満			
8〜12	10.0	1	10.0
12〜16	14.0	3	42.0
16〜20	18.0	8	144.0
20〜24	22.0	7	154.0
24〜28	26.0	5	130.0
28〜32	30.0	1	30.0
合計		25	510.0

平均値は，$510.0÷25=20.4$ (m)

❺ (1) ⑦ $\dfrac{265}{600}=0.441\cdots → 0.44$

　　 ⑦ $\dfrac{345}{800}=0.431\cdots → 0.43$

　　 ⑦ $\dfrac{431}{1000}=0.431 → 0.43$

(2) 投げる回数が多くなるほど，0.43 に近づく。

① (1) ⑦ 最大値は 1 組より 2 組のほうが大きく，最小値は 1 組より 2 組のほうが小さいので，(範囲)＝(最大値)－(最小値) より，記録の範囲が大きいのは 2 組である。

　　 ⑦ 11 分以上 12 分未満の階級の相対度数は，

　　　1 組は，$\dfrac{2}{16}=0.125$　　2 組は，$\dfrac{2}{15}=0.133\cdots$

　　 ⑦ 1 組は，ヒストグラムが左右対称の山型なので，平均値，中央値，最頻値が同じになる。

　　 ⑦ 中央値がふくまれる階級は，1 組も 2 組も 9 分以上 10 分未満の階級である。

　　 ⑦ 最頻値は，1 組は，$(9+10)÷2=9.5$ (分)

　　　2 組は，$(10+11)÷2=10.5$ (分)

(2) 代表選手は，記録が 8 分未満の 6 人になり，1 組に 2 人，2 組に 4 人いることがわかる。

その平均値は，$(\underbrace{430}×2+\underbrace{400}×4)÷6=410$ (秒)

　　　7 分 10 秒＝430 秒　　　6 分 40 秒＝400 秒

---

p.142〜143 ■ステージ**3**

❶ (1) **50 cm**

(2) **400 cm 以上 450 cm 未満の階級**

(3) **12 人**

(4)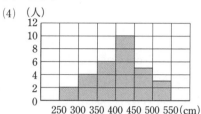

❷ (1) **32 人**

(2) **150 cm 以上 155 cm 未満の階級**

(3) **0.25**　　　　(4) **152.5 cm**

❸ (1) **5 点**　　　(2) **6 点**　　　(3) **8 点**

❹ (1) **0.28**

(2) **大きいとはいえない。**

(3) **0.80**　　　　(4) **154.5 cm**

❺ **正しいとはいえない。**

❻ **0.21**

❼ (1) ⑦ **0.160**　　　　⑦ **0.166**

(2) **0.166**

━━━━━━ ▶解説◀ ━━━━━━

❶ (1) 階級の幅は，たとえば，250 cm 以上 300 cm 未満の階級で考えると，

$300-250=50$ (cm)

(2) もっとも多い度数は 10 で，400 cm 以上 450 cm 未満の階級である。

(3) 最初の階級から，350 cm 以上 400 cm 未満の階級までの度数を合計して，

$2+4+6=12$ (人)

(4) 階級の幅 50 cm を横とし，度数を縦とする長方形を並べてヒストグラムをかく。

得点アップのコツ

・ヒストグラム…棒グラフの形を考える。

・度数折れ線…折れ線グラフの形を考える。

❷ (1) ヒストグラムから各階級の度数を読みとると，140 cm 以上 145 cm 未満の階級が 4 人，

145 cm 以上 150 cm 未満の階級が 7 人，

150 cm 以上 155 cm 未満の階級が 10 人，

155 cm 以上 160 cm 未満の階級が 8 人，

160 cm 以上 165 cm 未満の階級が 3 人

だから，全体は，$4+7+10+8+3=32$ (人)

(2) $4+7<15<4+7+10$ より，度数 10 の
150 cm 以上 155 cm 未満の階級に入る。

(3) $\dfrac{(155 \text{ cm 以上 } 160 \text{ cm 未満の階級の度数})}{(度数の合計)}$

$=\dfrac{8}{32}=0.25$

(4) もっとも多い度数は 10 で，最頻値はその
150 cm 以上 155 cm 未満の階級の階級値だから，
$(150+155)\div 2=152.5$ (cm)

❸ (1) まず，28 人の得点の合計を求める。
$0\times 2+1\times 5+2\times 3+3\times 2+4\times 0+5\times 1+6\times 2$
$+7\times 2+8\times 8+9\times 2+10\times 1=140$ (点)
よって，平均値は $\underline{140\div 28=5}$ (点)
　　　　　(個々のデータの値の合計)÷(データの総数)

(2) データの総数は 28 で偶数だから，中央値は，
14 番目と 15 番目の平均値を求める。
得点の低いほうから度数をたしていくと，
$2+5+3+2+0+1=13$
より，14 番目の人と 15 番目の人の得点はとも
に 6 点であることがわかる。

(3) この問題の表では，最頻値はデータの中でも
っとも多く出てくる値になるので，度数がもっ
とも多い 8 人の 8 点になる。

> 参考 データの分布のよ
> うすをヒストグラムや
> 度数折れ線に表すとい
> ろいろな形になる。
> 右の図のような「対称
> な分布（左右対称な山
> に近い形）」をしてい

対称な分布

平均値・中央値・最頻値

> るとき，平均値，中央値，最頻値は近い値に
> なるが，この問題のように，バラバラな値を
> とる場合もある。
> したがって，分布のようすによって，どの代
> 表値を使うのかを考える必要がある。
> また，全体の分布からはずれた極端な数値が
> あるときは，平均値はその値に大きく影響さ
> れるが，中央値や最頻値は，少数の極端な数
> 値にあまり影響されない。

❹ (1) 学年で，身長が 150 cm 未満の人の割合は，
130 cm 以上 140 cm 未満の階級と 140 cm 以上
150 cm 未満の階級の度数の合計を考えればよ
いから，$(12+30)\div 150=0.28$

(2) あきなさんのクラスで，同じように身長が
150 cm 未満の人の割合を求めると，
$(2+6)\div 40=0.20$
したがって，学年よりその割合は小さい。

> 参考 「相対度数は，その階級の度数の全体に
> 対する割合を表す値」なので，同じことがら
> について，全体の度数が異なるデータを比較
> するときによく使われる。また，各階級の相
> 対度数を折れ線に表すこともある。
> ❹の表から求めた各階級の相対度数の値を
> 折れ線に表すと，次のようになるので，学年
> とクラスの身長の分布のようすが似ているこ
> となどがわかる。

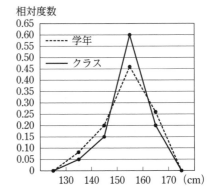

(3) $\dfrac{(150 \text{ cm 以上 } 160 \text{ cm 未満の階級の累積度数})}{(度数の合計)}$

$=\dfrac{2+6+24}{40}=\dfrac{32}{40}=0.80$

(4) (階級値)×(度数) の合計は，
$135\times 2+145\times 6+155\times 24+165\times 8=6180$
平均値は，$6180\div 40=154.5$ (cm)

得点アップのコツ

相対度数・累積相対度数の求め方

・(相対度数)$=\dfrac{(各階級の度数)}{(度数の合計)}$

・(累積相対度数)$=\dfrac{(各階級の累積度数)}{(度数の合計)}$

度数分布表を使った平均値の求め方

(平均値)$=\dfrac{\{(階級値\times度数)\text{ の合計}\}}{(度数の合計)}$

> 相対度数，平均値，
> 中央値，最頻値な
> どのちがいを確か
> めておこう。

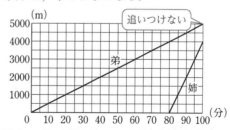

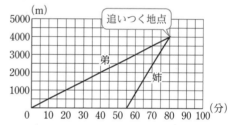

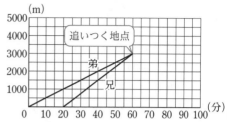

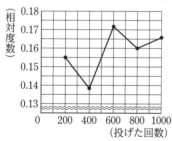

⑤ 確率は，あることがらが起こると期待される程度を数で表したものであり，かならず起こるということではない。

したがって，100 円硬貨を 2 回投げれば，そのうち 1 回はかならず表が出るとは限らない。

⑥ （1 の目が出る相対度数）

$=\dfrac{(1\text{ の目が出た回数})}{(\text{投げた回数})}=\dfrac{420}{2000}=\dfrac{21}{100}=0.21$

よって，1 の目が出る確率は 0.21 程度であると考えられる。

⑦ (1) ⑦　さいころを投げた回数が 800 回のとき，
（5 の目が出る相対度数）

$=\dfrac{(5\text{ の目が出た回数})}{(\text{投げた回数})}=\dfrac{128}{800}=\dfrac{16}{100}=0.160$

④　さいころを投げた回数が 1000 回のとき，
（5 の目が出る相対度数）

$=\dfrac{(5\text{ の目が出た回数})}{(\text{投げた回数})}=\dfrac{166}{1000}=0.166$

(2) (1)より，5 の目が出る確率は 0.166 程度であると考えられる。

参考　「確率」には，過去の多数のデータにおける相対度数を確率とみなす「統計的確率」と，同様に確からしさをもとにして計算で求める「数学的確率」(2 学年で学習する内容) がある。

⑦では，さいころを 1000 回まで投げた結果をグラフに表すと，下のようになり，「統計的確率」としては 0.166 であると考えられる。

また，「数学的確率」としては，1 から 6 までの目が出る場合，どの場合が起こることも同様に確からしいとすると，

目の出方は，全部で 1 から 6 までの 6 通り，
5 の目が出る場合は，1 通りだから，
（5 の目が出る確率）

$=\dfrac{(5\text{ の目が出る場合の数})}{(\text{起こるすべての場合の数})}=\dfrac{1}{6}\ (=0.166\cdots)$

となる。

p.144　ステージ1

❶ (1)　兄と弟が歩いたようすは，下の図。
兄が弟に追いつくのは，40 分後。

(2)　**分速 160 m**

(3)　**追いつくことができない。**

━━━ 解説 ━━━

❶ (1)　兄と弟が歩いたようすを，上のように，
横軸は，弟が出発してからの時間
縦軸は，歩いた道のり
として，図に表すことができる。
図より，兄が弟に追いつくまでにかかった時間は，$60-20=40$ (分)

(2)　姉と弟の進むようすを，(1)と同様にして，図に表すと，下のようになる。

図より，姉が自転車で進む速さは，
$4000\div(80-55)=160$　より，分速 160 m。

(3)　姉と弟の進むようすを，(1)と同様にして，図に表すと，下のようになる。

図より，姉が弟に追いつく前に弟が体育館に着いてしまうので，姉は途中で弟に追いつくことはできない。

定期テスト対策 得点アップ！予想問題

p.146〜147　第1回

1. (1) $252 = 2^2 \times 3^2 \times 7$　　(2) -6.5
   (3) 地点Aから西へ 23 m 移動すること。
   (4) $+11$, -11　　(5) -2, -1, 0, 1
   (6) $-8 < -1 < 7$

2. A…$+4$　　B…-1.5　　C…-5.5

3. (1) -4　　(2) 4.2　　(3) $\dfrac{2}{5}$
   (4) 0　　(5) 42　　(6) 0
   (7) -190　　(8) -6　　(9) $\dfrac{15}{8}$
   (10) -8　　(11) -14　　(12) -18

4. ㋕

5. (1) -3　　(2) -5238

6. (1) 18　　(2) -3, 0, 18, -25

7. (1) 正の方向へ 3 移動する。
   (2) 2回とも 5 の目が出たとき

8. (1) 17.1 cm　　(2) 158.2 cm

▶ 解説 ◀

1. (1) 右の計算のように，252 を素数
   で順にわっていく。商が素数になる
   まで続けて，わる数と商の積に表す。

   $$\begin{array}{r} 2)\overline{252} \\ 2)\overline{126} \\ 3)\overline{63} \\ 3)\overline{21} \\ 7 \end{array}$$

   (2) 0 より小さい数だから，負の符号
   $-$ を使う。
   (3) 「東」の反対は「西」だから，「東へ移動する」
   ことを「$+$」を使って表すとき，「西へ移動す
   る」ことは「$-$」を使って表す。
   (4) 絶対値が 11 である数は $+11$ と -11 の 2 つ
   ある。
   (5) $-\dfrac{9}{4} = -2\dfrac{1}{4}$ だから，$-\dfrac{9}{4}$ は -2 より小さ
   い数である。
   (6) $8 > 1$ で，負の数は絶対値が大きいほど小さ
   いから，$-8 < -1$
   また，（負の数）$< 0 <$（正の数）だから，
   $-8 < -1 < 7$ である。

ポイント
数の大小は，数直線を使って確認するとよい。
数直線上では，右にある数ほど大きく，左にある数
ほど小さい。

2. A … 原点より右にあり，大きい目もり 4 つ分
   の点だから，それに対応する数は $+4$
   B … 原点より左にある。-1 と -2 の真ん中の点
   に対応する数だから -1.5

ミス注意！ 数直線の目もりは，0.5 の間隔になっ
ている。

3. (1) $(+4) - (+8) = 4 - 8 = -4$
   (2) $1.6 - (-2.6) = 1.6 + 2.6 = 4.2$
   (3) $\left(+\dfrac{3}{5}\right) + \left(-\dfrac{1}{5}\right) = \dfrac{3}{5} - \dfrac{1}{5} = \dfrac{2}{5}$
   (4) $-6 - 9 + 15 = -15 + 15 = 0$
   (5) $(-7) \times (-6) = +(7 \times 6) = 42$
   (6) どんな数に 0 をかけても，積は 0 になる。
   $(-3) \times 0 = 0$
   (7) $(-5) \times (-19) \times (-2)$
   $= -(5 \times 19 \times 2)$ ⎫交換法則
   $= -(5 \times 2 \times 19)$ ⎬結合法則
   $= -(10 \times 19)$
   $= -190$
   (8) $24 \div (-4) = -(24 \div 4) = -6$
   (9) $\left(-\dfrac{5}{6}\right) \div \left(-\dfrac{4}{9}\right) = +\left(\dfrac{5}{6} \times \dfrac{9}{4}\right) = \dfrac{15}{8}$
   (10) $12 \div (-3) \times 2 = 12 \times \left(-\dfrac{1}{3}\right) \times 2$
   $= -\left(12 \times \dfrac{1}{3} \times 2\right)$
   $= -8$
   (11) $2 - (-4)^2 = 2 - 16 = -14$
   (12) $\left(\dfrac{1}{3} - \dfrac{5}{6}\right) \div \left(-\dfrac{1}{6}\right)^2$
   $= \left(\dfrac{2}{6} - \dfrac{5}{6}\right) \div \dfrac{1}{36}$
   $= -\dfrac{3}{6} \times 36$
   $= -18$

ポイント
四則の混じった計算は，次の順序で計算する。
・加減と乗除が混じっているときは，乗除を先に計
算する。
・かっこがあるときは，かっこの中を先に計算する。
・累乗があるときは，累乗を先に計算する。

4 累乗の指数は，かけた数の個数を示しているから，$(-3)^2=(-3)\times(-3)$ となる。

5 (1) $(-0.3)\times16-(-0.3)\times6$
$=(-0.3)\times(16-6)$
$=(-0.3)\times10$
$=-3$

(2) -54×97
$=-54\times(100-3)$ ← 97＝100−3 と考える。
$=-54\times100-54\times(-3)$
$=-5400+162$
$=-5238$

得点アップのコツ

分配法則を利用すると，計算を簡単にすることができることがある。

【分配法則】　$(a+b)\times c=a\times c+b\times c$
$c\times(a+b)=c\times a+c\times b$

6 (1) 正の整数を自然数という。

(2) 整数には，負の整数，0，正の整数がある。

7 (1) 1回目に正の方向へ4，2回目に負の方向へ1移動するから，$(+4)+(-1)=+3$ より，正の方向へ3移動する。

(2) 負の方向へ移動するのは，1，3，5の目が出たときで，それに対応する数はそれぞれ−1，−3，−5となる。
$-10=(-5)+(-5)$ だから，−10が対応する点に移動するのは，2回とも5の目が出たときである。
さいころの目の数は1〜6だから，これ以外の2つの数の組み合わせで −10 をつくることはできない。

8 (1) 5人のなかで，いちばん背が高いのはAで，いちばん低いのはBだから，その差は，
$(+11.3)-(-5.8)=11.3+5.8=17.1$ (cm)

(2) Cとのちがいの平均は，
$\{(+11.3)+(-5.8)+0+(+6.9)+(-2.4)\}\div5$
$=2$ (cm) だから，
5人の身長の平均は，$156.2+2=158.2$ (cm)

ポイント

Cの身長を基準として，基準とのちがいから平均を求めるとよい。
(身長の平均)
＝(基準の身長)＋(基準の身長とのちがいの平均)

---

p.148〜149　**第 2 回**

1 (1) $(-4)\times p$ 　　(2) $(-1)\times a+3\times b$

(3) $8\times x\times x\times x$ 　　(4) $a\div5$

(5) $(y+7)\div2$ 　　(6) $3\div a-2\div b$

2 (1) $(350x+120)$ 円 　　(2) $(500-3y)$ 円

(3) $\dfrac{\pi a^2}{2}$ cm² 　　(4) $\dfrac{x}{2}$ 秒

(5) $\dfrac{ax}{100}$ 円 　　(6) $\dfrac{17}{20}b$ 円

3 (1) $12x$ 　　(2) b

(3) $2y$ 　　(4) $-\dfrac{1}{3}a$

(5) $\dfrac{2}{3}x-6$ 　　(6) $-32x$

(7) $12a-6$ 　　(8) $-9x+3$

(9) $4a$ 　　(10) $-y+2$

(11) $-a-12$ 　　(12) $x-37$

(13) $3y+2$ 　　(14) $-2m+1$

4 (1) 20 　　(2) $-\dfrac{2}{9}$

5 和…-6 　　　　差…$16x-8$

6 (1) $-7x-3$ 　　(2) $\dfrac{8}{3}x-2$

7 (1) $a=bc+3$ 　　(2) $180-xy\geqq10$

(3) $x<3y$ 　　(4) $\left(1+\dfrac{1}{10}p\right)x=300$

8 (1) りんご1個の代金が，みかん2個の代金より15円安い。

(2) 500円を出してりんごを3個買ったときのおつりが，400円を出してみかんを6個買ったときのおつりより多い。

9 (1) 三角形…ウ 　　$\dfrac{2a}{3}$ cm

(2) 三角形…イ 　　$\dfrac{b}{3}$ cm

(3) 8 cm²

解　説

2 (1) (代金の合計)
＝(ケーキの代金)＋(ジュースの代金)

(2) (おつり)＝(出した金額)−(ノートの代金)

(3) (半円の面積)＝(円の面積)÷2
$=(\pi\times a^2)\div2=\dfrac{\pi a^2}{2}$ (cm²)

(4) (時間)＝(道のり)÷(速さ)

(5) $a\%=\dfrac{a}{100}$ より，$x\times\dfrac{a}{100}=\dfrac{ax}{100}$ (円)

(6) $b \times \left(1 - \dfrac{15}{100}\right) = \dfrac{17}{20}b$ (円)

3 (4) $\dfrac{5}{6}a - \dfrac{2}{3}a - \dfrac{1}{2}a = \left(\dfrac{5}{6} - \dfrac{2}{3} - \dfrac{1}{2}\right)a$

$\qquad = \left(\dfrac{5}{6} - \dfrac{4}{6} - \dfrac{3}{6}\right)a$

$\qquad = -\dfrac{2}{6}a = -\dfrac{1}{3}a$

(5) $x - 9 - \dfrac{1}{3}x + 3 = x - \dfrac{1}{3}x - 9 + 3$

$\qquad = \left(1 - \dfrac{1}{3}\right)x - 9 + 3$

$\qquad = \dfrac{2}{3}x - 6$

(8) $-18 \times \dfrac{3x - 1}{6} = -3 \times (3x - 1) = -9x + 3$

(10) $(5y - 10) \div (-5)$

$\qquad = (5y - 10) \times \left(-\dfrac{1}{5}\right)$

$\qquad = 5y \times \left(-\dfrac{1}{5}\right) + (-10) \times \left(-\dfrac{1}{5}\right)$

$\qquad = -y + 2$

別解 $(5y - 10) \div (-5) = \dfrac{5y - 10}{-5}$

$\qquad\qquad = \dfrac{5y}{-5} + \dfrac{-10}{-5}$

$\qquad\qquad = -y + 2$

(11) $3(a - 6) - 2(2a - 3) = 3a - 18 - 4a + 6$

$\qquad\qquad = -a - 12$

(12) $4(x - 4) - 3(x + 7) = 4x - 16 - 3x - 21$

$\qquad\qquad = x - 37$

(13) $2(3y - 2) - 3(y - 2) = 6y - 4 - 3y + 6$

$\qquad\qquad = 3y + 2$

(14) $\dfrac{1}{5}(10m - 5) - \dfrac{2}{3}(6m - 3) = 2m - 1 - 4m + 2$

$\qquad\qquad = -2m + 1$

4 (1) $-5x - 10 = -5 \times x - 10$

$\qquad = -5 \times (-6) - 10$ ← 負の数を代入するときは，（ ）をつける。

$\qquad = 30 - 10 = 20$

(2) $a^2 - \dfrac{1}{3} = \left(\dfrac{1}{3}\right)^2 - \dfrac{1}{3}$

$\qquad = \dfrac{1}{3} \times \dfrac{1}{3} - \dfrac{1}{3} = \dfrac{1}{9} - \dfrac{3}{9} = -\dfrac{2}{9}$

5 和 $(8x - 7) + (-8x + 1) = 8x - 7 - 8x + 1$

$\qquad\qquad = -6$

差 $(8x - 7) - (-8x + 1) = 8x - 7 + 8x - 1$

$\qquad\qquad = 16x - 8$

6 (1) $3A - 2B = 3(-3x + 5) - 2(9 - x)$

$\qquad\qquad = -9x + 15 - 18 + 2x$

$\qquad\qquad = -7x - 3$

(2) $-A + \dfrac{B}{3} = -(-3x + 5) + \dfrac{1}{3}(9 - x)$

$\qquad\qquad = 3x - 5 + 3 - \dfrac{1}{3}x = \dfrac{8}{3}x - 2$

7 (1) （わられる数）＝（わる数）×（商）＋（余り）より，

$\qquad a = b \times c + 3$

よって，$a = bc + 3$

(2) $180\,\text{km} -$（走った道のり）＝（残りの道のり）

で，（残りの道のり）$\geqq 10\,\text{km}$

(3) y 人の子どもに 3 個ずつ配るのに必要ななしの個数は $3 \times y = 3y$（個）で，x 個がこれより少ないことを式に表すので，不等式になる。

(4) p 割 $= \dfrac{1}{10}p$ で，p 割増えた人数を表す割合は $1 + \dfrac{1}{10}p$ だから，

$\qquad x \times \left(1 + \dfrac{1}{10}p\right) = 300$ となる。

別解 （予定していた参加者）＋（増えた人数）＝300 人より，

$\qquad x + \dfrac{1}{10}px = 300$ としてもよい。

> **ポイント**
> $a < b \cdots a$ は b 未満（a は b より小さい）
> $a > b \cdots a$ は b より大きい
> $a \geqq b \cdots a$ は b 以上
> $a \leqq b \cdots a$ は b 以下

9 ⑦  ⑦の底辺 $2a \times \dfrac{1}{3} = \dfrac{2a}{3}$ (cm)

⑦ 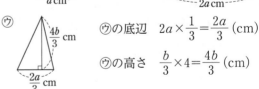 ⑦の高さ $\dfrac{b}{3} \times 4 = \dfrac{4b}{3}$ (cm)

(3) 三角形⑦の底辺は，

$a = 6$ のとき，$\dfrac{2 \times 6}{3} = 4$ (cm)

高さは，$b = 3$ のとき，$\dfrac{4 \times 3}{3} = 4$ (cm)

よって，求める面積は，$4 \times 4 \div 2 = 8$ (cm²)

p.150〜151　第**3**回

☐1 (1) ⑦　　　$C=9$　　(2) ⑦　　　$C=3$

(3) ㊂　　　$C=-2$

☐2 (1) $x=11$　　(2) $x=16$

(3) $x=-14$　　(4) $x=\dfrac{1}{10}$

(5) $x=0$　　(6) $x=-7$

☐3 (1) $x=-2$　　(2) $x=20$

(3) $x=6$　　(4) $x=-\dfrac{1}{4}$

☐4 $a=-\dfrac{10}{3}$

☐5 (1) $230x+120(6-x)=940$

(2) もも … 2 個　　オレンジ … 4 個

☐6 53 枚

☐7 780 m

☐8 465 人

☐9 (1) $x=\dfrac{1}{4}$　　(2) $x=-4$

☐10 (1) 375 g　　(2) 28 個

▶ **解 説** ◀

☐1 (2) ⑦　$C=-3$ でもよい。

(3) ⑦　$C=-\dfrac{1}{2}$ でもよい。

☐2 (5) $-4(2+3x)+1=-7$

$-8-12x+1=-7$

$-12x=-7+8-1$

$-12x=0$

$x=0$

(6) $5(x+3)=2(x-3)$

$5x+15=2x-6$

$5x-2x=-6-15$

$3x=-21$

$x=-7$

☐3 (1) $3.7x+1.2=-6.2$ 〉両辺に 10 をかける。

$37x+12=-62$

$37x=-62-12$

$37x=-74$

$x=-2$

(2) $0.05x+4.8=0.19x+2$ 〉両辺に 100 をかける。

$5x+480=19x+200$

$5x-19x=200-480$

$-14x=-280$

$x=20$

(3) $\dfrac{1}{5}+\dfrac{x}{3}=1+\dfrac{x}{5}$ 〉両辺に 15 をかける。

$3+5x=15+3x$

$5x-3x=15-3$

$2x=12$

$x=6$

(4) $\dfrac{2x-1}{2}=\dfrac{x-2}{3}$ 〉両辺に 6 をかける。

$3(2x-1)=2(x-2)$

$6x-3=2x-4$

$6x-2x=-4+3$

$4x=-1$

$x=-\dfrac{1}{4}$

☐4 $5x-4a=10(x-a)$ の x に -4 を代入すると，

$5\times(-4)-4a=10(-4-a)$

$-20-4a=-40-10a$

$-4a+10a=-40+20$

$6a=-20$

$a=-\dfrac{10}{3}$

☐5 (1) ももを x 個とすると，オレンジの個数は $(6-x)$ 個と表せ，ももの代金とオレンジの代金の合計が 940 円となることから方程式をつくる。

(2) $230x+120(6-x)=940$

$230x+720-120x=940$

$230x-120x=940-720$

$110x=220$

$x=2$

オレンジの個数は，$6-2=4$

☐6 子どもの人数を x 人として，画用紙の枚数を 2 通りの式で表して方程式をつくると，

$6x-13=4x+9$

$6x-4x=9+13$

$2x=22$

$x=11$

画用紙の枚数は，$6\times11-13=53$

別解　画用紙の枚数を x 枚として，子どもの人数を 2 通りの式で表して方程式をつくると，

$\dfrac{x+13}{6}=\dfrac{x-9}{4}$ 〉両辺に 12 をかける。

$2(x+13)=3(x-9)$

$2x+26=3x-27$

$2x-3x=-27-26$　　$-x=-53$　　$x=53$

7 家から学校までの道のりを x m とすると,

兄が歩いた時間は $\dfrac{x}{80}$ 分間

弟が歩いた時間は $\dfrac{x}{60}$ 分間

弟のほうが 3 分 15 秒＝$3\dfrac{15}{60}$ 分＝$\dfrac{13}{4}$ 分 多くかかるので,

（兄が歩いた時間）＋$\dfrac{13}{4}$ 分間＝（弟が歩いた時間）
より,

$\dfrac{x}{80}+\dfrac{13}{4}=\dfrac{x}{60}$ ⎫ 両辺に 240 をかける。

$3x+780=4x$ ⎭

$3x-4x=-780$　$-x=-780$　$x=780$

8 B中学校の生徒数を x 人とすると，A 中学校の生徒数は $\left(\dfrac{9}{10}x-30\right)$ 人と表せ，A 中学校の生徒数とB中学校の生徒数の合計が 1015 人となることから方程式をつくると,

$\left(\dfrac{9}{10}x-30\right)+x=1015$

$\dfrac{9}{10}x+x=1015+30$　$\dfrac{19}{10}x=1045$　$x=550$

A中学校の生徒数は，$1015-550=465$（人）

9 比例式の性質 $a:b=m:n$ ならば $an=bm$ を使う。

(1)　$x:8=2:64$
　　　　$x\times64=8\times2$
　　　　$64x=16$
　　　　$x=\dfrac{1}{4}$

(2)　$10:12=5:(2-x)$
　　　　$10\times(2-x)=12\times5$
　　　　$20-10x=60$
　　　　$-10x=60-20$
　　　　$-10x=40$
　　　　$x=-4$

10 (1)　ビー玉 150 個の重さを x g とすると，
　　　　$8:150=20:x$
　　　　$8\times x=150\times20$　$8x=3000$　$x=375$

(2)　2 つの箱A，Bのクッキーの個数の比が 4：5 だから，Aの箱の個数を x 個とすると，次のような比例式ができる。
　　　　$x:63=4:(4+5)$
　　　　$x\times9=63\times4$　$9x=252$　$x=28$

別解 Aの箱のクッキーの個数を x 個とすると，Bの箱のクッキーの個数は $(63-x)$ 個と表せるから，
　　　　$x:(63-x)=4:5$ より，$x=28$

---

p.152〜153 〈第 **4** 回〉

1 (1)　$y=8x$　　　比例定数… 8

(2)　$y=\dfrac{20}{x}$　　　比例定数… 20

(3)　$y=80-x$

(4)　$y=\dfrac{2000}{x}$　　　比例定数… 2000

(5)　$y=5x$　　　比例定数… 5

(6)　$y=70x+120$

2 (1)　$y=-3x$　　　(2)　$y=15$

3 (1)　$y=-\dfrac{8}{x}$　　　(2)　$y=-1$

4 A(5, 1)　　　　　　B(-4, 0)
　C(-2, -3)　　　 D(3, -4)

5

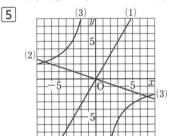

6 (1) ① $y=x$　② $y=\dfrac{1}{3}x$　③ $y=-\dfrac{5}{2}x$

(2)　$a=-3$　　　(3)　$b=-6$

(4)　③

7 12 個

8 (1)　$y=3x$　　　(2)　$0\leqq x\leqq12$

(3)　8 cm

▶ 解 説 ◀

1 比例や反比例の関係になるかどうかは，式の形で判断することができる。

ポイント

比例
・比例を表す式… $y=ax$（a は比例定数）
・y が x に比例するとき，
　x の値が 2 倍，3 倍，4 倍，…になると，
　対応する y の値も 2 倍，3 倍，4 倍，…になる。

反比例
・反比例を表す式… $y=\dfrac{a}{x}$ または $xy=a$
　　　　　　　　　　　　（a は比例定数）
・y が x に反比例するとき，
　x の値が 2 倍，3 倍，4 倍，…になると，
　対応する y の値は $\dfrac{1}{2}$ 倍，$\dfrac{1}{3}$ 倍，$\dfrac{1}{4}$ 倍，…になる。

② (1)　比例定数を a として，$y=ax$ に $x=2$，
$y=-6$ を代入すると，$-6=a\times2$ より，$a=-3$

(2)　$y=-3\times(-5)=15$

③ (1)　比例定数を a として，$y=\dfrac{a}{x}$ に $x=-4$，

$y=2$ を代入すると，$2=\dfrac{a}{-4}$ より，$a=-8$

(2)　$y=-\dfrac{8}{8}=-1$

⑤ (1)(2)　原点ともう1つの点をとり，これらを通る直線をひく。

(3)　x，y の値の組を座標とする点 $(-8,\ 2)$，
$(-4,\ 4)$，$(-2,\ 8)$，$(2,\ -8)$，$(4,\ -4)$，$(8,\ -2)$
などをとって，それらの点を通るなめらかな曲線をかく。

⑥ (1)　グラフは原点を通る直線だから，y は x に比例する。比例定数を a とすると，$y=ax$ と書けるので，グラフが通る点を読みとって，x 座標，y 座標の値を代入する。

(2)　点 $(-9,\ a)$ は②の直線上にあるから，$x=-9$，
$y=a$ のとき，$y=\dfrac{1}{3}x$ の式が成り立つ。

(3)　点 $(b,\ 15)$ は③の直線上にあるから，$x=b$，
$y=15$ のとき，$y=-\dfrac{5}{2}x$ の式が成り立つ。

> **得点アップの コツ**
> 比例のグラフから式を求めるときは，グラフが通る点のうち，x 座標，y 座標がともに整数である点を読みとる。

⑦ グラフの式は，$y=-\dfrac{12}{x}$ である。$xy=-12$ となる整数 x，y の組は，$(1,\ -12)$，$(2,\ -6)$，
$(3,\ -4)$，$(4,\ -3)$，$(6,\ -2)$，$(12,\ -1)$，
$(-1,\ 12)$，$(-2,\ 6)$，$(-3,\ 4)$，$(-4,\ 3)$，
$(-6,\ 2)$，$(-12,\ 1)$ の全部で12個ある。

⑧ (1)　(三角形の面積)$=$(底辺)$\times$(高さ)$\div2$ より，
$y=x\times6\div2$　　よって，$y=3x$

(2)　点Pは辺 BC 上をBからCまで動くので，
x の変域は，$0\leqq x\leqq12$

(3)　長方形 ABCD の面積は $6\times12=72\ (\text{cm}^2)$ で，
その $\dfrac{1}{3}$ は $72\times\dfrac{1}{3}=24\ (\text{cm}^2)$ だから，(1)で求めた式の y に 24 を代入する。
$24=3x$ より，$x=8$

p.154〜155　**第 5 回**

① (1)　線分　　　　　(2)　垂線
(3)　中点　　　　　(4)　垂直

② (1)　△CDO　　(2)　辺 FG　　(3)　辺 AH

③ $AB\perp\ell$，$AM=BM\left(AM=\dfrac{1}{2}AB\right)$

④ (1)　㋐

(2) 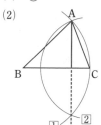 (3)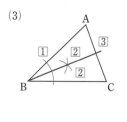

⑤ 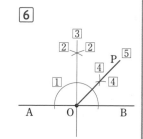 **⑥**

⑦
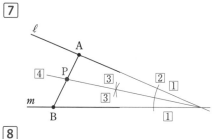

⑧

⑨ (1)　弧の長さ $\cdots\ \pi\ \text{cm}$　　　　面積 $\cdots\ 2\pi\ \text{cm}^2$
(2)　弧の長さ $\cdots\ 8\pi\ \text{cm}$　　　面積 $\cdots\ 72\pi\ \text{cm}^2$

▶ **解 説** ◀

② (1)　点Oを中心として反時計回りに $90°$ だけ回転移動させるとき，点Aは点Cに，点Bは点Dにそれぞれ移動する。

(2)　点Oを中心として点対称移動させたとき，点B，Cに対応する点は，それぞれF，Gである。

(3) 線分 AE を対称の軸とするとき，点Bに対応する点はHである。

3 線分の中点を通り，その線分に垂直な直線を，その線分の垂直二等分線という。

4 (1) ∠BAC は頂点Aから出る2つの辺 AB，AC によってできる角である。

(2) 頂点Aから辺 BC への垂線を作図する。その垂線と辺 BC との交点を，たとえばHとすると，AH は辺 BC を底辺とするときの高さになる。

(3) 1つの角を2等分する半直線を，その角の二等分線という。

5 2点A，Bからの距離が等しい点は，線分 AB の垂直二等分線上にあるから，線分 AB の垂直二等分線と直線 ℓ との交点がPである。

6 ①〜③ 直線 AB 上の点Oを通る直線 AB の垂線をひいて，90° の角をつくる。

④⑤ 作図した垂線の右側にある 90° の角の二等分線をひく。

90°＋45°＝135° だから，⑤で作図した角の二等分線が求める半直線 OP である。

7 はじめに，直線 ℓ，m をそれぞれ延長して交わるようにする（その交点を，たとえばOとする）。角の内部にあって，その角の2辺までの距離が等しい点は，その角の二等分線上にあるので，次に，∠AOB の二等分線をひく。その二等分線と線分 AB との交点がPである。

8 はじめに，点Aを通る直線 ℓ の垂線をひく。次に，弦の垂直二等分線は円の中心を通るので，求める円周上の2点となるA，Bを使って，弦 AB の垂直二等分線をひく。その垂直二等分線と垂線との交点が円の中心である。

9 (1) 弧の長さ $2\pi \times 4 \times \dfrac{45}{360} = \pi$ (cm)

面積 $\pi \times 4^2 \times \dfrac{45}{360} = 2\pi$ (cm²)

(2) 弧の長さ $2\pi \times 18 \times \dfrac{80}{360} = 8\pi$ (cm)

面積 $\pi \times 18^2 \times \dfrac{80}{360} = 72\pi$ (cm²)

ポイント

半径 r，中心角 $a°$ のおうぎ形の弧の長さを ℓ，面積を S とすると，

$$\ell = 2\pi r \times \dfrac{a}{360} \qquad S = \pi r^2 \times \dfrac{a}{360}$$

---

1 (1) 面 BEFC (2) 辺 AD，辺 CF

(3) 面 ADFC，面 BEFC

(4) 辺 AB，辺 AC，辺 AD

(5) 辺 BC，辺 BE，辺 AD

(6) 面 ADEB

(7) 辺 AD，辺 BE，辺 CF

(8) 面 ABC，面 DEF，面 ADEB

2 (1) ㋐，㋒，㋓，㋔，㋕

(2) ㋗ (3) ㋑，㋖

(4) ㋒，㋓，㋔ (5) ㋑，㋖，㋗

(6) ㋑，㋒，㋔ (7) ㋐，㋒，㋕

(8) ㋐，㋓，㋕ (9) ㋒，㋔

(10) ㋗

3 (1) × (2) ○ (3) ×

(4) ○ (5) ×

4 (1) (2)

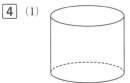

(3) 12π cm³ (4) 20π cm²

5 (1) 216° (2) 324π cm³

(3) 216π cm²

6 (1) 体積 … $\dfrac{4000}{3}\pi$ cm³ 表面積 … 400π cm²

(2) 20 cm

解説

1 (1) 直線 AD と交わらない面が，辺 AD と平行な面である。

(2) 1つの平面上にあって交わらない2つの直線は，平行である。

(4) 空間内で，平行でなく，交わらない2つの直線はねじれの位置にあるという。

ねじれの位置にある直線は同じ平面上にないので，同じ平面上にある2つの辺はねじれの位置の関係にはならない。

辺 EF に対して，

　平行…辺 BC

　垂直…辺 BE，辺 CF，辺 DE

　交わる…辺 DF

　ねじれの位置…辺 AB，辺 AC，辺 AD

辺に印をつけると調べやすい。

定期テスト対策　予想問題

(7)　面 DEF 上の 2 つの辺と垂直になっている辺
　　　が面 DEF と垂直な辺である。

(8)　面 BEFC と交わってできる角が直角になる
　　　面が面 BEFC と垂直な面である。

2 (1)　平面だけで囲まれた立体を多面体といい，
　　　面の数によって，四面体，五面体，…などという。

(4)　五角錐は側面に 5 つの三角形，底面に五角形
　　　がある六面体である。

(5)　円柱…長方形を，その辺を軸として回転させる。
　　　円錐…直角三角形を，直角をはさむ辺を軸とし
　　　　　て，回転させる。
　　　球…半円を，その直径を軸として回転させる。

(6)　円柱…底面は円
　　　正六面体…底面は正方形
　　　正四角柱…底面は正方形

(7)　どの面もすべて合同な正多角形であり，どの
　　　頂点にも面が同じ数だけ集まっている，へこみ
　　　のない多面体を正多面体といい，
　　　正四面体，正六面体，正八面体，正十二面体，
　　　正二十面体の 5 種類がある。

(10)　球はどこから見ても円の立体である。

3 直方体の辺を直線に，面を平面におきかえてみ
　ると考えやすい。

(1)　右の上の図で，$\ell \perp m$，$\ell /\!/ P$
　　　であるが，$m /\!/ P$ である。

(3)　右の上の図で，$\ell /\!/ P$，$m /\!/ P$
　　　であるが，$\ell \perp m$ である。

(5)　右の下の図で，$\ell /\!/ P$，$P \perp Q$
　　　であるが，$\ell /\!/ Q$ である。

4 (1)(2)　回転させてできる立体は，底面の円の半
　　　径が 2 cm で，高さが 3 cm の円柱である。

(3)　体積　$\pi \times 2^2 \times 3 = 12\pi$ (cm³)

(4)　側面積　$3 \times (2\pi \times 2) = 12\pi$ (cm²)
　　　底面積　$\pi \times 2^2 = 4\pi$ (cm²)
　　　表面積　$12\pi + 4\pi \times 2 = 20\pi$ (cm²)

ポイント

円柱の体積
　円柱の底面の円の半径を r，高さを h，体積を V
　とすると，$V = \pi r^2 h$
円柱の表面積
　(円柱の表面積)＝(側面積)＋(底面積)×2
　　　　　　　　　　　↑　　　　　↑　　　↑
　　　　　　　　　　長方形　　　円　　底面は 2 つ

5 回転させてできる立体
　は，右の図のような底面
　の半径が 9 cm，高さが
　12 cm の円錐である。

(1)　1 つの円では，お
　　　うぎ形の弧の長さは
　　　中心角に比例するから，展開図で，側面になる
　　　おうぎ形の中心角の大きさは，
　　　$360° \times \dfrac{2\pi \times 9}{2\pi \times 15} = 216°$

(2)　体積　$\dfrac{1}{3} \times \pi \times 9^2 \times 12 = 324\pi$ (cm³)

(3)　(1)で求めた側面になるおうぎ形の中心角を使
　　　うと，側面積は，$\pi \times 15^2 \times \dfrac{216}{360} = 135\pi$ (cm²)

　　　底面積　$\pi \times 9^2 = 81\pi$ (cm²)
　　　表面積　$135\pi + 81\pi = 216\pi$ (cm²)

　　　別解 側面になるおうぎ形の弧の長さは，底面
　　　の円周に等しいから，$2\pi \times 9 = 18\pi$ (cm)
　　　$S = \dfrac{1}{2}\ell r$ より，$\dfrac{1}{2} \times 18\pi \times 15 = 135\pi$ (cm²)
　　　と側面積を求めることもできる。

ポイント

円錐の体積
　円錐の底面の円の半径を r，高さを h，体積を V
　とすると，$V = \dfrac{1}{3}\pi r^2 h$
円錐の表面積
　(円錐の表面積)＝(側面積)＋(底面積)
　　　　　　　　　　　↑　　　　↑
　　　　　　　　　おうぎ形　　円

6 (1)　半径は，$20 \div 2 = 10$ (cm)
　　　体積　$\dfrac{4}{3}\pi \times 10^3 = \dfrac{4000}{3}\pi$ (cm³)
　　　表面積　$4\pi \times 10^2 = 400\pi$ (cm²)

(2)　円柱の高さを h cm とすると，
　　　(1)より，$\dfrac{4000}{3}\pi = \pi \times 10^2 \times h \times \dfrac{2}{3}$
　　　よって，$h = 20$

ポイント

球の体積
　半径 r の球の体積を V とすると，$V = \dfrac{4}{3}\pi r^3$
球の表面積
　半径 r の球の体積を S とすると，$S = 4\pi r^2$

1 (1) **10 cm**

(2) **140 cm 以上 150 cm 未満の階級**

(3) **12 人**

(4) **150 cm 以上 160 cm 未満の階級**

(5) **21 人**

(6) **右上の図**

(7) **0.35**

(8) **0.90**

1組の生徒の得点

2 (1) **5 人**

(2) **15 人**

(3) **1 組 40 人　2 組 40 人**

(4) **1 組 47.5 点　2 組 52.5 点**

(5) **右の図**

(6) 例 **1 組の中央値が入る階級は，2 組の中央値が入る階級より階級値が小さい。**

2組の生徒の得点

3 (1) **21 点**　(2) **19 点**　(3) **19 点**

4 (1) **0.28**　　(2) **66 %**

(3) ⑦ **280**　　④ **360**　　⑦ **21**

　　⑤ **3920**　⑤ **6720**　⑤ **2520**

　　⑥ **15880**

(4) **320 cm**　(5) **317.6 cm**

5 (1) ⑦ **0.635**　④ **0.628**

(2) **0.630**　(3) **0.370**

▶ 解 説 ◀

1 (7) 相対度数は，その階級の度数を度数の合計でわって求めるから，21÷60＝0.35

(8) 累積相対度数は，その階級の累積度数を度数の合計でわって求めることができるから，
(3＋18＋21＋12)÷60＝0.90

3 (2) 12 人の得点の合計は 18＋25＋28＋13＋9＋30＋10＋16＋21＋23＋20＋15＝228 (点) だから，
平均値は，228÷12＝19 (点)

4 (3) ⑦ 50−(3＋14＋7＋5)＝21 (人)

⑥ {(階級値)×(度数)} の総和を求める。

1 (1) **4**　　(2) **−4.7**　　(3) $-\dfrac{7}{12}$

(4) **0**　　(5) $\dfrac{5}{18}$　　(6) **−15**

(7) $\dfrac{3}{2}$　　(8) **−80**　　(9) $\dfrac{25}{2}$

(10) $\dfrac{3}{4}$

2 (1) $-13x$　　　　(2) $10a-1$

(3) $12y-10$　　(4) $-32x$

(5) $-5a+4$　　(6) $-10x+16$

(7) $5a+1$　　　(8) $6x-9$

3 (1) $x=-3$　　(2) $x=8$

(3) $x=-11$　　(4) $x=\dfrac{9}{8}$

4 (1) $x=6$　　(2) $x=16$

▶ 解 説 ◀

3 (1) $8x-3(6x+5)=15$) ( )をはずす。

$8x-18x-15=15$

$-10x=30$

$x=-3$

(2) $1.8x-2=1.5x+0.4$) 両辺に 10 をかける。

$18x-20=15x+4$

$3x=24$

$x=8$

(3) 両辺に 8 をかけて，分母をはらう。

$\dfrac{3}{8}(x-1)=\dfrac{1}{4}(x-7)$) 両辺に 8 をかける。

$3(x-1)=2(x-7)$

$3x-3=2x-14$

$x=-11$

(4) $\dfrac{2x+3}{4}=\dfrac{-x+9}{6}$) 両辺に 12 をかける。

$3(2x+3)=2(-x+9)$

$6x+9=-2x+18$

$8x=9$

$x=\dfrac{9}{8}$

4 (1) $9:x=15:10$

$9\times10=x\times15$

$90=15x$

$15x=90$

$x=6$

(2) $(x-4):8=9:6$

$6(x-4)=8\times9$

$6x-24=72$

$6x=96$

$x=16$

教科書ワーク 数学 特別ふろく ②

1 実力テスト

基本・標準・発展の3段階構成で無理なくレベルアップできる！

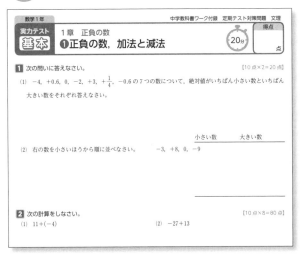

数学1年 中学教科書ワーク付録 定期テスト対策問題 文理

実力テスト **基本**

1章 正負の数
①正負の数，加法と減法

20分　得点　点

1 次の問いに答えなさい。 [10点×2=20点]

(1) −4，+0.6，0，−2，+3，+$\frac{1}{4}$，−0.6 の7つの数について，絶対値がいちばん小さい数といちばん大きい数をそれぞれ答えなさい。

小さい数　　大きい数

(2) 右の数を小さいほうから順に並べなさい。　−3，+8，0，−9

2 次の計算をしなさい。 [10点×8=80点]

(1) 11+(−4)　　(2) −27+13

数学1年 中学教科書ワーク付録 定期テスト対策問題 文理

実力テスト **発展**

1章 正負の数
①正負の数，加法と減法

30分　得点　点

1 次の問いに答えなさい。 [20点×3=60点]

(1) 右の数の大小を，不等号を使って表しなさい。　−$\frac{1}{2}$，−$\frac{1}{3}$，−$\frac{1}{5}$

数学1年 中学教科書ワーク付録 定期テスト対策問題 文理

実力テスト **標準**

1章 正負の数
①正負の数，加法と減法

25分　得点　点

1 次の問いに答えなさい。 [10点×2=20点]

(1) 絶対値が3より小さい整数をすべて求めなさい。

(2) 数直線上で，−2からの距離が5である数を求めなさい。

2 次の計算をしなさい。 [10点×8=80点]

(1) −6+(−15)　　(2) −$\frac{3}{5}$−$\left(-\frac{1}{5}\right)$

2 観点別評価テスト

観点別評価にも対応。苦手なところを克服しよう！

解答用紙が別だから，テストの練習になるよ。

数学1年 中学教科書ワーク付録 定期テスト対策問題 文理

第①回 **観点別評価テスト** ※答えは，別紙の解答用紙に書きなさい。 40分

主体的に学習に取り組む態度

1 次の問いに答えなさい。

(1) 交換法則や結合法則を使って正負の数の計算の順序を変えることに関して，正しいものを次から1つ選んで記号で答えなさい。

ア　正負の数の計算をするときは，計算の順序をくふうして計算しやすくできる。

イ　正負の数の加法の計算をするときだけ，計算の順序を変えてもよい。

ウ　正負の数の乗法の計算をするときだけ，計算の順序を変えてもよい。

エ　正負の数の計算をするときは，計算の順序を変えるようなことをしてはいけない。

(2) 電卓の使用に関して，正しいものを次から1つ選んで記号で答えなさい。

ア　数学や理科などの計算問題は電卓をどんどん使ったほうがよい。

イ　電卓は会社や家庭で使うものなので，学校で使ってはいけない。

ウ　電卓の利用が有効な問題のときは，先生の指示にしたがって使ってもよい。

思考力・判断力・表現力等

3 次の問いに答えなさい。

(1) 次の各組の数の大小を，不等号を使って表しなさい。

① −$\frac{3}{4}$，−$\frac{2}{3}$　　② −$\frac{2}{3}$，$\frac{1}{4}$，−$\frac{1}{2}$

(2) 絶対値が4より小さい整数を，小さいほうから順に答えなさい。

(3) 次の数について，下の問いに答えなさい。

−$\frac{1}{4}$，0，$\frac{1}{5}$，1.70，−$\frac{13}{5}$，$\frac{7}{4}$

① 小さいほうから3番目の数を答えなさい。

② 絶対値の大きいほうから3番目の数を答えなさい。

思考力・判断力・表現力等

4 次の問いに答えなさい。

(1) 次の数量を，文字を使った式で表しなさい。

数学1年
第①回
観点別評価テスト

解 答 用 紙

1 [5点×2]　**主体的に学習に取り組む態度**

2 [5点×3]　**主体的に学習に取り組む態度**

3 [2点×5]　**思考力・判断力・表現力等**

4 [3点×5]　**思考力・判断力・表現力等**

5 [2点×5]　**知識・技能**

6 [2点×5]

7 [2点×5]　**知識・技能**

8 [5点×5]　**知識・技能**